3ステップでしっかり学ぶ JavaScript入門

改訂第3版

大津真［著］

技術評論社

本書の使い方

本書は、JavaScriptを使ったプログラミングの方法を学ぶ書籍です。
各節は、次の３段階の構成になっています。
本書の特徴を理解し、効率的に学習を進めてください。

その節で解説する内容を簡単にまとめています

実際に、JavaScriptでプログラムを作成して、動作を確認します

重要なキーワードや、プログラムのコードの内容を、文章とイラストでわかりやすく解説しています

練習問題

各章末には、学習した内容を確認する練習問題がついています。解答は、巻末の319ページに用意されています

◉サンプルプログラムについて

本書で扱っているサンプルプログラムは、以下のサポートページからダウンロードしてください。ダウンロード直後は圧縮ファイル（ZIPファイル）の状態になっていますので、適宜展開してから使用してください。

https://gihyo.jp/book/2024/978-4-297-14427-2/support

はじめに

本書で解説するJavaScriptは、Webブラウザー上で動作するプログラミング言語の代表です。モダンなWebページの作成には不可欠な言語と言っても過言ではないでしょう。最近では、Webページ用の言語としてだけではなく、パソコン上で直接動作するJavaScriptの実行環境であるNode.jsも一般的になっています。また、IoT（モノのインターネット）デバイスのコントロール言語としても注目を集めています。
JavaScriptはこれからプログラミング学習をはじめたい方々が、最初に手に取る学習言語としても適しています。JavaScriptプログラミングの学習には特別な開発ツールは必要ありません。パソコンに、Webブラウザーとテキストエディターさえあれば、誰もがすぐにプログラミングをはじめることができます。文法もシンプルで、学生やWebデザイナーの方々にとっても学習しやすい言語と言えるでしょう。
本書は、JavaScript言語を使用したプログラミングの基礎を、「予習」「体験」「理解」という3ステップのレッスン形式で解説しています。前半では、基本中の基本である変数の扱いから、if文による条件判断for文やwhile文による繰り返しといった初心者がつまづきやすい制御構造などについてもていねいに説明しています。プログラミングがまったくはじめての方にも安心して学んでいただけると思います。
JavaScriptはオブジェクト指向と呼ばれる考え方をベースにした言語です。後半部分では、オブジェクトの取り扱いを中心に説明します。まず、JavaScriptにあらかじめ用意されているDateやMath、Arrayといった基本オブジェクトの操作方法を説明しています。その後で、HTMLドキュメントの要素にDOMを利用してアクセスする方法とイベント処理、ユーザー定義オブジェクト作成といった応用的な項目について説明します。さらに、Webサーバーとの通信機能、Web Animation APIを使用したアニメーションの基礎など、より実践的な機能についても説明します。
なお、本書は2010年発行の「3ステップでしっかり学ぶJavaScript入門」の改訂第3版です。JavaScriptは2015年に標準化されたバージョンであるES6(ES2015)で大きく進化しました。今回の改訂ではES6以降に登場したletやconstといった変数宣言、クラスやイベントリスナーなどの便利機能を積極的に取り上げています。さらには多少高度な機能としてPromiseベースのFetch APIを使用した非同期通信の基礎についても説明しています。
最後に、本書が読者のみなさまのJavaScript言語によるプログラミング学習の手助けとなることを祈っております。

2024年8月　大津 真

目次

第4章 条件判断と繰り返し

第5章 ユーザー定義関数の作成

第6章 オブジェクトの生成と操作

第7章 配列による複数の値の管理

第8章 DOMの基本

第9章 DOMの活用

第10章 オブジェクト指向プログラミング

第11章 はじめての非同期処理

JavaScriptの基礎知識

第1章 JavaScriptの基礎知識

プログラムとは ― マシン語と高級言語

完成ファイル | なし

予習 プログラムについて

本書では、Web上で使用される**プログラミング言語**の代表である、「JavaScript」を使ったプログラム作成の基本について説明します。まずは、一般的な**プログラム**、そして**プログラミング言語**とは、いったいどんなものかについて解説しましょう。

さて、プログラムとは、簡単にいえば「コンピュータを動かすための命令を記述したもの」です。実際の装置を指す「ハードウエア」に対比させて、**ソフトウェア**あるいは、単に**ソフト**と呼ばれたりもします。たとえば、ワープロ（Wordなど）や表計算ソフト（Excelなど）といったアプリケーション、さらにはWindowsやmacOSといった**OS**（基本ソフト）もプログラムです。

ハードウェア

ソフトウェア＝プログラム

Windows
macOS
OS

ワープロ
表計算
Webブラウザー
メディアプレーヤー
…
アプリケーション

理解 プログラムの基本を理解する

プログラムはいつ実行されるのか

かつては、「コンピュータはソフトがなければただの箱」とよくいわれましたが、ソフトウェアであるプログラムがなければ、コンピュータは動作しません。プログラムは、通常ハードディスクなどの外部記憶装置に保存され、必要なときに**メモリ**に読み込まれて実行されます。たとえば、Windowsのような、コンピュータの基本ソフトである**OS**（オペレーティングシステム）は、コンピュータが起動すると最初にメモリに読み込まれ、コンピュータを使える状態にしてくれます。それに対して、WordやExcelなどのいわゆる**アプリケーションソフト**は、必要に応じてハードディスクからメモリに読み込まれて実行されます。

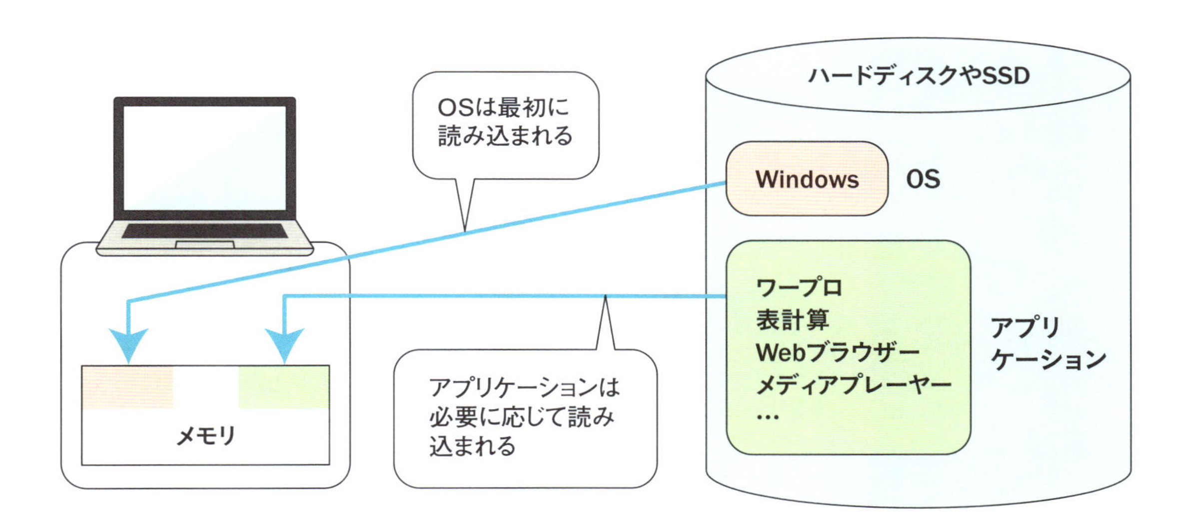

プログラミング言語とは

プログラムを作成する作業を**プログラミング**、プログラミングを行う人を**プログラマー**と呼ぶことはご存じでしょう。プログラムを記述するには、**プログラミング言語**が使用されます。言語といっても、人間の使う言語のように、それを使用してコンピュータと直接会話ができるわけではありません、データや周辺機器を取り扱うためのさまざまな命令やその記述方法を決めたもの、といったニュアンスでとらえるとよいでしょう。

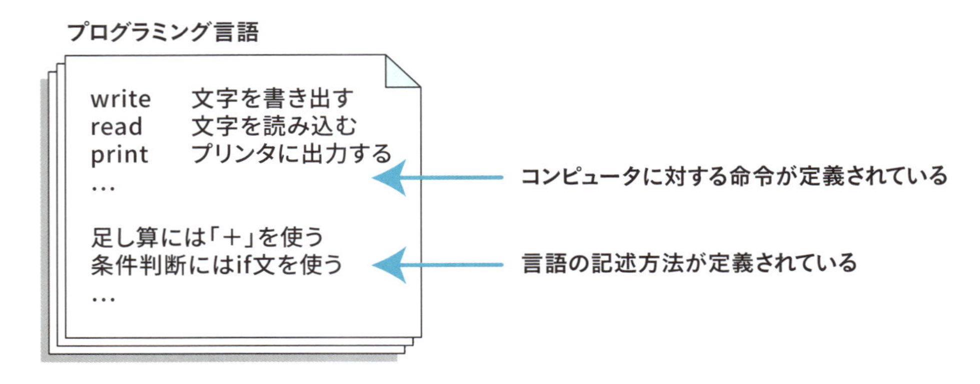

マシン語と高級言語

プログラミング言語は、**マシン語**と**高級言語**に大別されます。コンピュータの中心部分は**CPU**（Central Processing Unit）です。プログラムはCPUが実行するのですが、CPUが直接理解できるのはマシン語（機械語）だけです。マシン語は**2進数**、つまり0と1の並びだけで表され、人間が見て内容を把握することは困難です。またCPUの種類によってマシン語は異なります。コンピュータが進化するにつれて、人間にとってよりわかりやすい形式のプログラミング言語が考え出されました。そのような言語を**高級言語**と呼びます。もちろんJavaScriptも、高級言語の1つです。

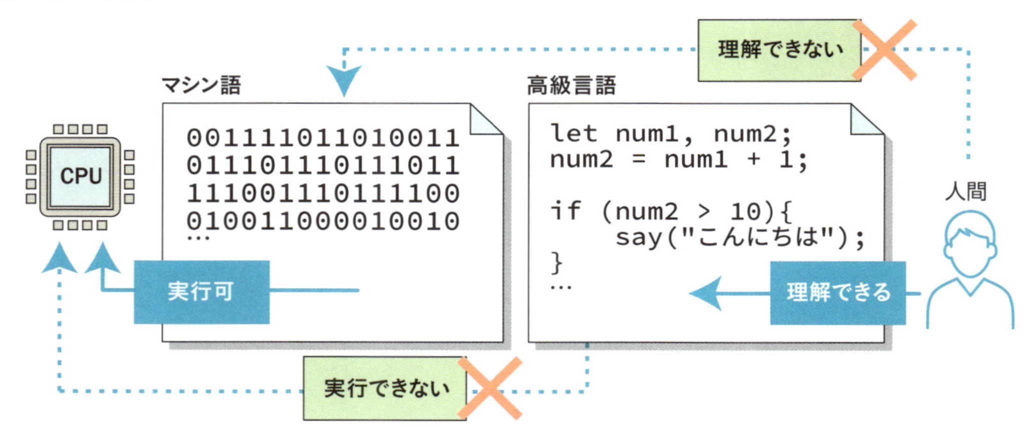

インタプリタ方式とコンパイラ方式

高級言語で記述されたプログラムを**ソースプログラム**と呼びます。**ソースプログラム**は、そのままではCPUが理解できないので、実行するために何らかの方法でマシン語に変換する必要があります。その変換方式は、**インタプリタ方式**と**コンパイラ方式**に大別されます。
前者は、「インタプリタ」という種類のソフトウェアがソースプログラムを1行ずつ解釈しながら実行する方式で、後者は「コンパイラ」と呼ばれるソフトウェアを使用して、**ソースプロ**

グラムを「オブジェクトファイル」と呼ばれるマシン語のファイルに一括変換してしまう方式です。

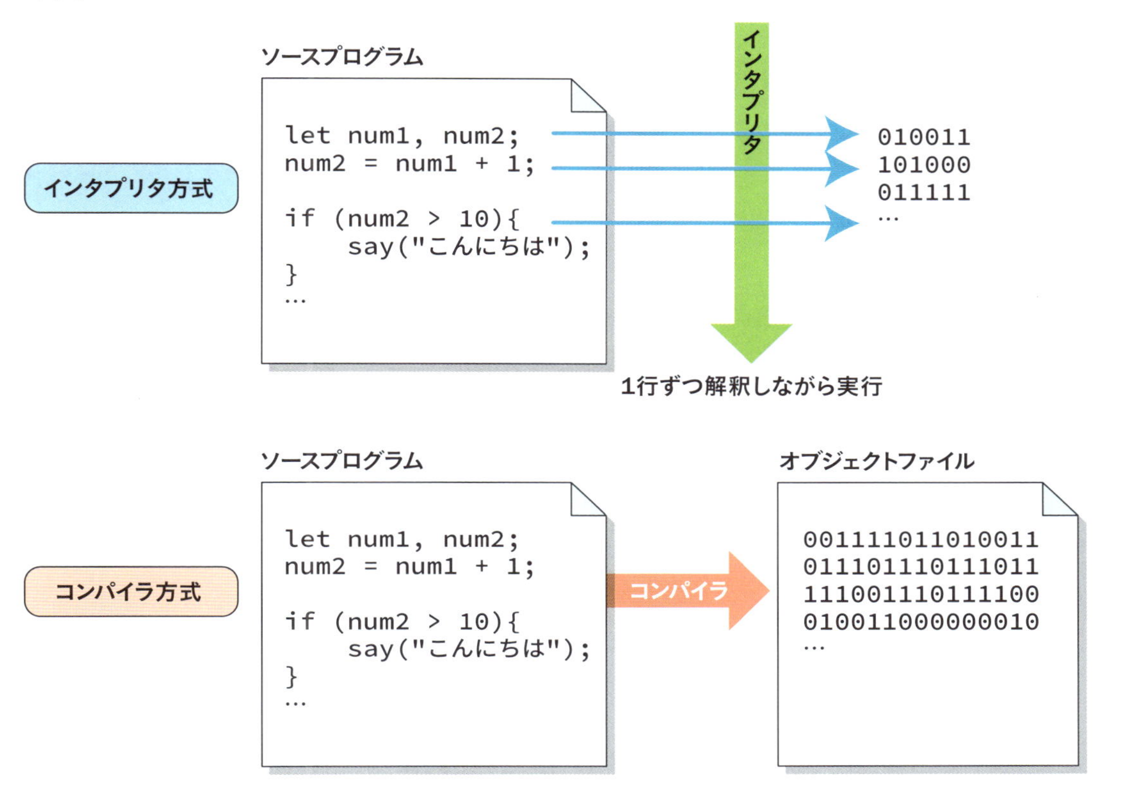

コンパイラ方式のほうが速度的には有利ですが、ソフトウェアを変更したいときは、ソースプログラムを変更した後で再びコンパイルを行う必要があります。それに対してインタプリタ方式では、ソースプログラムを変更するだけで済みます。本書で解説するJavaScriptは、インタプリタ方式の言語です。

まとめ

- ▶CPUが理解できるマシン語と、人間が理解できる高級言語
- ▶インタプリタ方式は、1行ずつマシン語に変換しながら実行する
- ▶コンパイラ方式は、コンパイラを使ってオブジェクトファイルを生成する

JavaScriptとは — Webブラウザーで実行される言語

完成ファイル｜なし

予習 JavaScriptについて

本書で紹介する**JavaScript**は、インタプリタ方式の高級言語に分類されるプログラミング言語です。したがって、ソースプログラムが、1行ずつマシン語に変換されながら実行されます。なお、JavaScriptのプログラムは基本的に**HTMLファイル**（もしくはそれから読み込まれるファイル）内に記述します。HTMLファイルがWebブラウザーに読み込まれると、Webブラウザーに内蔵されたインタプリタによってプログラムが解釈され、実行されます。

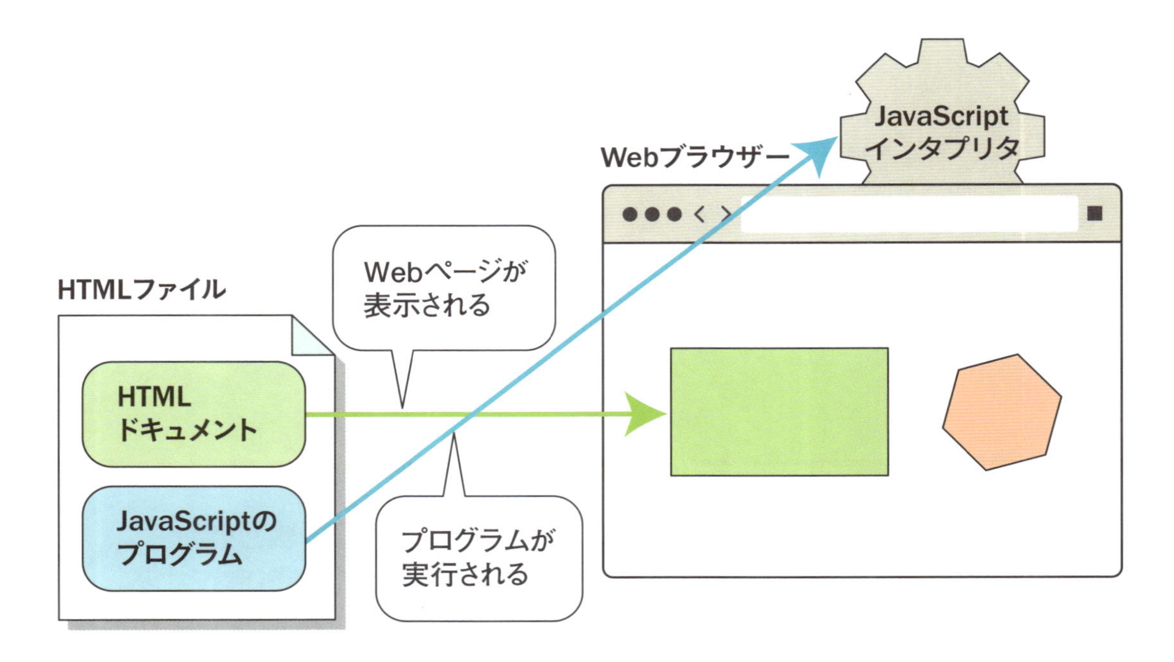

この節では、JavaScriptの概要について説明しましょう。

理解 JavaScriptの基本概要を理解する

JavaScriptの誕生

JavaScriptは、Mozilla Firefoxの前身であるWebブラウザー「Netscape」の開発元であるNetscape社（当時）と、Sun Microsystems社（現Oracle社）によって1990年代半ばに開発されたプログラミング言語です。当時のWebページは、単に文字情報や画像を表示するだけの静的なものがほとんどでした。そのWebページを、より動的でかつインタラクティブなものにすることを目的に、JavaScriptが開発されました。JavaScriptを活用することによって、Webブラウザーでさまざまなプログラムを実行させることが可能になります。
JavaScriptの名前の由来は、当時インターネットを中心に大きな注目を集めていたオブジェクト指向のプログラミング言語**Java**です。この「Java」と「Script」を合わせて、「JavaScript」と命名されました。

「Script」（スクリプト）には**演劇の台本**という意味がありますが、プログラミング言語の世界では、比較的小さなプログラムを作成するのに使用される、インタプリタ方式の言語のことを**スクリプト言語**と呼びます。JavaScriptは、当初は、本格的なプログラミング言語であるJavaの簡易版のようなイメージで認知されていました。ただし、記述方法に似た部分があるものの、**Javaとの互換性は全くない**ので注意しましょう。

JavaScriptはどこで実行されるのか

JavaScriptのソースプログラムは通常のテキストです。HTMLファイルの内部に**scriptエレメント**として直接記述するか、あるいはプログラムだけを別のテキストファイルとして保存してHTMLファイルから読み込みます。
なお、JavaScriptの動作環境であるインタプリタは、Google ChromeやMicrosoft EdgeなどのWebブラウザーの内部に用意されています。したがって、JavaScriptに対応したWebブラウザーがあれば、WindowsやmacOSといったOSを問わずに、同じように実行できます。

OSやWebブラウザーを問わずに実行できる

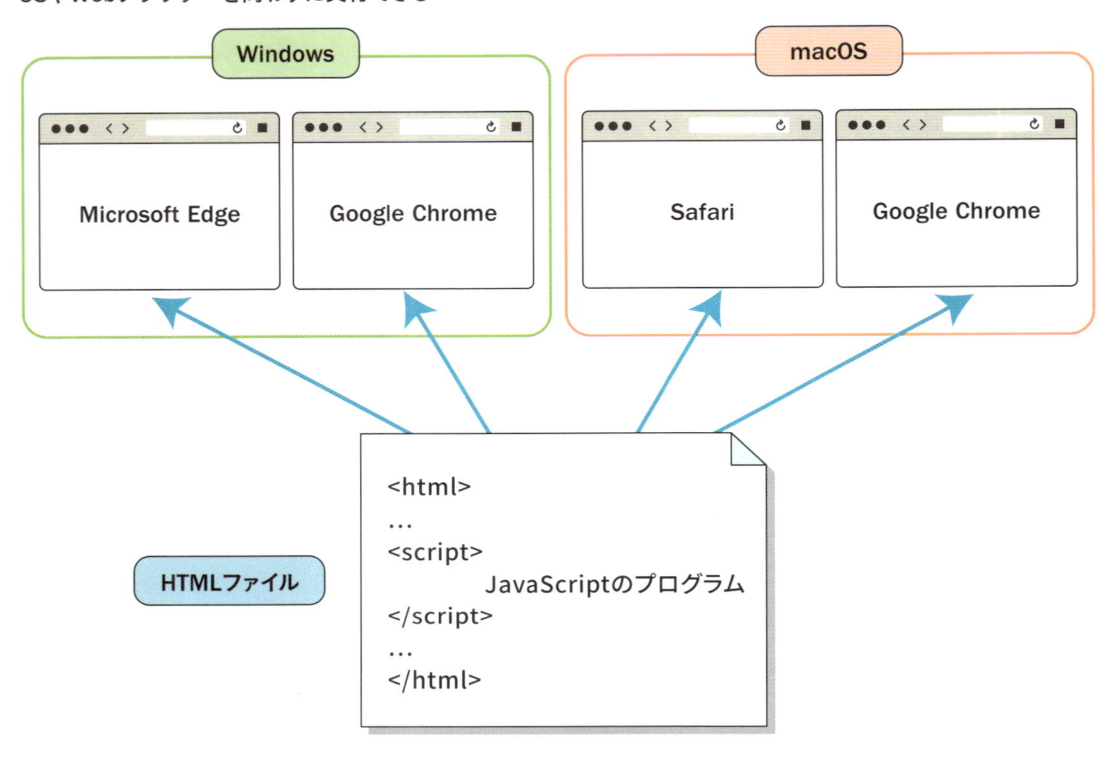

なお、本書ではふれませんが、最近では**Node.js**という、JavaScriptのプログラムをWebブラウザー上ではなく、パソコン上で直接動作させる実行環境も広まってきています。

JavaScriptとECMAScript

JavaScriptはインタプリタをWebブラウザーの中に用意しているため、Webブラウザーごとの機能の違いが問題になった時期もありました。現在では、JavaScriptの基本部分に関しては、ヨーロッパの規格選定団体である「Ecmaインターナショナル」(http://www.ecma-international.org/)によって、**ECMAScript(エクマスクリプト)**として標準化されています(規格名は「ECMA-262」)。最近のWebブラウザーはほぼその仕様に準拠していますので、互換性の問題は少なくなってきています。

ECMAScriptは、1997年に最初のエディション(バージョン)がリリースされ、2015年に現在のECMAScriptの核となる6番目のエディションである「ECMAScript 6th edition」(ES6)がリリースされました。それ以降は毎年改定されるようになり、エディションを示す名称は、ECMAScript 2024(ES2024)のように西暦の年号が付加されます。なお、現在ではES6もES2015と表記されることがあります。

初心者に優しいJavaScript

JavaScriptは、プログラミングの初心者に優しい次のような特徴を持っています。

1 OSに依存しない

Webブラウザーさえあれば、OSがmacOSやWindowsであるかに関わらず、プログラムを動作させることができます。

2 特別な開発環境を必要としない

テキストエディターとJavaScript対応のWebブラウザーだけあれば、他に特別なソフトウェアは必要ありません。

3 プログラムの変更が簡単

プログラムを変更したら、HTMLファイルをWebブラウザーに読み込み直すだけですぐに反映されます。

以上のことからJavaScriptは、プログラミングの基本をゼロから学んでいくのに最適な言語の1つといえるでしょう。

まとめ

- ▶JavaScriptは、Webブラウザー上で実行される
- ▶JavaScriptの基本部分は、ECMAScriptとして標準化されている
- ▶JavaScriptは、プログラミングの学習用に最適

3 オブジェクト指向とJavaScript ― JavaScriptはオブジェクト指向言語

完成ファイル｜なし

予習 オブジェクト指向言語について

読者の皆さんは、これまでに**オブジェクト指向言語**という言葉を耳にしたことがあるかもしれません。**オブジェクト**を日本語にすると、**もの**のことです。オブジェクト指向言語とは、操作の対象を現実世界の**もの**のようにとらえ、プログラミングを行っていくタイプのプログラミング言語です。

いろいろなオブジェクト指向言語

Java

Swift

Ruby

C++

Python

JavaScriptも、オブジェクト指向の流れを汲む言語です。ただし、本格的なオブジェクト指向言語は難解な部分も多いため、JavaScriptでは、オブジェクト指向の基本的な概念のみを取り入れて、初心者にも扱いやすくしています。

理解 オブジェクトの基礎を知る

プロパティとメソッド

実際に作業をはじめる前に、JavaScriptでオブジェクトを使ったプログラミングを行う上で欠かすことのできない、**プロパティ**と**メソッド**という2つの用語を頭に入れておいてください。

- **プロパティ …… オブジェクトに用意されているデータ**
- **メソッド ……… オブジェクトの操作**

たとえば、テレビをオブジェクトとしてプログラミングする場合を考えてみましょう。データであるプロパティとしては「チャンネル」や「音量」、操作であるメソッドとしては「音量を上げる／下げる」、「チャンネルを〜に変更する」といったものが思い浮かぶでしょう。

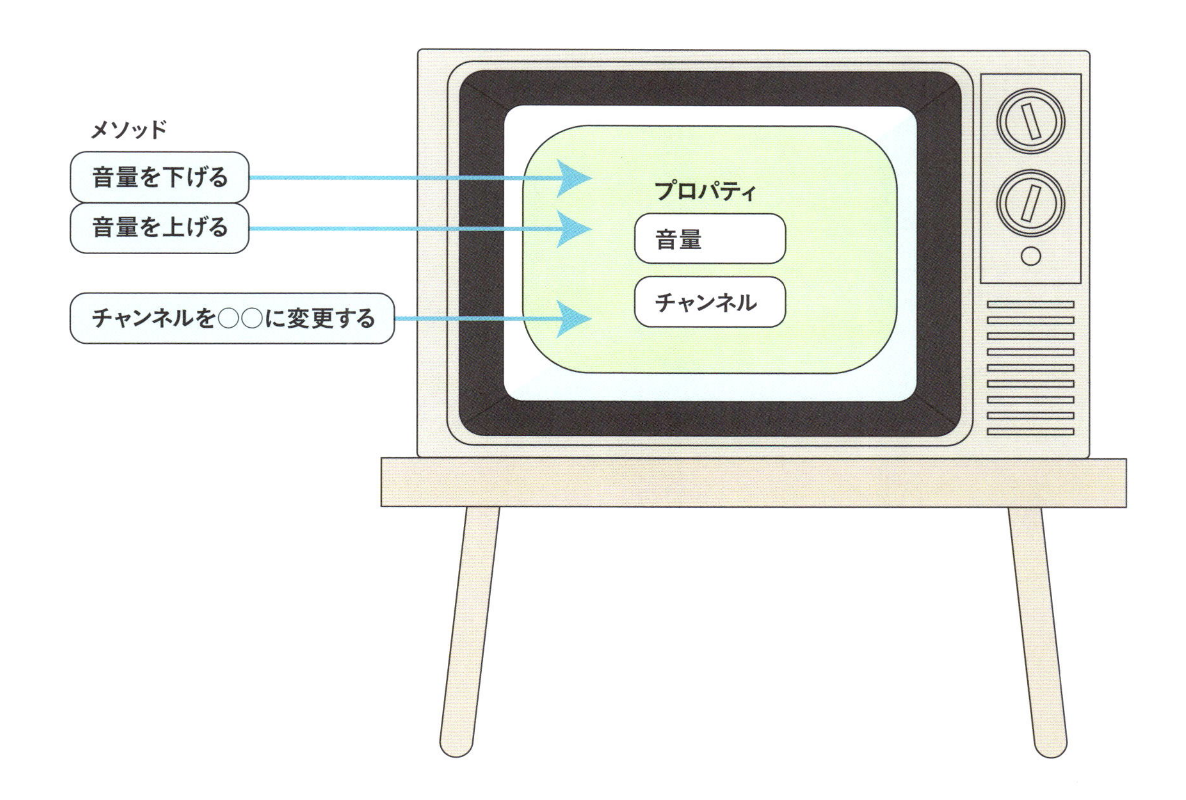

Webブラウザーはオブジェクトの集まり

JavaScriptから見れば、Webブラウザーもオブジェクトの集まりです。たとえば、Webページを表示しているウィンドウは「**windowオブジェクト**」、その中に読み込まれているHTMLドキュメントは「**documentオブジェクト**」、表示されている画像は「**Imageオブジェクト**」として扱うことができます。

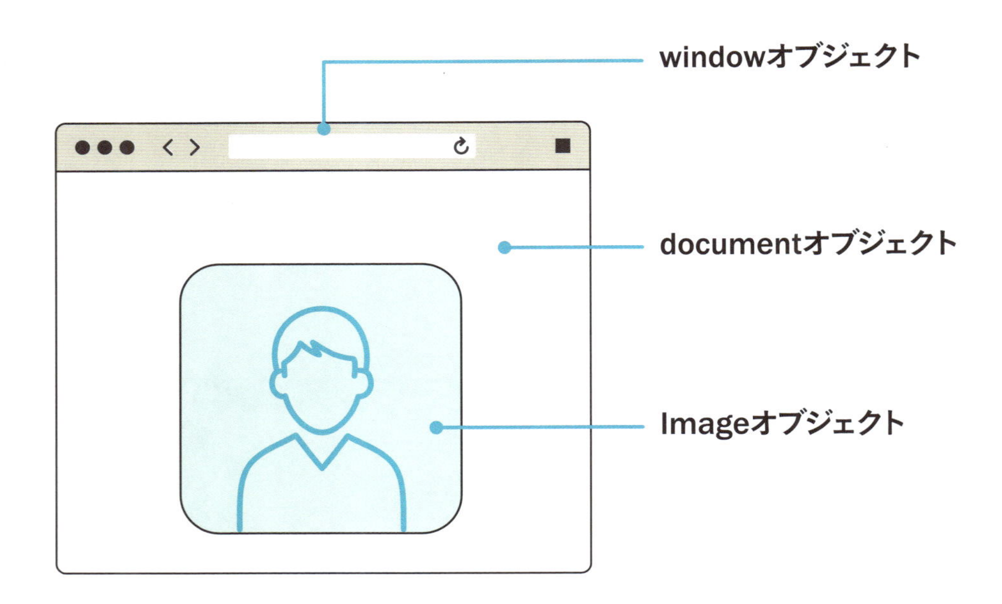

それらのオブジェクトに用意されているプロパティやメソッドをうまく活用しながらプログラムを作成していくのが、JavaScriptにおけるプログラム作成の流儀です。

JavaScriptとDOM

初期のJavaScriptでは、オブジェクトとして扱えるHTMLの要素はそれほど多くありませんでした。しかし、最近のJavaScriptでは、HTMLドキュメント内のすべてのHTMLタグやその属性、さらにはスタイルシートのプロパティもダイナミックに変更できます。
具体的には、ボタンをクリックするとテキストを変更したり、イメージの位置を変更したりできるようになりました。これを可能にしたのが、**DOM**(Document Object Model) と呼ばれる、HTMLドキュメントの任意の要素をオブジェクトとして扱えるようにした技術です。

DOMを使うと任意の要素をオブジェクトとして扱える

HTMLドキュメント

```
<!DOCTYPE html>
<html lang="ja">
<head>
    <meta charset="utf-8">
    <title>JavaScriptの占い</title>
</head>
<body>
    <h1>今日の運勢</h1>
    <button type="button" onclick="unsei();">占う</button>
    <div id="myArea">
        <h1>新たな出会いがあるでしょう</h1>
    </div>
</body>
</html>
```

DOM

JavaScriptからDOMをコントロール

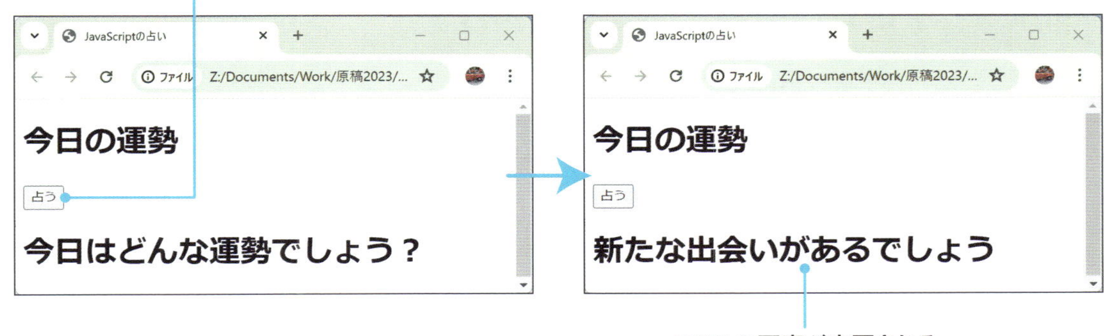

- ▶JavaScriptは、オブジェクト指向の言語
- ▶オブジェクトには、プロパティとメソッドが用意されている
- ▶Webブラウザーの各要素は、オブジェクトとして扱うことができる

第1章 JavaScriptの基礎知識

JavaScriptプログラムを作成するには — テキストエディターとWebブラウザーの準備

完成ファイル | なし

予習 JavaScriptプログラム作成の流れ

JavaScriptのプログラムは、基本的にHTMLファイル内の**scriptエレメント**に記述します。また、実行はWebブラウザーで行います。したがって、ソースプログラムの作成から実行までの流れはきわめてシンプルです。

① テキストエディターでソースプログラム（HTMLファイル）を作成する
② HTMLファイルをハードディスクに保存する
③ HTMLファイルをWebブラウザーで読み込んで実行する

テキストエディターでソースプログラムを作成

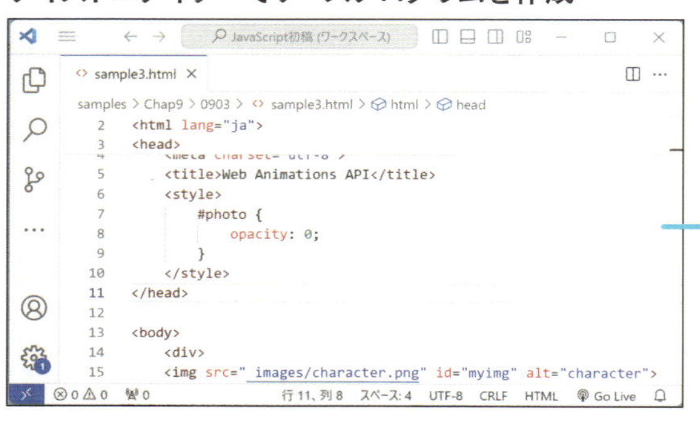

Webブラウザーで実行

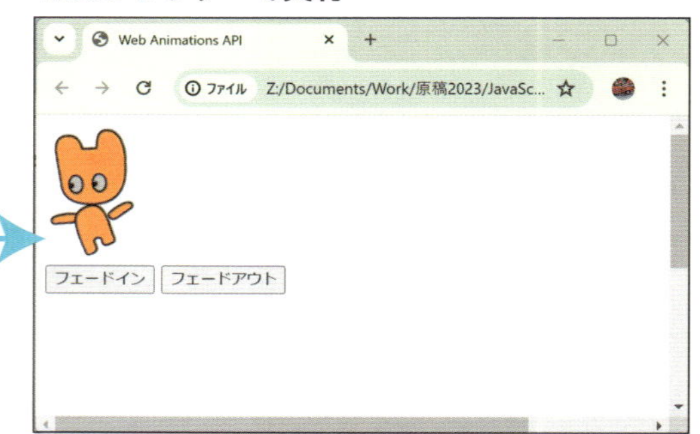

このとき、プログラムが思ったとおりに動かない場合は、再度エディターでHTMLファイルを開いてミスを修正し、再び実行する必要があります。プログラムのミスのことを**バグ**と呼び、バグを修正してプログラムが正しく動くようにすることを**デバッグ**と呼びます。

理解 JavaScriptプログラム作成に必要なもの

Webブラウザーを用意する

JavaScriptのプログラムをテストするには、Webブラウザーが必要です。本書では、Windows、macOS、Linuxなどさまざまな OSに対応し、後述するVisual Studio Codeと親和性が高いことから、サンプルの実行にはGoogle Chromeを使用しています。

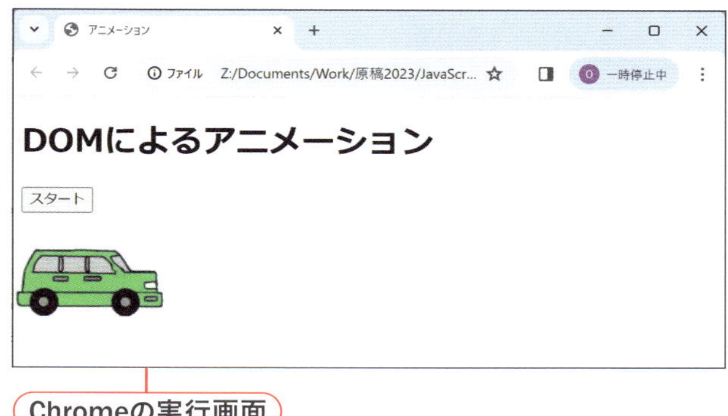

Chromeの実行画面

Google Chromeのインストール

Google Chromeのオフィシャルサイト「https://www.google.co.jp/chrome/」を開き、「Chromeをダウンロード」ボタンをクリックして表示されるページで利用許諾を確認し、ダウンロードしてインストールを行います。

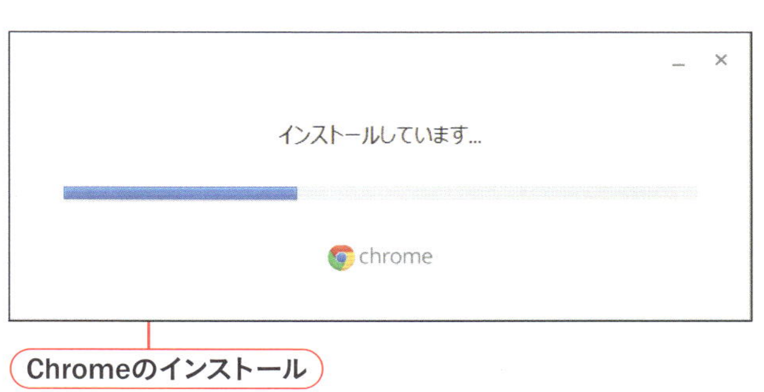

Chromeのインストール

プログラム作成に適したテキストエディターを用意する

ソースプログラムの作成に必要なのは、なんといってもテキストエディターです。標準で、Windowsには「メモ帳」、macOSには「テキストエディット」が用意されていますが、最小限の機能しかないので、HTMLファイルやJavaScriptプログラムの作成には少々役不足です。最近では、HTMLファイルやプログラムの作成に適した、無料で使える高機能なエディターがありますので、それらを使用するとよいでしょう。

本書の解説画面では、プログラムのキーワードを色分けする機能や、数文字タイプするだけで入力候補を提示する機能などが備わった「Visual Studio Code」（以下「VSCode」）を使用しています。VSCodeはMicrosoft社が無償で提供し、Windows、macOS、Linux上で動作します。もちろん、使い慣れたエディターがあれば、それを使用してもかまいません。

VSCodeのインストール

1 Visual Studio Codeは、以下のサイトからWindows版、macOS版、Linux版がダウンロードできます。

https://code.visualstudio.com

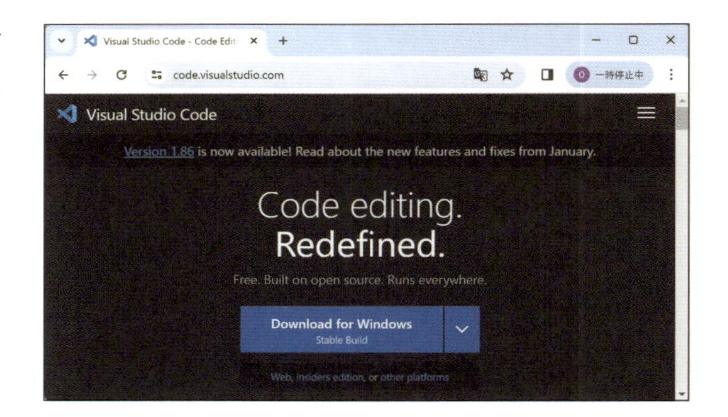

2 「Download for ○○」ボタンをクリックすると、使用しているOSに応じた最新の安定版をダウンロードできます。Windowsの場合は、ダウンロードしたインストーラーを起動してインストールを行います（特に理由がなければ設定は変更しなくてもかまいません）。

3 初回起動時に、配色などのデザインを設定するテーマを選択するページが表示されます。本書のサンプルでは「Light Modern」を使用しています。

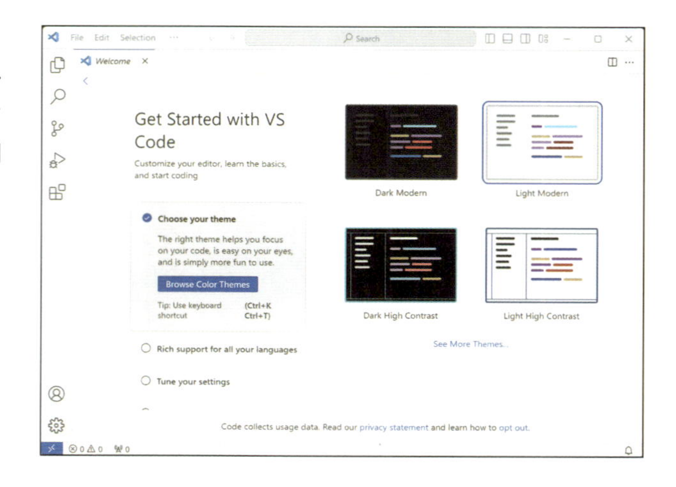

メニューを日本語化する

メニューやメッセージを日本語化したい場合は、拡張機能として「日本語パック」(Japanese Language Pack) をインストールするとよいでしょう。

1 VSCodeを起動し、左の「アクティビティバー」の「拡張機能」のアイコンをクリックします。表示される拡張機能の一覧から「Japanese Language Pack」を検索し、「Install」ボタンをクリックします。
これで、マーケットプレイスより日本語パックがダウンロードされ、インストールが開始されます。

①「拡張機能」ボタンをクリック
②「Japanese Language」で絞り込む
③「Japanese Language Pack」を選択
④「Install」ボタンをクリック

2 インストールが完了すると右下に再起動を促すダイアログが表示されるので「Change Language and Restart」ボタンをクリックします。再起動すると日本語化が完了します。

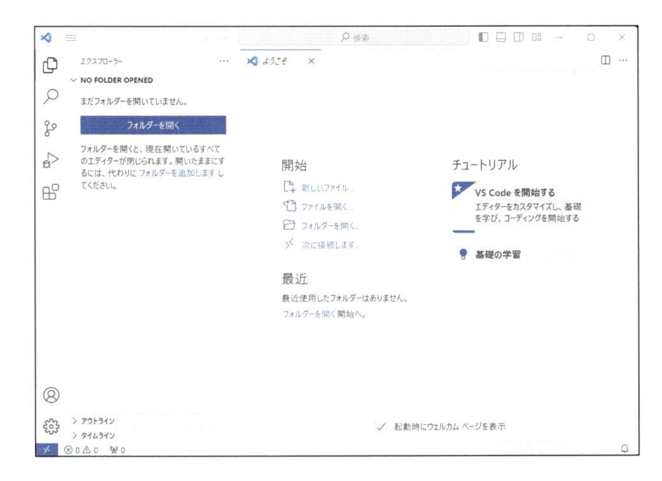

ワークスペースの用意

VSCodeでは、1つまたは複数のフォルダーを「ワークスペース」という単位で管理します。ワークスペースにフォルダーを登録するには、次のようにします。

1 「ファイル」メニューから「フォルダーを開く」を選択します。表示されるダイアログボックスでプログラムを保存するフォルダーを選択し、「フォルダーの選択」ボタンをクリックします。これで現在のワークスペースにフォルダーが追加されます。

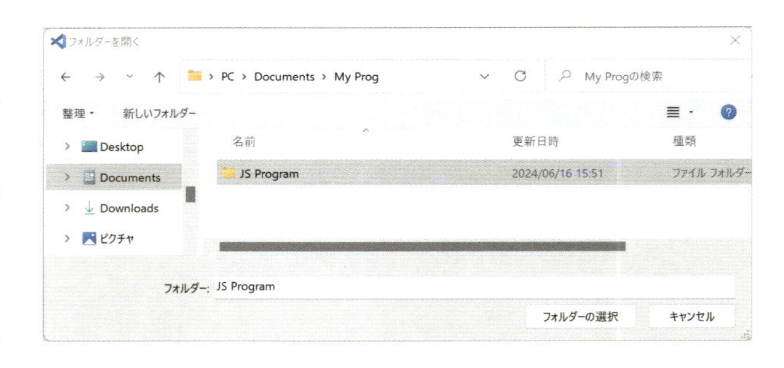

2 「ファイル」メニューから「名前を付けてワークスペースを保存」を選択します。表示されるダイアログボックスで、ワークスペースの名前を付けて「保存」ボタンをクリックし、ワークスペースをファイルとして保存します。

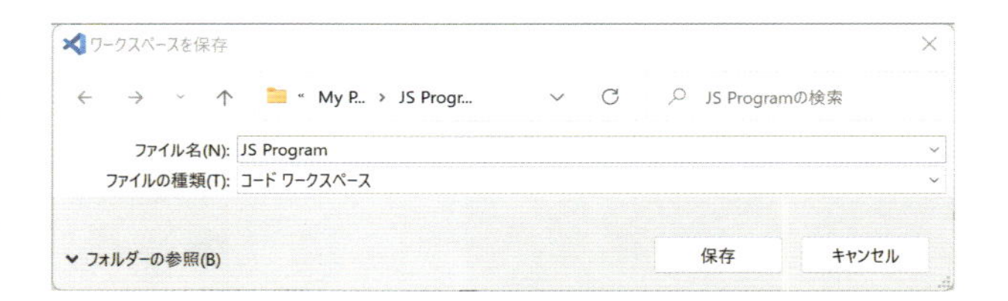

Tips

ワークスペースには複数のフォルダーを登録できます。それには「ファイル」メニューから「フォルダーをワークスペースに追加」を選択し、表示されるダイアログボックスで登録するフォルダーを選択します。

COLUMN ファイルの文字コードはUTF-8に

HTMLファイルはShift-JISや日本語EUCなどさまざまな文字コード（文字エンコーディング）に対応していますが、JavaScriptのプログラムを作成する場合には「UTF-8」に設定しておくと文字化けなどの不具合が起こりにくくなります。また現在主流のHTMLの仕様であるHTML Living Standardも、UTF-8を標準にしています。そのため、本書のサンプルはすべてUTF-8で保存してあります。この節で紹介したVSCodeエディタの場合、デフォルトの文字コードはUTF-8に設定されています。その他の、複数の文字コードに対応したエディターでファイルを作成する場合には、文字コードがUTF-8に設定されているかを確認した上で保存してください。

新規ファイルの生成

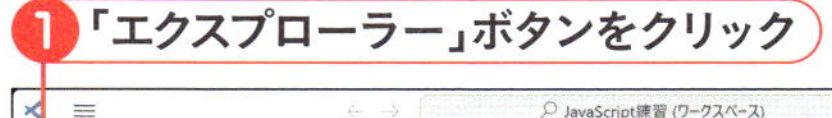

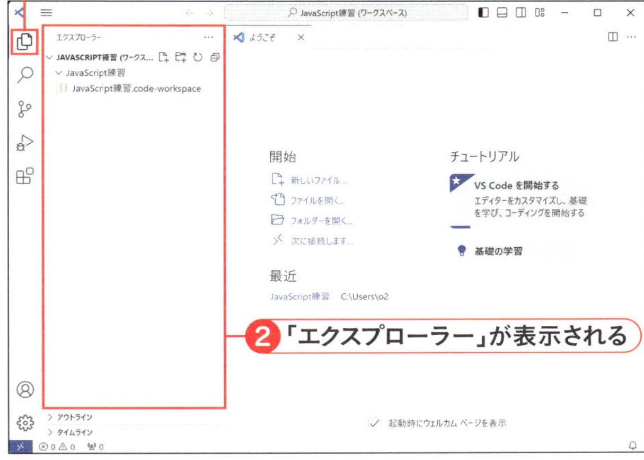

1 ワークスペース内のファイルやフォルダーの閲覧や作成は、「エクスプローラー」から行えます。

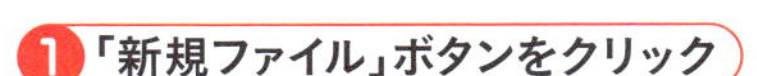

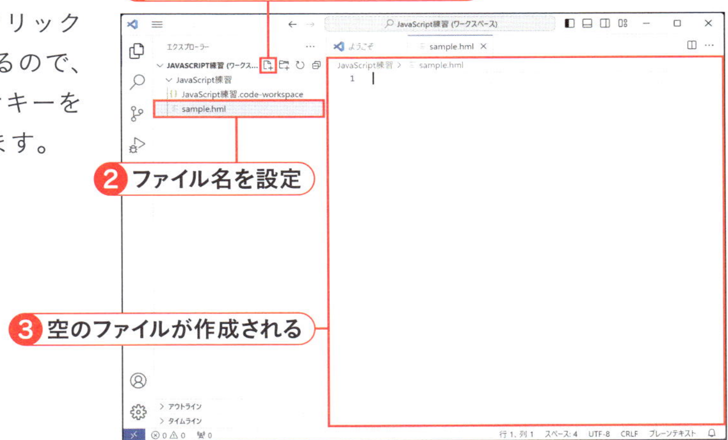

2「新規ファイル」ボタンをクリックするとボックスが表示されるので、ファイル名を入力してEnterキーを押すとファイルが作成されます。

まとめ

- ▶JavaScriptのプログラムは、テキストエディターで作成する
- ▶HTMLファイルの文字コードは、UTF-8に設定しておくとよい
- ▶作成したプログラムを動かすには、Webブラウザーを使用する

第1章 練習問題

◉問題1

次の文書の穴を埋めよ。

プログラミング言語のうち、CPUが直接理解できる形式の言語を［ ① ］と呼ぶ。それに対して、［ ② ］にとってよりわかりやすい形式で記述できるプログラミング言語を高級言語と呼ぶ。高級言語は、実行の方法によって2つに大別される。1つは、ソースプログラムを実行時に逐次解釈していく［ ③ ］方式である。もう1つは、実行前にソースプログラムをオブジェクトファイルに変換しておく［ ④ ］方式である。JavaScriptは、［ ⑤ ］方式の高級言語である。

ヒント 1-1

◉問題2

次の文がそれぞれ正しいかどうかを○×で答えなさい。

① JavaScriptのプログラムの作成には、専用の開発環境が必要である
② JavaScriptのプログラムが実行できるのは、Windowsだけである
③ JavaScriptの基本部分は、ECMAScriptとして標準化されている
④ JavaScriptは、オブジェクト指向の流れを汲むプログラミング言語である

第2章

はじめてのプログラム

はじめてのプログラムを作る — ダイアログボックスの表示

完成ファイル | [0201] → [sample1e.html]

予習 JavaScriptの記述方法を知ろう

さて、この節から実際にJavaScriptのプログラムを作成しながら、JavaScript の基本について学んでいきましょう。JavaScriptの命令は、HTMLファイルのscriptエレメント、つまり<script>タグと</script>タグの間に記述します。

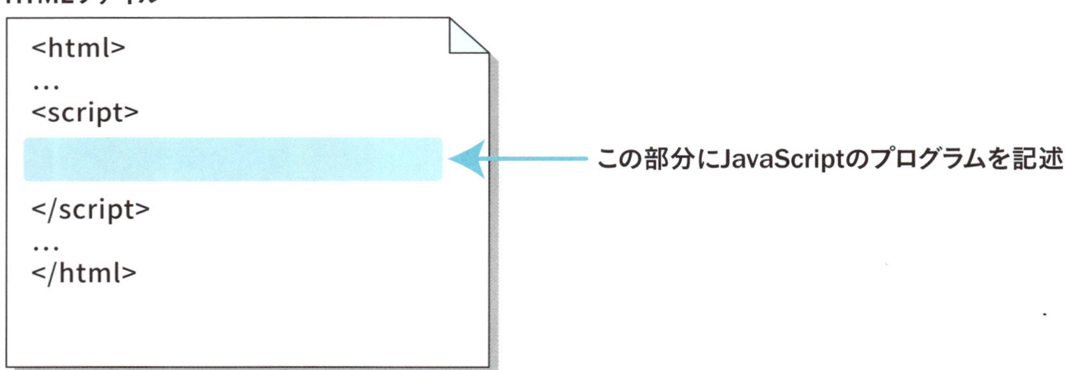

HTMLファイルに保存したプログラムをテストするには、HTMLファイルをWebブラウザーのウィンドウにドラッグ＆ドロップします。

体験 ダイアログボックスを表示してみよう

1 エディターでサンプルファイルを開く

「VSCode」などのテキストエディターを起動し、「0201」フォルダーの「template1.html」を開きます。template1.htmlには最低限必要なタグが記述されています。bodyエレメントの中身は空です。

```
1  <!DOCTYPE html>
2  <html lang="ja">
3  <head>
4      <meta charset="utf-8">
5      <title>JavaScriptサンプル</title>
6  </head>
7
8  <body>
9  </body>
10 </html>
11
```

```
<!DOCTYPE html>
<html lang="ja">
<head>
      <meta charset="utf-8">
      <title>JavaScriptサンプル</title>
</head>

<body>
</body>
</html>
```

空のbodyエレメント

2 日本語の文字コードのためのタグを確認する

template1.htmlには、文字コードを「UTF-8」に設定するためのタグが記述されています。

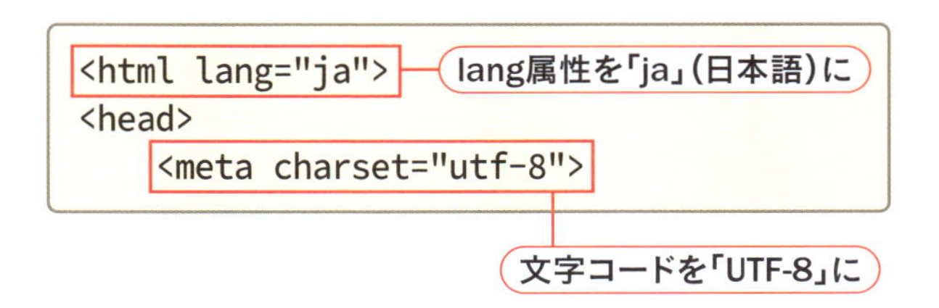

3 HTMLファイルを保存する

[ファイル]メニュー→[名前を付けて保存]をクリックして、「sample1.html」などの適当なファイル名を入力します❶。[保存]ボタンをクリックすると❷、ファイルが保存されます。VSCodeの場合ワークスペースのフォルダーに保存するとよいでしょう。

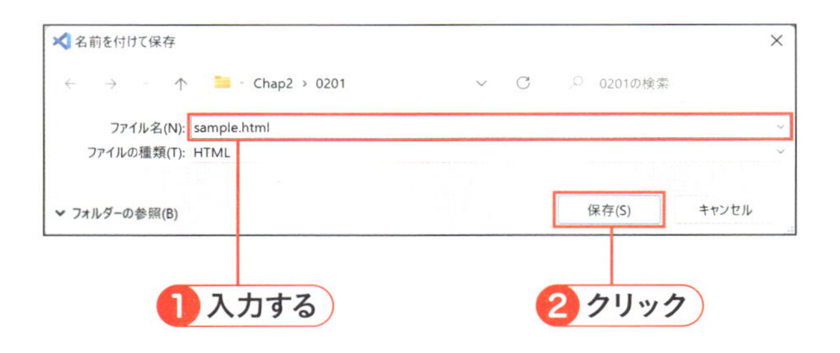

4 空のscriptエレメントを記述する

bodyエレメント内に、**scriptエレメント**を記述します❶。

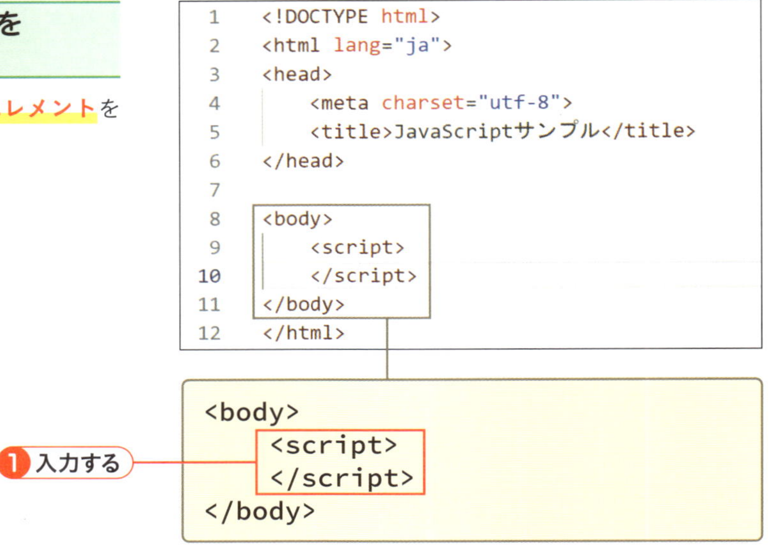

5 ダイアログボックスを表示するためのJavaScriptの命令を記述する

scriptエレメントにJavaScriptの命令を記述します❶。ここでは、ダイアログボックスに「ようこそJavaScriptの世界へ」という文字列を表示するalert(〜)という命令を加えています。入力後、HTMLファイルを上書き保存します。

```
1  <!DOCTYPE html>
2  <html lang="ja">
3  <head>
4      <meta charset="utf-8">
5      <title>JavaScriptサンプル</title>
6  </head>
7
8  <body>
9      <script>
10         alert("ようこそJavaScriptの世界へ");
11     </script>
12 </body>
13 </html>
```

❶入力する

```
<script>
    alert("ようこそJavaScriptの世界へ");
</script>
```

6 プログラムを実行する

Webブラウザーのウィンドウにhtmlファイルをドラッグ＆ドロップします。scriptエレメントに記述した**alert**という命令が実行され、ダイアログボックスに「ようこそJavaScriptの世界へ」という文字列が表示されます。

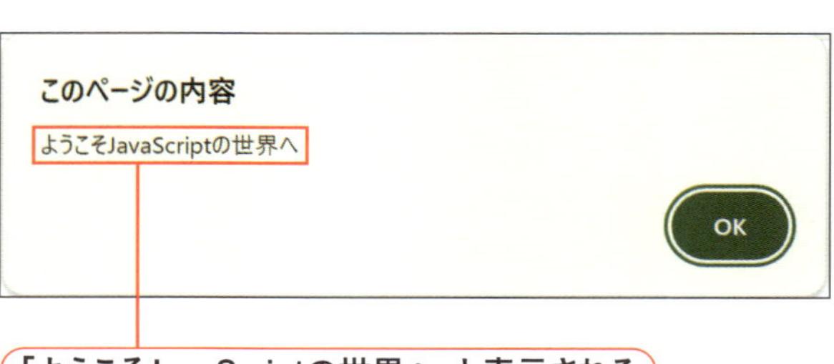

「ようこそJavaScriptの世界へ」と表示される

7 ダイアログボックスを閉じる

[OK] ボタンをクリックします❶。JavaScriptの命令が終了し、ダイアログボックスが閉じます。

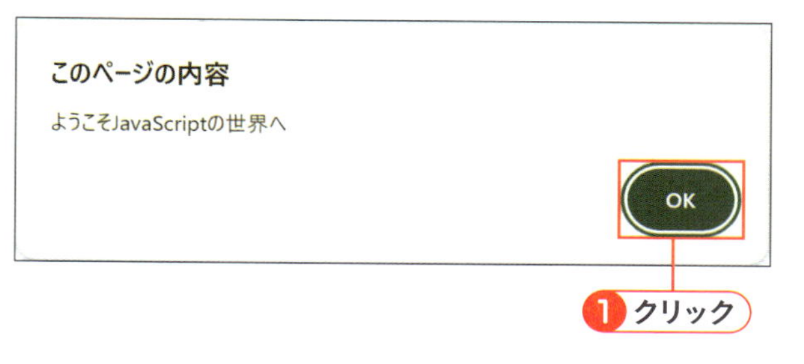

COLUMN Live Serverで編集中のHTMLファイルをWebブラウザーに表示する

エディターにVSCodeを使用している場合、拡張機能「Live Server」を使用すると、VSCode内でWebサーバーを起動し、編集中のHTMLファイルのレンダリング結果をすぐにWebブラウザーに表示して確認できます。

1. 左の「拡張機能」ボタンをクリックすると❶サイドバーに機能拡張の一覧が表されるので、検索ボックスに「Live Server」を入力して、Live Serverを検索します❷。
2. 「Live Server」❸の「Install」ボタンをクリックして❹インストールを行います。

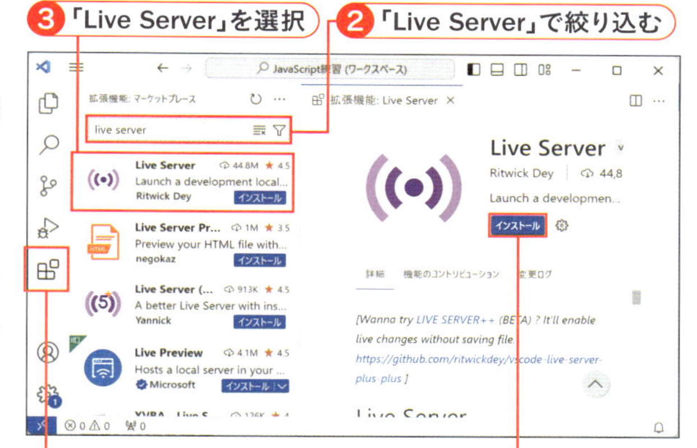

インストール後、ステータスバー右に「Go Live」が表示されので、クリックするとWebブラウザーが起動して編集中のWebページが表示されます（初回起動時には「セキュリティの警告が表示されるので「アクセスを許可する」をクリックします）。

これ以降、同じHTMLファイルを編集し保存したタイミングで、Webブラウザーの画面も更新されます。

sample.html　samples > Chap2 > 0201 > sample.html > ...

```
1  <!DOCTYPE html>
2  <html lang="ja">
3  <head>
4      <meta charset="utf-8">
5      <title>JavaScriptサンプル</title>
6  </head>
7
8  <body>
9      <script>
10         alert("ようこそJavaScriptの世界へ")
11     </script>
12 </body>
13 </html>
14
```

行 14、列 1　スペース: 4　UTF-8　LF　HTML　Go Live

クリック

理解 JavaScriptに必要なHTMLエレメントについて

scriptエレメント

JavaScriptのプログラムは**script**エレメントに記述します。HTML4では、<script>タグの**type属性**にJavaScriptのプログラムであることを示す**"text/javascript"**を指定する必要がありました。**HTML5**とその後継の**HTML Living Standard**ではデフォルトでJavaScriptであるとみなされるため、type属性は省略可能です。

- **HTML 4**

```
<script type="text/javascript">
    alert("ようこそJavaScriptの世界へ");
</script>
```

type属性を指定

ダイアログボックスを表示する命令

- **HTML Living Standard**

```
<script>
    alert("ようこそJavaScriptの世界へ");
</script>
```

type属性を省略

COLUMN <meta>タグ

ファイルなどの何らかのデータのための付加的な情報のことを「**メタデータ**」と呼びます。HTMLファイルの場合、**<meta>タグ**を使用して、文字コードや、文書の作者、検索エンジンのためのキーワードをメタデータとして設定できます。<meta>タグは必ずHTMLファイルのheadエレメント内に記述します。本書のサンプルでは次の<meta>タグを記述しています。

```
<meta charset="utf-8">
```

これはHTMLドキュメントの文字コード（文字エンコーディング）として、ユニコードの「UTF-8」を使用することを示しています。

COLUMN VSCodeエディターのテキスト補完機能

VSCodeエディターにはさまざまな便利機能が搭載されていますが、まず覚えておきたいのがHTMLのタグやJavaScriptの命令の最初の数文字をタイプするだけで、候補の一覧を表示してくれるテキストの補完機能です。

たとえば、<script>タグを入力したい場合には「<sc」までタイプします❶。すると「sc」ではじまるタグの一覧が表示されます。
一覧から「script」を選択してクリックすると、「<script」まで入力されます❷。続けて「>」をタイプすると、「<script></script>」まで入力されます❸。

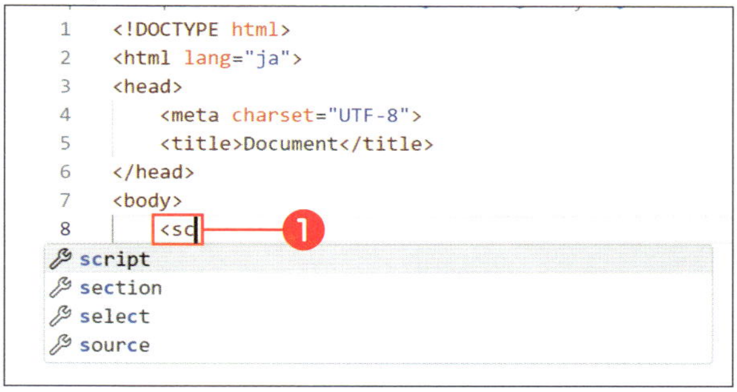

```
1  <!DOCTYPE html>
2  <html lang="ja">
3  <head>
4      <meta charset="UTF-8">
5      <title>Document</title>
6  </head>
7  <body>
8      <sc  ❶
   script
   section
   select
   source
```

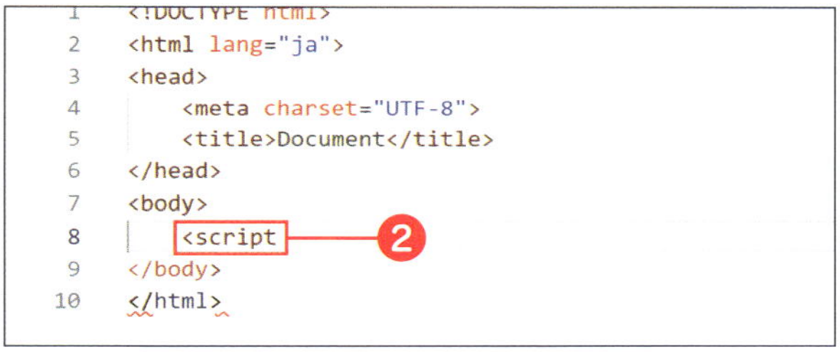

```
1  <!DOCTYPE html>
2  <html lang="ja">
3  <head>
4      <meta charset="UTF-8">
5      <title>Document</title>
6  </head>
7  <body>
8      <script  ❷
9  </body>
10 </html>
```

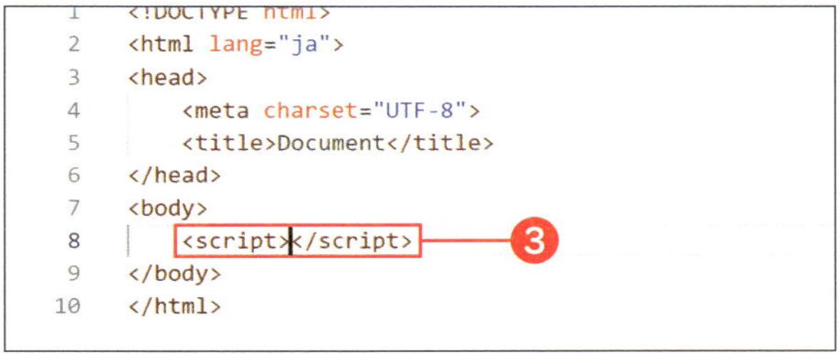

```
1  <!DOCTYPE html>
2  <html lang="ja">
3  <head>
4      <meta charset="UTF-8">
5      <title>Document</title>
6  </head>
7  <body>
8      <script></script>  ❸
9  </body>
10 </html>
```

まとめ

- ▶プログラムは、scriptエレメントに記述する
- ▶ファイルの文字コードは「UTF-8」に設定する
- ▶HTMLファイルには、<html lang="ja">と<meta charset="utf-8">を記述する

簡単な計算をしてみる — ステートメント

完成ファイル | [0202] → [sample1e.html]

予習 ステートメントについて

プログラムでは、1つの命令の単位のことを**ステートメント**と呼びます。ステートメントとは、日本語にすれば**文**のことです。
さて、前節で記述したステートメントをもう一度見てみましょう。ここで使用した**alert**は、後ろの( )内にダブルクォート「"」で囲って記述した文字列を、ダイアログボックスに表示する命令です。日本語の文章の場合、文の終わりは「。」ですが、JavaScriptのプログラムではステートメントの終わりはセミコロン「**;**」を使います。

この文字列がダイアログボックスに表示される

```
alert("ようこそJavaScriptの世界へ");
```

ステートメントの終わりは「;」(セミコロン)

alert文の( )内では、足し算や引き算といった計算式を記述することができます。算数と同じで、足し算には「+」、引き算には「-」を使用します。たとえば、「4足す5」の結果をダイアログボックスに表示するには次のようにします。

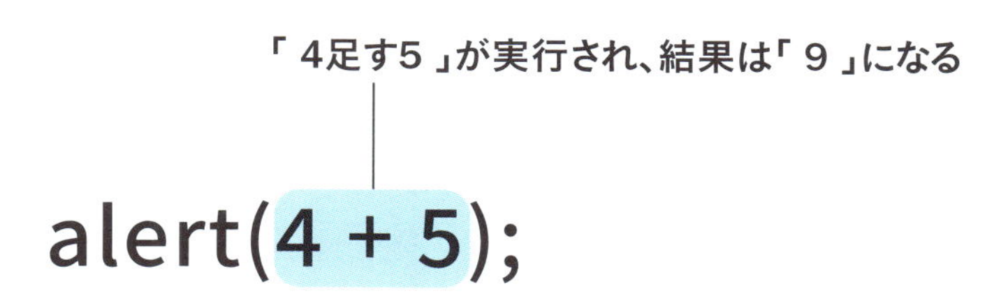

たいていのプログラムは複数のステートメントが組み合わさってできています。特に指定がない場合は、上から順に1つずつ実行されていきます。

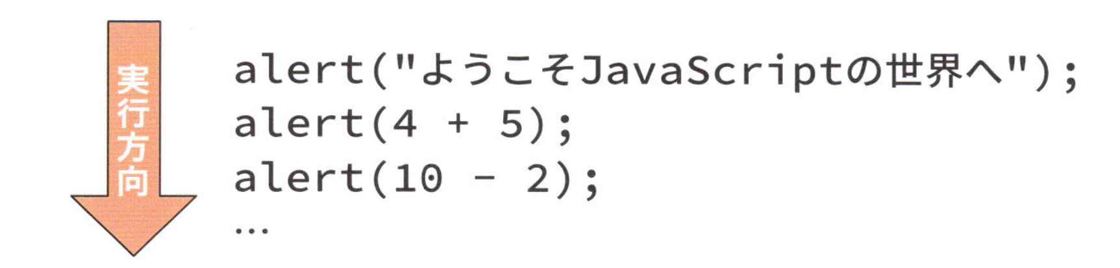

なお、複数のステートメントを同じ行に記述しない場合には、最後のセミコロン「;」は省略可能です。

```
alert(4+5);
```

「;」を省略

```
alert(4+5)
```

ただし、ステートメントの終わりを明確にするためにも、セミコロン「;」を記述することを習慣づけるとよいでしょう。

体験 簡単な計算をしてみよう

1 足し算の結果を表示するステートメントを追加する

前節で作成した「sample1.html」のalert文の次の行に、別のalert文を加えてみましょう。「4足す5」を計算してダイアログボックスに表示する命令です❶。

```
1  <!DOCTYPE html>
2  <html lang="ja">
3  <head>
4      <meta charset="utf-8">
5      <title>JavaScriptサンプル</title>
6  </head>
7
8  <body>
9      <script>
10         alert("ようこそJavaScriptの世界へ");
11         alert(4+5);
12     </script>
13 </body>
14 </html>
```

```
<script>
    alert("ようこそJavaScriptの世界へ");
    alert(4+5);
</script>
```

❶入力する

2 Webブラウザーで読み込んで結果を確認する

ファイルを上書き保存し、Webブラウザーにドラッグ＆ドロップして実行します。「ようこそJavaScriptの世界へ」というダイアログボックスの後に、「4+5」の計算結果である「9」がダイアログボックスに表示されます。

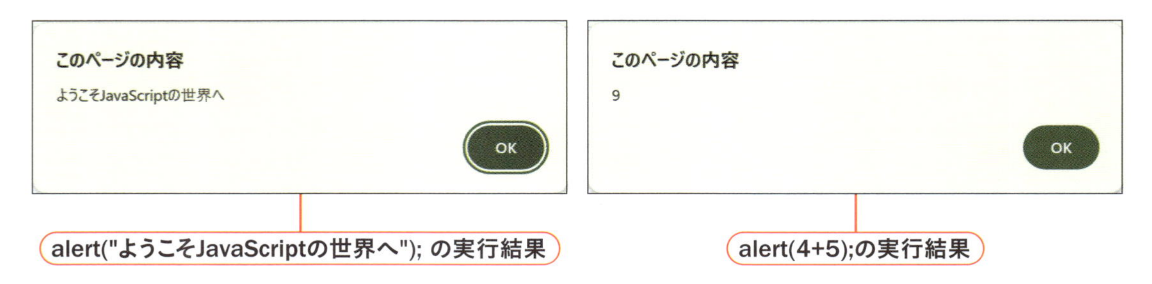

3 引き算を実行する

次に、引き算を実行して結果をダイアログボックスに表示するステートメントを加えてみます❶。

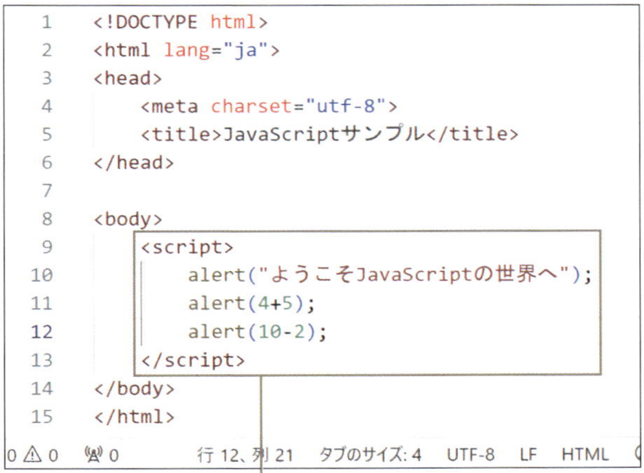

```
1   <!DOCTYPE html>
2   <html lang="ja">
3   <head>
4       <meta charset="utf-8">
5       <title>JavaScriptサンプル</title>
6   </head>
7
8   <body>
9       <script>
10          alert("ようこそJavaScriptの世界へ");
11          alert(4+5);
12          alert(10-2);
13      </script>
14  </body>
15  </html>
```

0 ⚠ 0　(ᯤ) 0　行 12、列 21　タブのサイズ: 4　UTF-8　LF　HTML

```
<script>
    alert("ようこそJavaScriptの世界へ");
    alert(4+5);
    alert(10-2);
</script>
```

❶入力する

4 Webブラウザーで読み込んで結果を確認する

ファイルを上書き保存し、再びWebブラウザーで確認します。こんどは、3つ目のダイアログボックスに、「10-2」の計算結果である「8」が表示されます。

このページの内容

8

OK

「10-2」の実行結果である「8」が表示される

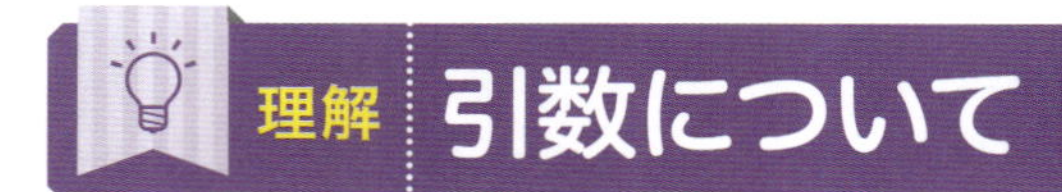

理解 引数について

引数とは

命令に与える何らかの値のことを**引数**と呼びます（「ひきすう」と読みます）。次のalert文を見てみましょう。

```
alert("ようこそJavaScriptの世界へ");
```

( ) 内に記述した「"ようこそJavaScriptの世界へ"」が引数です。この場合、「ようこそJavaScriptの世界へ」という文字列がalert命令に引き渡され、ダイアログボックスに表示されるわけです。

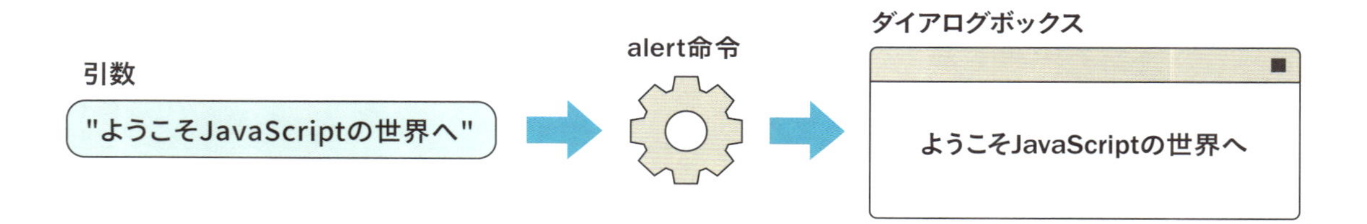

数値と文字列の相違について

足し算の結果を表示するステートメントを見てみましょう。

先の例との相違は何でしょう？ そう、引数がダブルクォート「"」で囲まれていませんね。この場合、引数は数値と判断されます。プログラミング言語では、**文字列**（文字の並び）と**数値**は、明確に区別されます 。たとえば、数値は算数の計算が行えますが、文字列ではできません。そのため、「4+5」では結果の「9」がダイアログボックスに表示されたわけです。
試しに、「4+5」を次のようにダブルクォート「"」で囲んだとしましょう。

```
alert("4+5");
```

文字列として解釈される

この場合「4+5」は単なる文字列となり、ダイアログボックスには「4+5」がそのまま表示されます。

演算子について

足し算や引き算といった演算（計算）に使う記号のことを、**演算子**と呼びます。＜体験＞で学習したように、算数の足し算で使う演算子「+」は、JavaScriptでもそのまま使えます。同じように、引き算の演算子「-」も使えます。

ただし、算数とは異なる役割を持つ演算子もあります。たとえば「+」演算子は、文字列どうしの接続にも使われます。また、算数の演算子とは異なる記号になる演算子もあります。詳しくは、第3章で説明します。

COLUMN ChromeでJavaScriptのエラーを確認する

作成したプログラム内にWebブラウザーが理解できないステートメントがあると、プログラムはそこで停止し、それ以降のステートメントは実行されません。エラーメッセージの表示の方法はWebブラウザーによって異なります。ここでは、Google Chromeに内蔵されている**デベロッパーツール**を使用する方法を説明しましょう。

たとえば、本節のサンプルの2つめのステートメントの「alert」を誤って「alart」と記述してしまったとします。

```
<script>
    alert("ようこそJavaScriptの世界へ"); ——❶
    alart(4+5); ——❷
    alert(10-2);
</script>
```

この場合、❶のステートメントを実行した後に❷のステートメントを実行しようとしたところでエラーになり、プログラムが停止します。

この状態で、エラーメッセージを表示するには、アドレスバー右側の「Google Chromeの設定」ボタン⋮をクリックして、表示されるメニューから「その他のツール」→「デベロッパーツール」を選択します。

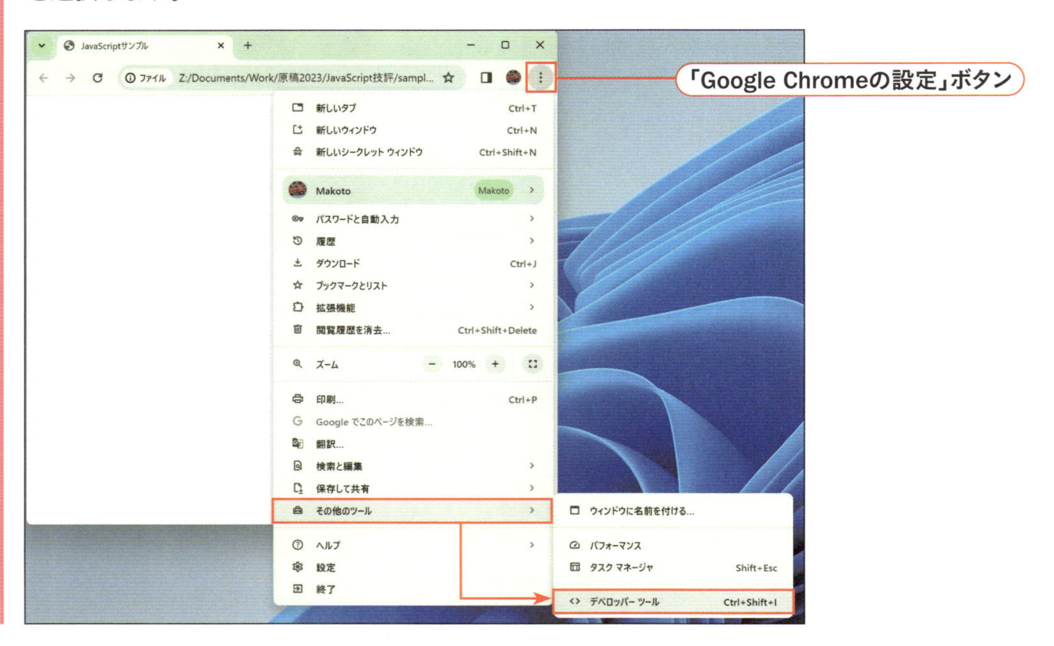

すると、デベロッパーツールの「コンソール（Console）」パネルに、エラーメッセージとエラーの起こった行などの情報が表示されます。

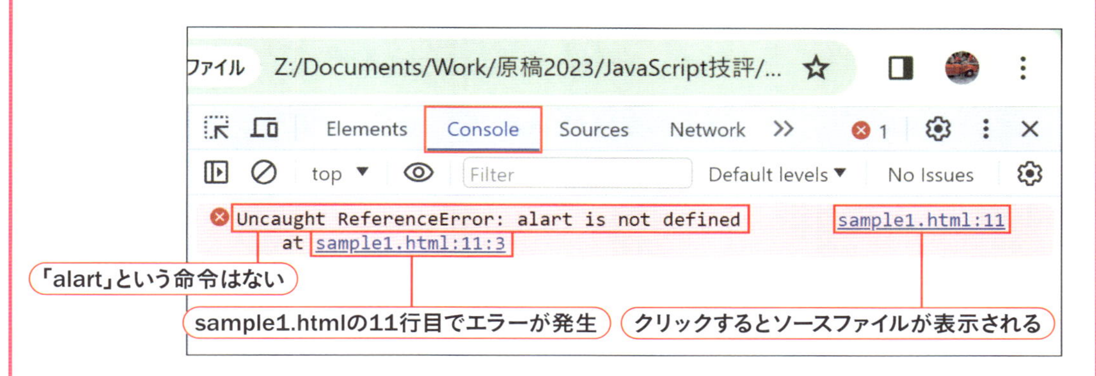

さらに、ファイルへのリンク（上記の例では「sample1.html:11」）をクリックすると、「ソース（Sources）」パネルにソースファイルが表示され、エラーが発生した行の下に赤い波線が表示されます。また右側に赤いバツ印のアイコンが表示されます。

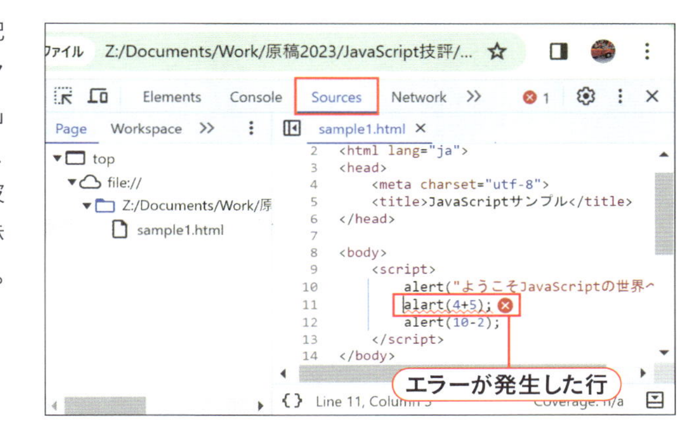

なお、プログラムのテスト時はデベロッパーツールのコンソールを常に表示しておくと、エラーの確認に便利です。

まとめ

- ▶ステートメントの終わりはセミコロン「;」
- ▶ステートメントは、上から順に実行される
- ▶命令に与える値を、引数（ひきすう）という
- ▶文字列と数値の相違に注意

プログラムを読みやすくする
― スペースの挿入とコメント

完成ファイル | [0203] → [sample1e.html]

予習 ステートメントの記述方法とコメントについて

JavaScriptに限らず最近のプログラミング言語は、自由度の高い書き方ができます。たとえば、「+」演算子の前後には半角スペースを入れてもかまいません。そうすることによって、ステートメントが読みやすくなるでしょう。

```
alert(4+5);
```

→

```
alert(4 + 5);
```

スペース

なお、プログラムの途中には**コメント**と呼ばれる説明文を記述できます。コメントは、実行時には無視されます。

```
/*
    sample1.html 2024/5/6
*/
//alert("ようこそJavaScriptの世界へ");
alert(4 + 5);
alert(10 - 2);
```

コメントは実行されない

ステートメントは実行される

体験 スペースやコメントを使う

1 演算子の前後にスペースを入れる

前節で作成したsample1.htmlを編集して、「+」演算子と「-」演算子の前後にスペースを入れてみましょう❶。

Tips
使用できるのは**半角スペース**のみです。**全角スペース**は使用できないので注意してください。

```
1  <!DOCTYPE html>
2  <html lang="ja">
3  <head>
4      <meta charset="utf-8">
5      <title>JavaScriptサンプル</title>
6  </head>
7
8  <body>
9      <script>
10         alert("ようこそJavaScriptの世界へ");
11         alert(4 + 5);
12         alert(10 - 2);
13     </script>
14 </body>
15 </html>
```

```
<script>
    alert("ようこそJavaScriptの世界へ");
    alert( 4 + 5 );
    alert( 10 - 2 );
</script>
```

❶ 修正する

2 ステートメントをコメントにする

最初のalert命令の先頭に、「//」（スラッシュ「/」を2つ並べて記述）を挿入します❶。これで、このalert命令がコメントになります。

```
1  <!DOCTYPE html>
2  <html lang="ja">
3  <head>
4      <meta charset="utf-8">
5      <title>JavaScriptサンプル</title>
6  </head>
7
8  <body>
9      <script>
10         //alert("ようこそJavaScriptの世界へ");
11         alert(4 + 5);
12         alert(10 - 2);
13     </script>
14 </body>
15 </html>
```

```
<script>
    //alert("ようこそJavaScriptの世界へ");
    alert( 4 + 5 );
    alert( 10 - 2 );
</script>
```

❶ 修正する

3 実行結果を確認する

ファイルを保存し、Webブラウザーで実行します。最初のalert命令が実行されないことを確認してください。

このページの内容

9

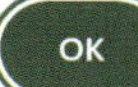

最初に2番目のalert命令が実行された

理解 2種類のコメント形式

JavaScriptでは、2種類の形式でコメントが記述できます。

1 1行のコメント

「//」以降、行末までがコメントとなります。

```
alert("こんにちは"); // コメント
```


2 複数行のコメント

「/*」から「*/」までの範囲がコメントとなります。

```
/*
      これはコメントです
      これもコメントです
*/
```


コメントの役割

適切なコメントは、プログラムをわかりやすくする上で欠かせない存在です。たとえば、先頭にプログラムの簡単な説明や、変更日、作成者などの情報を記述しておくことはよく行われます。

```
/*
      sample1.html    バージョン１．０
      ダイアログボックスに計算結果を表示する
      最終変更日：2024年５月６日Taro Yamada
*/
```


また、プログラムの途中でも、処理の内容を日本語の文章で記述しておけば、自分や他の人が後から見ても理解しやすくなるでしょう。
さらに、2つのステートメントのどちらが適切かを実験したいといった場合に、交互にコメントにして実行することで、動きを確認することができます。

```
…
// alert( 5  +  4 );
alert( 9  +  4 );
…
```

どちらか一方をコメントにする

なお、このように、ステートメントを削除するのではなく、コメントとして一時的に無効化することを**コメントアウトする**と呼びます。

COLUMN 自由な書式

「体験」では演算子の前後にスペースを入れましたが、JavaScriptでは、ステートメントの途中に改行や空白（半角スペース）、タブを入れることも可能です。

```
alert( 4
    +
    5 );
```

改行
改行
タブ

また、セミコロンで「;」で区切ることにより、1行に複数のステートメントを記述することもできます。この場合、左のステートメントから実行されていきます。

```
alert("こんにちは"); alert("さようなら");
```

左から右に実行

まとめ

- ▶演算子の前後などには、半角スペースを入れることができる
- ▶コメントは、実行時には無視される
- ▶1行のコメント：「//」以降行末までがコメント
- ▶複数行のコメント：「/*」から「*/」までがコメント

コンソールに文字列を出力する ― メソッドの使い方

完成ファイル | [0204] → [sample2e.html]

予習 メソッドとプロパティ

JavaScriptはオブジェクト指向のプログラミング言語ですので、さまざまな要素が**オブジェクト**として操作できます。オブジェクトは、オブジェクトに用意されている機能である**メソッド**と、属性である**プロパティ**から構成されています。
たとえば、HTMLドキュメントは、JavaScriptでは**documentオブジェクト**として扱い、Webブラウザーのデベロッパーツールの「コンソール」は、**consoleオブジェクト**として扱います。documentオブジェクトにはメソッドとプロパティがありますが、consoleオブジェクトにはメソッドのみが用意されています。

documentオブジェクト

メソッド	プロパティ
open	title
close	URL
append	body
…	…

consoleオブジェクト

メソッド
log
clear
debug

この節では、メソッドの基本的な使い方について学習します。consoleオブジェクトの**logメソッド**を使用して、デベロッパーツールのコンソールに文字列を出力してみましょう。

体験 consoleオブジェクトのメソッドを使う

1 作業用のフォルダーを開く

エディターで「0204」フォルダーの「template2.html」を開きます。template2.htmlのbodyエレメントには、空のscriptエレメントが用意されています。ファイルを開いた後、「sample2.html」という名前を付けて保存しておきましょう。

```
1  <!DOCTYPE html>
2  <html lang="ja">
3  <head>
4      <meta charset="utf-8">
5      <title>JavaScriptサンプル</title>
6  </head>
7
8  <body>
9      <script>
10     </script>
11 </body>
12 </html>
```

```
<body>
    <script>
    </script>
</body>
```

空のscriptエレメント

2 logメソッドを記述する

scriptエレメントに、consoleオブジェクトの**logメソッド**を記述します❶。

```
1  <!DOCTYPE html>
2  <html lang="ja">
3  <head>
4      <meta charset="utf-8">
5      <title>JavaScriptサンプル</title>
6  </head>
7
8  <body>
9      <script>
10         console.log("ようこそJavaScriptの世界へ");
11     </script>
12 </body>
13 </html>
```

```
<script>
    console.log("ようこそJavaScriptの世界へ");
</script>
```

❶入力する

3 Webブラウザーで実行する

ファイルを上書き保存して、Webブラウザーで実行してみましょう。デベロッパーツールのコンソール（Console）に、logメソッドに入力した文字列が表示されます。

Tips

Google Chromeにデベロッパーツールを表示するには、アドレスバー右側の「Google Chromeの設定」ボタン⋮をクリックして、表示されるメニューから「その他のツール」→「デベロッパーツール」を選択します。

理解 メソッドの呼び出し方

メソッドの書式

メソッドは次の書式で実行します。

▼書式

```
オブジェクト名.メソッド名(引数)
```

つまり、オブジェクト名とメソッド名をピリオド「.」でつなげるわけです。＜体験＞の手順2で記述したステートメントを見てみましょう。

```
console.log("ようこそJavaScriptの世界へ");
```

ここでは、**consoleオブジェクト**の**logメソッド**を、「"ようこそJavaScriptの世界へ"」という文字列を引数に呼び出します。
logメソッドは、引数をWebブラウザーのデベロッパーツールのコンソール画面に表示するメソッドです。プログラムの動作を確認したり、不具合を修正したりする目的でしばしば使用されます。

引数を複数指定する

メソッドによっては、複数の引数を受け取れるものがあります。その場合、引数をカンマ「,」で区切って指定します。

▼書式

```
オブジェクト名.メソッド名(引数1, 引数2, 引数3, ....);
```

consoleオブジェクトのlogメソッドも、複数の引数を受け取れます。引数は、記述した順番に、コンソールに分けて出力されます。たとえば、＜体験＞の手順2で記述したステートメントを3つの引数に分けて記述するには、次のようにします。

```
console.log("ようこそJavaScriptの世界へ");
```

引数を分けて記述

```
console.log("ようこそ", "JavaScriptの", "世界へ");
```

この場合の実行結果は、各引数の間にスペースが1つ空いて表示されます。

スペースで区切られて表示される

まとめ

- メソッドは、オブジェクトに対する処理
- consoleオブジェクトのlogメソッドは、文字列をデベロッパーツールのコンソールに表示する
- メソッドは、「オブジェクト名.メソッド名(引数);」の形式で呼び出す
- 引数が複数ある場合は、カンマ「,」で区切って指定する

5 Webページのタイトルと色を変更する ― プロパティの使い方

完成ファイル | [0205] → [sample3e.html]

予習 プロパティについて

前節の説明で、メソッドの概要がつかめたと思います。この節では、オブジェクトのもう1つの要素である**プロパティ**（属性）の使い方について学習しましょう。プロパティは、値の読み出し／書き換えが可能なものと、読み出しのみ可能（リードオンリー）なものがあります。
前節で出てきたdocumentオブジェクトには、さまざまなプロパティがあります。たとえば、**title**プロパティは読み書き可能なプロパティで、Webページのタイトルを読み出したり、変更したりできます。

documentオブジェクトのプロパティ

読み書き可	読み出しのみ可
title	characterSet
cookie	contentType
dir	documentURI
....	....

また、オブジェクトとプロパティには親子関係を持つものがあります。documentオブジェクトにはbody要素を管理する**body**プロパティがあり、その下にはスタイルシートを管理する**style**プロパティをがあります。styleプロパティには、Webページの文字色の文字色を指定する**color**プロパティ、背景色を管理する**backgroundColor**などがあります。親と子を接続するにはピリオド「.」を使います。

```
document.body.style.color
```

- body：body要素
- style：スタイルシート
- color：文字色

1
2
3
4
5
6
7
8
9
10
11

体験 documentオブジェクトのプロパティを使う

1 作業用のファイルを開く

エディターで「0205」フォルダーの「template3.html」を開きます。template3.htmlのbodyエレメントには、h1エレメントと、空のscriptエレメントが用意されています。ファイルを開いた後、「sample3.html」といった名前を付けて保存しておきましょう。

```
1  <!DOCTYPE html>
2  <html lang="ja">
3  <head>
4      <meta charset="utf-8">
5      <title>JavaScriptサンプル</title>
6  </head>
7
8  <body>
9      <h1>JavaScript入門</h1>
10     <script>
11     </script>
12 </body>
13 </html>
```

2 プロパティを設定する

scriptエレメントに、タイトル（document.tiltle)を「プロパティのテスト」に❶、文字色（document.body.style.color）を緑色に❷、背景色（document.body.style.backgroundColor）を黄色に❸設定するステートメントを追加します。

```
1  <!DOCTYPE html>
2  <html lang="ja">
3  <head>
4      <meta charset="utf-8">
5      <title>JavaScriptサンプル</title>
6  </head>
7
8  <body>
9      <h1>JavaScript入門</h1>
10     <script>
11         document.title = "プロパティのテスト";
12         document.body.style.color = "green";
13         document.body.style.backgroundColor = "yellow";
14     </script>
15 </body>
```

```
<script>
    document.title = "プロパティのテスト";
    document.body.style.color = "green";
    document.body.style.backgroundColor = "yellow";
</script>
```

❶入力する
❷入力する
❸入力する

Tips

HTMLの属性と異なり、JavaScriptでは大文字／小文字を区別します。「color」を「Color」とすることはできないので注意してください。

3 Webブラウザーで確認する

ファイルを上書き保存して、Webブラウザーで実行してみましょう。タイトルが「プロパティのテスト」に、背景色が黄色、文字色が緑になることを確認してください。

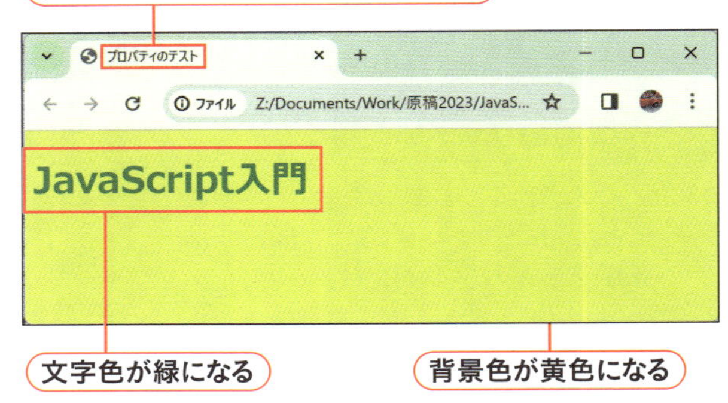
タイトルが「プロパティのテスト」になる
プロパティのテスト
ファイル
Z:/Documents/Work/原稿2023/JavaS...
JavaScript入門
文字色が緑になる
背景色が黄色になる

4 titleプロパティの値を表示する

次に、titleプロパティの値を読み出してみましょう。プログラムの最後にalert文を加えます❶。

```
1  <!DOCTYPE html>
2  <html lang="ja">
3  <head>
4      <meta charset="utf-8">
5      <title>JavaScriptサンプル</title>
6  </head>
7
8  <body>
9      <h1>JavaScript入門</h1>
10     <script>
11         document.title = "プロパティのテスト";
12         document.body.style.color = "green";
13         document.body.style.backgroundColor = "yellow";
14         alert(document.title);
15     </script>
16 </body>
17 </html>
```

```
<script>
    document.title = "プロパティのテスト";
    document.body.style.color = "green";
    document.body.style.backgroundColor = "yellow";
    alert(document.title);
</script>
```

❶入力する

5 Webブラウザーで確認する

ファイルを上書き保存して、Webブラウザーに読み込んで確認すると、ダイアログボックスにタイトルの文字列「プロパティのテスト」が表示されます。

このページの内容
プロパティのテスト
OK
タイトルの文字列「プロパティのテスト」が表示される

COLUMN 色の指定方法

colorプロパティやbackgroundColorプロパティなどで色を指定する場合、「"yellow"」や「"green"」といったように色名を文字列で指定する方法と、16進数の数値を文字列で指定する方法の2種類があります。数値で指定するには、光の三原色である赤（Red）、緑（Green）、青（Blue）のRGB値を、00～ffまでの16進数で順番に記述します。00～ffまでの数値は明るさを示し、「00」がもっとも暗く、「ff」がもっとも明るくなります。なお、先頭には16進数であることを示す「#」を記述します。次の表に、色の名前と16進数による色指定の対応をいくつか示します。

色	名前による指定	16進数による指定
白	white	#ffffff
黄	yellow	#ffff00
赤	red	#ff0000
緑	green	#00ff00
青	blue	#0000ff
灰	gray	#808080
黒	black	#000000

名前で指定する場合と同様に、数値で指定する場合も、値をダブルクォーテーション「"」で囲みます。次に、数値形式で背景色を黒に、前景色を白に設定する例を示します。

```
document.body.style.color = "#ffffff";                  文字色を白に
document.body.style.backgroundColor = "#000000";        背景色を黒に
```

プロパティの書き方

メソッドと同じように、プロパティを記述するには、オブジェクト名とプロパティ名をピリオド「.」で接続します。

▼書式

```
オブジェクト名.プロパティ名
```

プロパティに値を設定する

プロパティに値を設定するには、次のような書式で実行します。

▼書式

```
オブジェクト名.プロパティ名 = 値;
```

「=」の左辺にプロパティを、右辺に設定する値を記述します。
算数では「=」演算子は、等しいことを表しますが、プログラムでは左辺の要素に右辺の値を値を代入するために使用されます。documentオブジェクトのtitleプロパティはWebページのタイトルを設定するプロパティです。サンプルでは次のように設定していました。

```
document.title = "プロパティのテスト";
```

タイトルが「プロパティのテスト」になる

オブジェクトの親子関係

オブジェクトには親子関係があります。子のオブジェクトは、親のオブジェクトのプロパティとみなすことができます。親と子は、ピリオド「.」で接続して指定します。

▼書式

```
オブジェクト.子のオブジェクト.孫のオブジェクト.プロパティ
```

documentオブジェクトにはbody要素を管理する**body**プロパティがあり、その下にはスタイルシートを管理する**style**プロパティがあります。背景色を指定するスタイルシートの**backgroundColor**は次のように記述します。

windowオブジェクトとdocumentオブジェクト

実は、**documentオブジェクト**にも親のオブジェクトがあります。それがWebブラウザーのウィンドウを管理する**windowオブジェクト**です。windowはWebブラウザーのオブジェクトの中で最上位のオブジェクトです。したがって、Webブラウザーのタイトルを設定する場合は、次のようにするのが正式な記述法です。

```
window.document.title = "プロパティのテスト";
```

ただし、自分のウィンドウの要素を表す場合には、「window.」を省略できることになっているので、次のように記述できたわけです。

```
document.title = "プロパティのテスト";
```

同様に、背景色も「window」を省略せずに表記すると、次のようになります。

```
window.document.body.style.backgroundColor = "yellow";
```

alert文はwindowオブジェクトのメソッド

これまでのサンプルでは、ダイアログボックスの表示に次のような**alert**命令を使用していました。

```
alert("ようこそJavaScriptの世界へ");
```

このalert命令は、実はwindowオブジェクトに用意されているメソッドです。したがって、「window.」を省略しないで記述すると、次のようになります。

```
window.alert("ようこそJavaScriptの世界へ");
```

COLUMN プロパティの別の書式

プロパティには、オブジェクト名とピリオド「.」で接続する形式の他に、次のような形式でもアクセスできます。

▼書式

```
オブジェクト名["プロパティ名"]
```

たとえば、document.titleプロパティの値を、"プロパティのテスト"に設定するとき、次のように記述することもできます。

```
document["title"] = "プロパティのテスト"
```

また、背景色を設定するdocument.style.colorプロパティを"blue"に設定するとき、次のように記述することもできます。

```
document["body"]["style"]["color"] = "blue"
```

このような記述形式を、連想配列と呼びます（詳しくは、7-4「キーと値のペアでデータを管理する ー 連想配列」で解説します）。

まとめ

- ▶プロパティ（属性）には、読み出ししかできないものと書き換えが可能なものがある
- ▶プロパティに値を設定するには、「=」演算子を使用する
- ▶タイトルを設定するdocument.titleプロパティ
- ▶文字色を設定するdocument.body.style.colorプロパティ
- ▶背景色を設定するdocument.body.style.backgroundColorプロパティ
- ▶documentオブジェクトは、windowオブジェクトの子

第2章 練習問題

◉問題1

次の文書の穴を埋めよ。

プログラムの命令の最小単位のことを［ ① ］と呼ぶ。JavaScriptのステートメントはHTMLファイルの［ ② ］エレメントに記述し、1つのステートメントの終わりには［ ③ ］を記述する。複数のステートメントを記述した場合には、［ ④ ］から順に実行される。

ヒント 2-2

◉問題2

Webブラウザーのデベロッパーツールのコンソールに、「Hello JavaScript」と表示するステートメントはどれか。

```
① window.alert("Hello JavaScript");
② print("Hello JavaScript");
③ console.log("Hello JavaScript");
④ log("Hello JavaScript");
```

ヒント 2-4

◉問題3

Webページのタイトルを「JavaScript入門」に設定するステートメントとして、正しくないものは次のうちどれか。

```
① document["title"] = "JavaScript入門":
② document.title = "JavaScript入門";
③ window.document.title = "JavaScript入門";
④ document."title" = "JavaScript入門”;
```

ヒント 2-5

変数と演算

3-1　値に名前を付けてアクセスする

3-2　変数で文字列を扱う

3-3　いろいろな計算をしてみる

3-4　計算の優先順位を変更する

3-5　ユーザーの入力を受け取って計算する

◉第3章　練習問題

値に名前を付けてアクセスする ― 変数と値の関係

完成ファイル | [0301] → [sample1e.html]

予習 変数とは

JavaScriptに限らず、あらゆるプログラミング言語においてもっとも重要な存在が、値を一時的に格納する変数です。変数は、値を入れる箱のようなイメージで考えるとよいでしょう。それぞれの箱には変数名と呼ばれる名前でアクセスします。変数に入れた値は自由に取り出して使うことができます。変数の箱に値を入れることを、変数に値を代入するといいます。

年齢を管理する変数「age」に「21」を代入　age = 21;

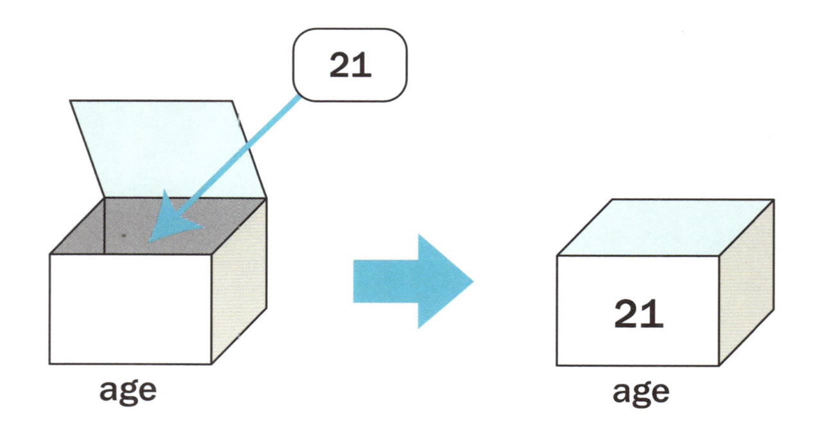

変数は「変わる数」と書くように、通常は箱の中の値を後から変更できます。ただし宣言方法によっては、後から変更できないようにすることも可能です。
さらに、変数の中の値に対して計算を行うこともできます。たとえば、変数「age」の値に1を加えて、その結果を再び変数「age」に入れるといったことができます。

体験 変数を使ってみよう

1 作業用のファイルを開く

エディターで「0301」フォルダーの「template1.html」を開きます。template1.htmlのbodyエレメントには、あらかじめ空のscriptエレメントが用意されています。確認したら、「sample1.html」という名前で保存しておきましょう。

```
3    <head>
4        <meta charset="utf-8">
5        <title>変数のテスト</title>
6    </head>
7
8    <body>
9        <script>
10       </script>
11   </body>
12   </html>
```

```
<body>
    <script>
    </script>
</body>
```

空のscriptエレメント

2 変数に値を代入して表示する

変数に値を代入して、Webブラウザーに表示してみましょう。まず、変数を「age」という名前で宣言し❶、適当な数値を代入します❷。最後にconsoleオブジェクトのlogメソッドを使ってコンソールに表示します❸。

Tips

変数は「let」で宣言します。letの後ろに半角スペースを入力し、その後に変数名を記述します。

```
2    <html lang="ja">
3    <head>
6    </head>
7
8    <body>
9        <script>
10           let age;
11           age = 20;
12           console.log(age);
13       </script>
14   </body>
15   </html>
```

```
<script>
    let age;
    age = 20;
    console.log(age);
</script>
```

❶ 入力する

❷ 入力する

❸ 入力する

3 プログラムを実行する

ファイルを上書き保存し、Webブラウザーに読み込んで実行しましょう。デベロッパーツールのコンソールに変数ageに格納されている「20」という値が表示されます。

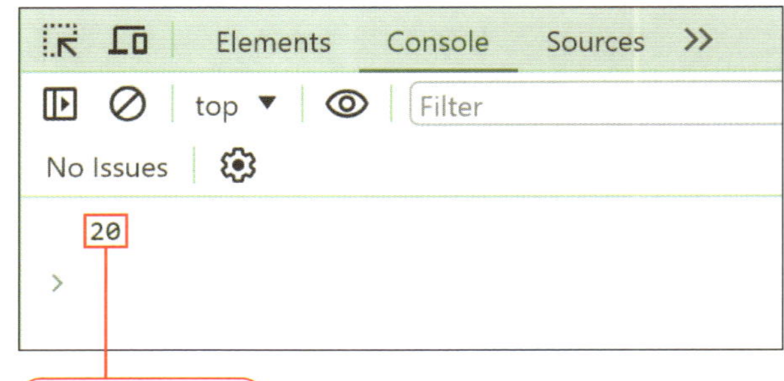

20が表示される

4 変数の値を1増やす

次に、変数の値を1だけ増やしてみましょう。画面のようなステートメントを追加します。「=」の右辺には「age + 1」を記述し、左辺には「age」を記述します❶。この計算で、変数ageの値は「21」になります。

```
2   <html lang="ja">
3   <head>
6   </head>
7
8   <body>
9       <script>
10          let age;
11          age = 20;
12          age = age + 1;
13          console.log(age);
14      </script>
15  </body>
16  </html>
```

```
<script>
    let age;
    age = 20;
    age = age + 1;
    console.log(age);
</script>
```

❶入力する

5 プログラムを実行する

ファイルを上書き保存し、実行してみましょう。今度は「21」が表示されました。

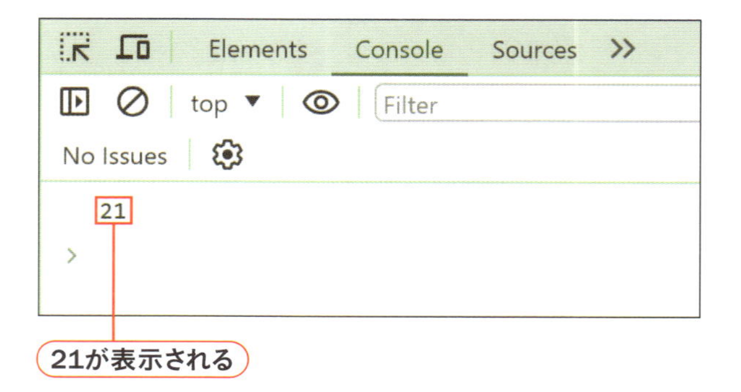

理解 変数の基本的な使い方

「let」による変数の宣言

変数は、使用する前に、「○○という変数をこれから使うよ」ということを宣言するのが一般的です。変数の宣言は、次のように「**let**」というキーワードを使用して行います。

▼書式

```
let 変数名;
```

変数を宣言した段階では、中身は“**undefined**”という特別な値になっています。undefinedとは、日本語にすれば**未定義**といった意味ですが、変数の箱の中身が**空っぽ**の状態と考えるとよいでしょう。

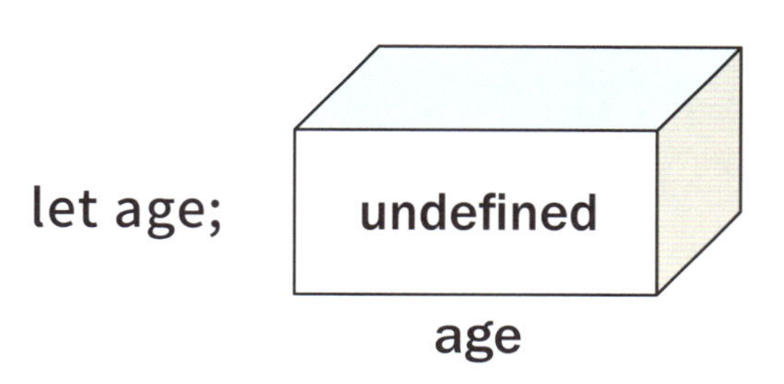

なお、「let」が登場する前には「var」というキーワードを使用して変数の宣言が行われていましたが、プログラムのミスが起こりやすいので現在ではあまり使用されていません。

変数への値の代入

変数に値を代入するには「**=**」を使います。2-5「Webページのタイトルと色を変更する―プロパティの使い方」で、プロパティに値を代入する際にも「=」を使いましたが、実は**プロパティも変数の仲間**です。代入の方法は、左辺に変数を、右辺に代入する値を記述します。

▼書式

```
変数名 = 値;
```

<体験>では、次のようにして変数**age**に「20」を代入しました。

```
age = 20;
```

これで、変数ageの値は20になります。なお、宣言した変数に最初に値を代入することを**初期化**といいます。
「=」の右辺には、計算式を記述することもできます。＜体験＞では、次のようにして変数ageの値を1増やしました。

```
age = age + 1;
```

この場合、まず右辺の「age + 1」の足し算が実行され、次に、その値が再び変数ageに代入されます。

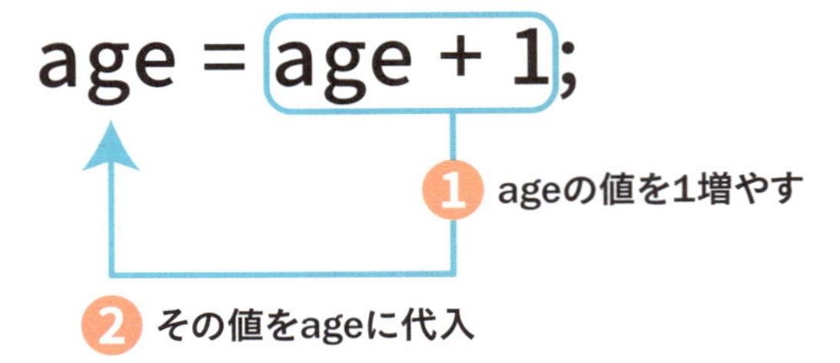

宣言と同時に値を代入する

次のようにすると、変数を宣言するとき、同時に値を代入することができます。

▼書式

```
let 変数名 = 値;
```

したがって、次の2つは同じ結果になります。

```
let age;
age = 20;
```

同じ

```
let age = 20;
```

なおJavaScriptでは、簡単に変数を使えるように、宣言なしでいきなり変数に値を代入するということが許されています。ただし、第5章で説明する関数などでは、内部で変数の宣言を行うかどうかで働きが異なるケースがあるので、なるべく宣言するように習慣づけておくとよいでしょう。

constによる変数の宣言

「let」の代わりに「const」を使用しても変数を宣言できます。この場合、宣言と同時に値を代入する必要があります。

```
const tokyo = "東京都";
```

また、宣言後に値を再代入しようとするとエラーになります。

```
tokyo = "神奈川県";   ── エラー
```

後から値を変更しない変数は、constで宣言するとよいでしょう。

変数名の付け方のルール

変数名に使える文字は、基本的に半角アルファベット、半角数字、アンダースコア「_」です。その他に次のようなルールがあります。

① 最初の1文字目には数字は使えない
② 変数名に予約語は使えない

予約語とは、JavaScriptの中で使用目的が決まっている文字列です。たとえば変数を宣言する「let」は予約語なので、変数名には使えません（73ページのコラム「JavaScriptの予約語」参照）。これらのルールに従って、できるだけわかりやすい変数名を付けましょう。

なお、最近のJavaScriptでは、日本語の変数名の使用が許されています。

```
let 名前 = "山田太郎";   ── 日本語の変数名「名前」を使用
```

ただし、日本語の変数名を付けると、古いWebブラウザーでは正しく動作しない場合があります。また、日本人以外には理解しづらいため、使用しないほうが無難でしょう。

- ▶変数は、使う前に宣言する
- ▶変数は、letで宣言する
- ▶変数名に使える文字は、半角英数字とアンダースコア「_」
- ▶変数に値を代入するには、「=」を使う

2 変数で文字列を扱う
― 文字列と数値の違い

完成ファイル | [0302] → [sample1e.html]

予習 変数には文字列も入れられる

前節では、変数を宣言し、値として数値を代入しました。**変数**という名前からすると、その中には数しか格納できないようなイメージがあるかもしれません。実は、プログラミングで使う変数には、いろいろな種類の値を代入することが可能です。ここでは、変数で**文字列**を扱う方法について説明しましょう。

変数「name」に「"田中一郎"」を代入

name = "田中一郎";

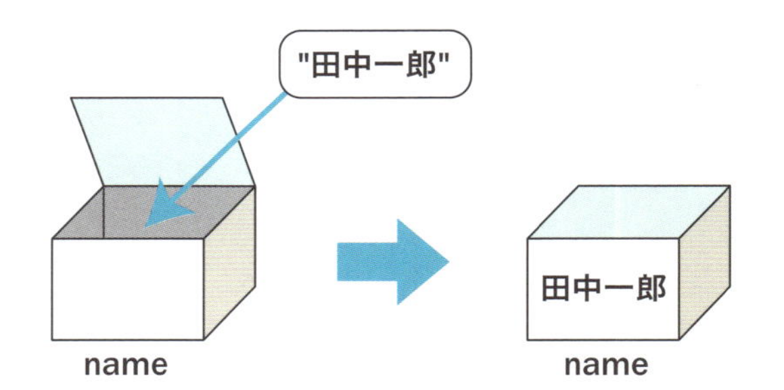

数値の場合「+」演算子は足し算をする演算子でした。この「+」演算子を文字列に対して使用すると、「+」の左右の文字列を連結することができます。

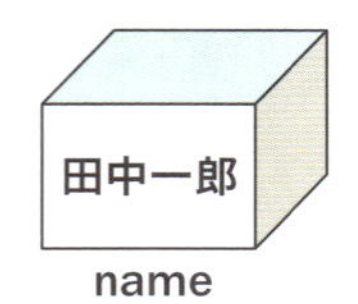

"私は" + name + "です"  "私は田中一郎です"

体験 変数で文字列を操作しよう

1 変数に文字列を格納する

前節のsample1.htmlを編集します。まず、スクリプト最下行のconsole.logメソッドを削除します。代わりに、変数nameを宣言して文字列を代入します❶。続いて次の行で、console.logメソッドで変数nameの値を表示します❷。

```
2    <html lang="ja">
3    <head>
6    </head>
7
8    <body>
9        <script>
10           let age;
11           age = 20;
12           age = age + 1;
13           const name = "田中一郎";
14           console.log(name);
15       </script>
16   </body>
17   </html>
```

```
<script>
    let age;
    age = 20;
    age = age + 1;
    const name = "田中一郎";
    console.log(name);
</script>
```

❶ 入力する（const name = "田中一郎";）

❷ 入力する（console.log(name);）

2 プログラムを実行する

ファイルを上書き保存し、実行してみましょう。「田中一郎」と表示されます。

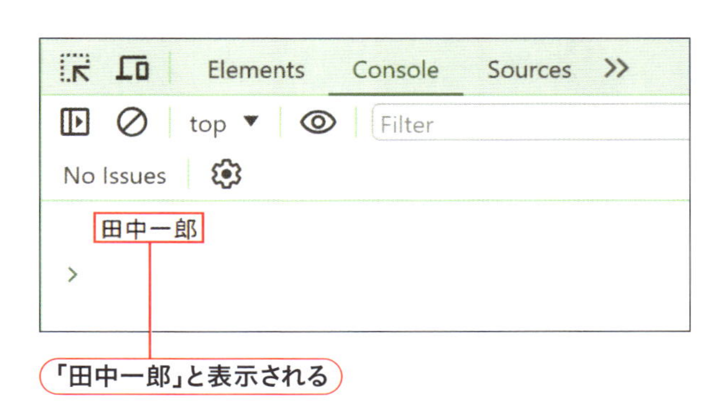

3 文字列を「+」演算子で連結する

console.logメソッドの2番目の引数を修正し、文字列「私は」、変数name、文字列「です」の3つを「+」演算子で連結します❶。次の行にconsole.logメソッドを追加し、変数ageと文字列「才です」を「+」演算子で連結して表示します❷。

```
2   <html lang="ja">
3   <head>
6   </head>
7
8   <body>
9       <script>
10          let age;
11          age = 20;
12          age = age + 1;
13          const name = "田中一郎";
14          console.log("私は" + name + "です");
15          console.log(age + "才です");
16      </script>
17  </body>
18  </html>
```

```
<script>
    let age;
    age = 20;
    age = age + 1;
    const name = "田中一郎";
    console.log("私は" + name + "です");
    console.log(age + "才です");
</script>
```

❶修正する

❷入力する

4 プログラムを実行する

プログラムを実行すると、最初に「私は田中一郎です」、2番目に「21才です」と表示されます。

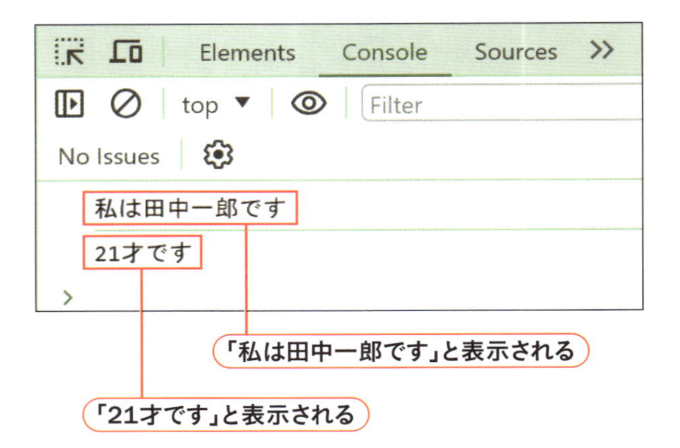

理解 「+」演算子とリテラルについて

「+」演算子の役割

「+」演算子を、数値どうしに使用した場合には足し算になり、文字列どうしに使用した場合には文字の連結になります。

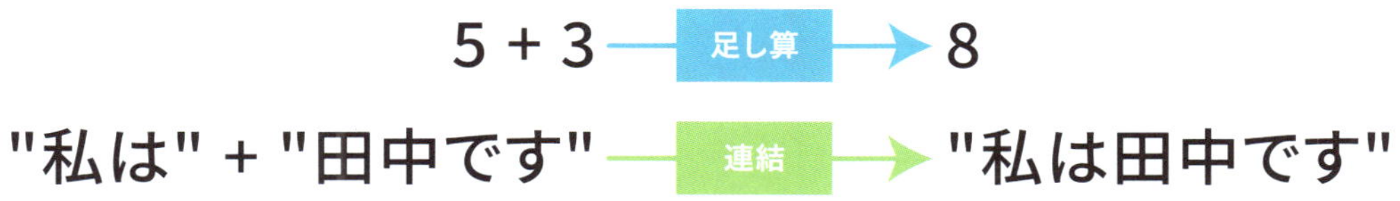

5 + 3 —足し算→ 8
"私は" + "田中です" —連結→ "私は田中です"

では、文字列と数値に「+」演算子を使用すると、どうなるでしょう？ 実はその場合、数値が自動的に文字列に変換され、その後に連結されます。

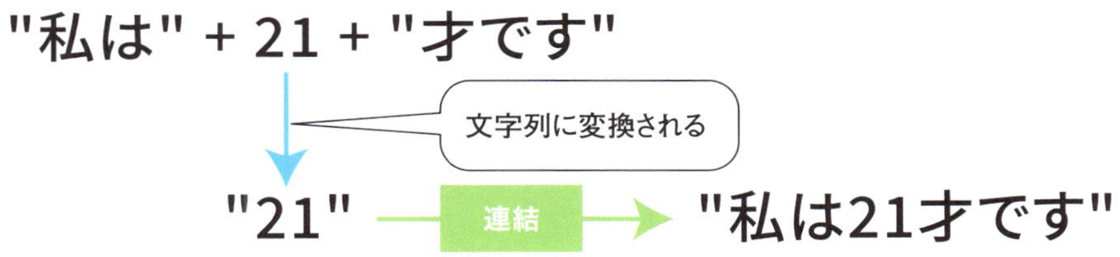

"私は" + 21 + "才です"
（文字列に変換される）
"21" —連結→ "私は21才です"

リテラルについて

ステートメントに記述した**値そのもの**のことを**リテラル**といいます。次の例を見てみましょう。

```
age = 20;
```

（20：数値のリテラル）

左辺の「age」は変数ですが、右辺の「20」は変数ではなく、20という数を表しています。これがリテラルです。このように数値のリテラルは、値をそのまま記述します。

文字列のリテラル

文字列のリテラルの場合は、全体をダブルクォート「"」で囲みます。

ダブルクォート「"」の代わりに、シングルクォート「'」で囲ってもかまいません。ただし、左右が同じクォートである必要があります。

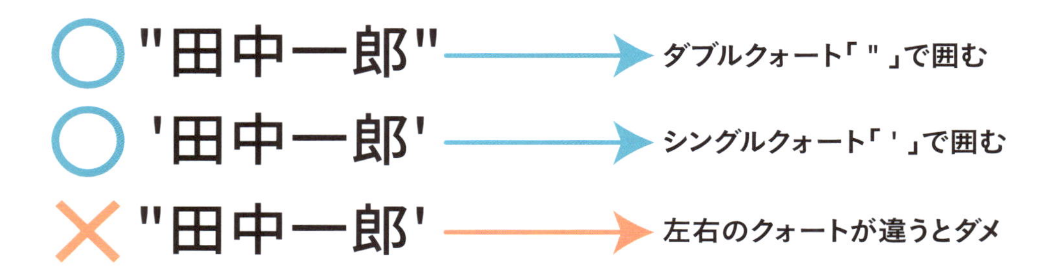

なお、文字列の内部にクォートを含めたい場合は、それと異なるクォートで囲みます。たとえば、「I'm fine」のようなシングルクオート「'」を含む文字列を記述する場合は、全体をダブルクォート「"」で囲みます。

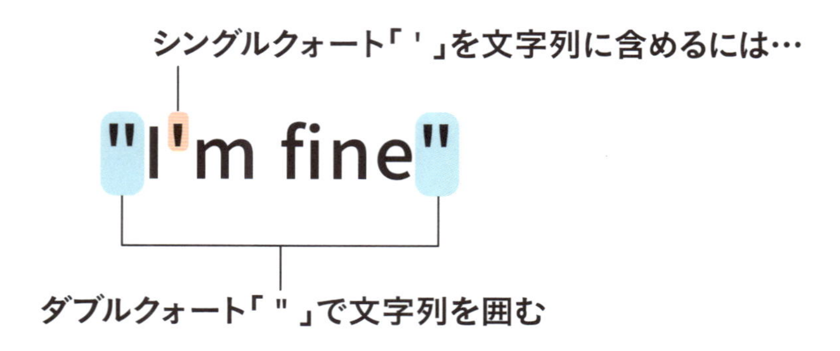

COLUMN JavaScriptの予約語

JavaScriptの予約語は、以下のキーワードが登録されています。

break	case	catch	class
const	continue	debugger	default
delete	do	else	export
extends	false	finally	for
function	if	import	in
instanceof	new	null	return
super	switch	this	throw
true	try	typeof	var
void	while	with	

また、以下のキーワードは特定の条件下でのみ予約語になります。

let	static	yield	await

なお、以下のキーワードは、将来予約語になる予定であるため使用すべきではありません。

enum	implements	interface	package
private	protected	public	

まとめ

- ▶「+」演算子を文字列に使用すると、文字列として連結される
- ▶「+」演算子を文字列と数値に使用すると、文字列として連結される
- ▶“値そのもの”のことを、「リテラル」という
- ▶文字列のリテラルは、ダブルクォート「"」かシングルクォート「'」で囲む

いろいろな計算をしてみる ― 四則演算と剰余算

完成ファイル | [0303] → [sample2e.html]

予習 計算の基本は四則演算と剰余算

コンピュータは、日本語で**電子計算機**と訳されるように、もともとは人間にとって面倒な数学的な計算を肩代わりするために開発されました。JavaScriptのようなWebで使用される言語の場合、計算をするだけのプログラムはあまり作られませんが、基本的な計算方法を理解しておくことはたいせつです。

プログラミングにおける計算の基本は、**四則演算**と**剰余算**です。四則演算とは、算数でもおなじみの、足し算、引き算、かけ算、割り算のことです。最後の剰余算は、割り算の余りを求める演算です。

このとき、使用する演算子に注意してください。足し算と引き算はこれまで出てきたように、算数と同じ「+」と「-」を使います。それに対して、かけ算と割り算には「*」(アスタリスク)と、「/」(スラッシュ)を使います。

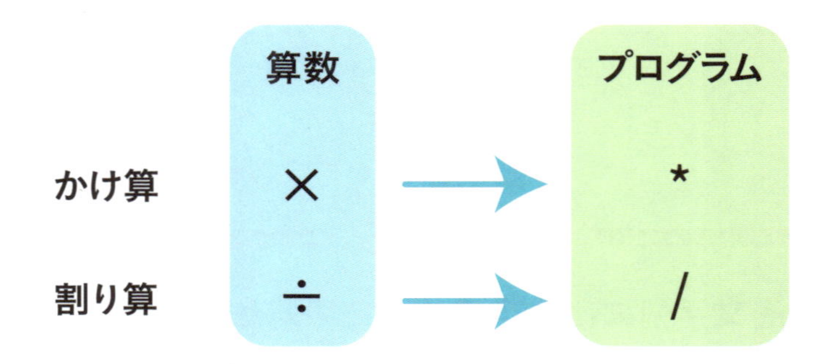

また、剰余算の演算子には「%」(パーセント)を使います。

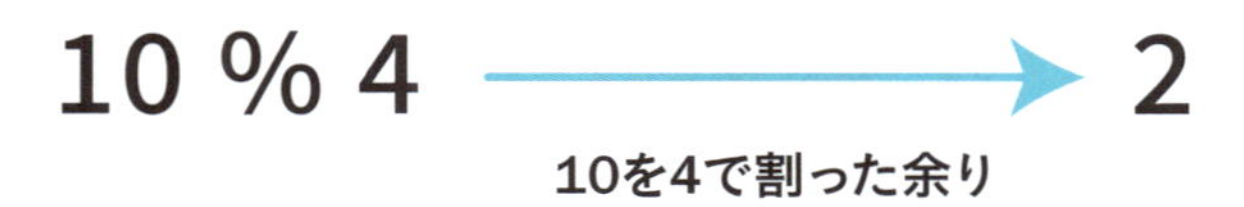

体験 変数を使って計算する

1 作業用のファイルを開く

エディターで「0303」フォルダーの「template2.html」を開きます。bodyエレメントに空のscriptエレメントが用意されています。確認したら、「sample2.html」という名前で保存しておきましょう。

```
1   <!DOCTYPE html>
2   <html lang="ja">
3   <head>
4       <meta charset="utf-8">
5       <title>変数のテスト</title>
6   </head>
7
8   <body>
9       <script>
10      </script>
11  </body>
12  </html>
```

```
<body>
    <script>
    </script>
</body>
```

空のscriptエレメント

2 2つの変数を宣言して値を代入する

scriptエレメントにステートメントを記述していきます。変数num1と変数num2を宣言します❶。変数num1には「9」を❷、変数num2には「4」を代入します❸。

```
1   <!DOCTYPE html>
2   <html lang="ja">
3   <head>
4       <meta charset="utf-8">
5       <title>変数のテスト</title>
6   </head>
7
8   <body>
9       <script>
10          let num1, num2;
11          num1 = 9;
12          num2 = 4;
13      </script>
14  </body>
15  </html>
```

```
<script>
    let num1, num2;
    num1 = 9;
    num2 = 4;
</script>
```

❶ 入力する
❷ 入力する
❸ 入力する

Tips

1つのステートメントで複数の変数を宣言する場合は、「let」の後に変数をカンマ「,」で区切って記述します。

3 計算をする

変数num1と変数num2の値を使って、四則演算と剰余算を実行し、それぞれの結果をconsole.logメソッドで書き出します❶。

```
2   <html lang="ja">
6   </head>
7
8   <body>
9       <script>
10          let num1, num2;
11          num1 = 9;
12          num2 = 4;
13          console.log(num1, "+", num2, " -> ", num1 + num2);
14          console.log(num1, "-", num2, " -> ", num1 - num2);
15          console.log(num1, "*", num2, " -> ", num1 * num2);
16          console.log(num1, "/", num2, " -> ", num1 / num2);
17          console.log(num1, "%", num2, " -> ", num1 % num2);
18      </script>
19  </body>
20  </html>
```

```
<script>
    let num1, num2;
    num1 = 9;
    num2 = 4;
    console.log(num1, "+", num2, " -> ", num1 + num2);
    console.log(num1, "-", num2, " -> ", num1 - num2);
    console.log(num1, "*", num2, " -> ", num1 * num2);
    console.log(num1, "/", num2, " -> ", num1 / num2);
    console.log(num1, "%", num2, " -> ", num1 % num2);
</script>
```

❶ 入力する

4 プログラムを実行する

ファイルを上書き保存し、プログラムを実行します。変数num1と変数num2の値の、足し算、引き算、かけ算、割り算、剰余算の結果が順に表示されます。console.logメソッドで複数の引数を表示する場合、「+」や「 -> 」などの文字列はシングルクォートで囲まれて表示されます。

```
No Issues
9 '+' 4 ' -> ' 13
9 '-' 4 ' -> ' 5
9 '*' 4 ' -> ' 36
9 '/' 4 ' -> ' 2.25
9 '%' 4 ' -> ' 1
>
```

足し算 / 引き算 / かけ算 / 割り算 / 剰余算

5 変数を変更する

変数num1とnum2に代入する数値を変更してみます❶。

```
2    <html lang="ja">
6    </head>
7
8    <body>
9        <script>
10           let num1, num2;
11           num1 = 15;
12           num2 = 6;
13           console.log(num1, "+", num2, " -> ", num1 + num2);
14           console.log(num1, "-", num2, " -> ", num1 - num2);
15           console.log(num1, "*", num2, " -> ", num1 * num2);
16           console.log(num1, "/", num2, " -> ", num1 / num2);
17           console.log(num1, "%", num2, " -> ", num1 % num2);
18       </script>
19   </body>
20   </html>
```

```
<script>
    let num1, num2;
    num1 = 15;
    num2 = 6;
    console.log(num1, "+", num2, " -> ", num1 + num2);
    console.log(num1, "-", num2, " -> ", num1 - num2);
    console.log(num1, "*", num2, " -> ", num1 * num2);
    console.log(num1, "/", num2, " -> ", num1 / num2);
    console.log(num1, "%", num2, " -> ", num1 % num2);
</script>
```

❶ 修正する

6 プログラムを実行する

ファイルを上書き保存して、プログラムを実行し、変更した値に応じた計算結果が表示されることを確認しましょう。

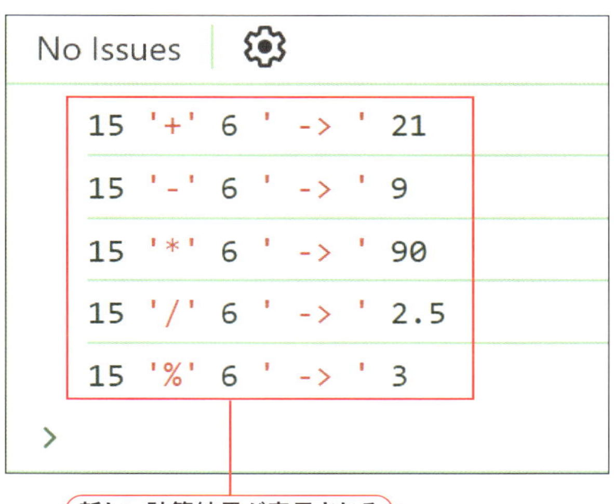

新しい計算結果が表示される

理解 演算子と変数について

基本的な演算子

演算子とは、計算を行う記号のことです。JavaScriptには多くの演算子が用意されていますが、まずは基本的な演算子として、ここで学んだ5つを確実に覚えるようにしましょう。

計算	演算子
足し算	+
引き算	-
かけ算	*
割り算	/
剰余算	%

さて、最後の剰余算はどんなときに使うのでしょう？ よく使われるのが、数値が偶数か奇数かを調べたいときです。2で割った余りが0なら偶数、1なら奇数と判定できるわけです。

「数値 % 2」が0 ―― 偶数
「数値 % 2」が1 ―― 奇数

変数を使うメリット

変数を使うメリットの1つに、同じ値を使っていろいろな計算を行っているときに、値の変更が簡単に行えることがあります。
＜体験＞では、変数に代入した値に対していろいろな計算を行いました。こうすると、変数の値を変えるだけで、その変数を使って計算している部分が変更した値に置き換わるわけです。

変数を使用すると、値をまとめて変更できる

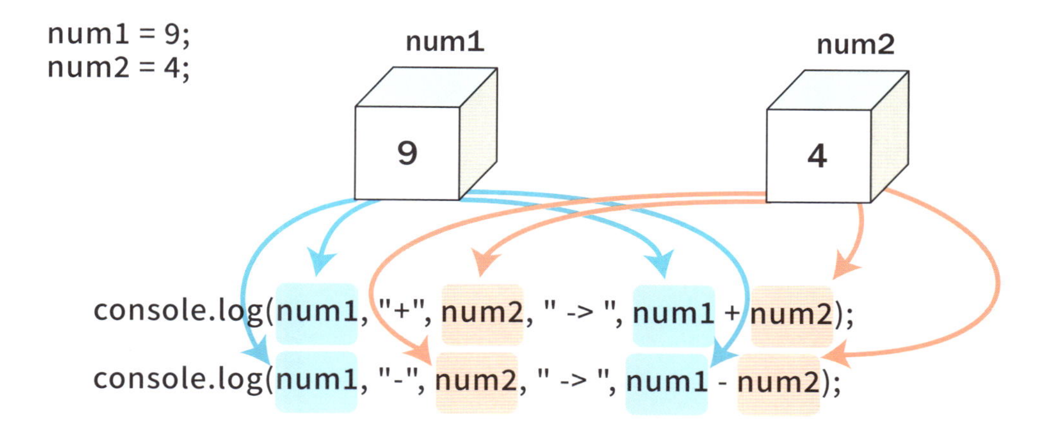

もちろん、変数を使わずに直接数値を記述して計算を行うこともできます。ただし、変数を使わない場合、値を変更する作業すべてを手作業で行う必要があり、面倒です。また、変更ミスも起こりやすいでしょう。

変数を使わないと…

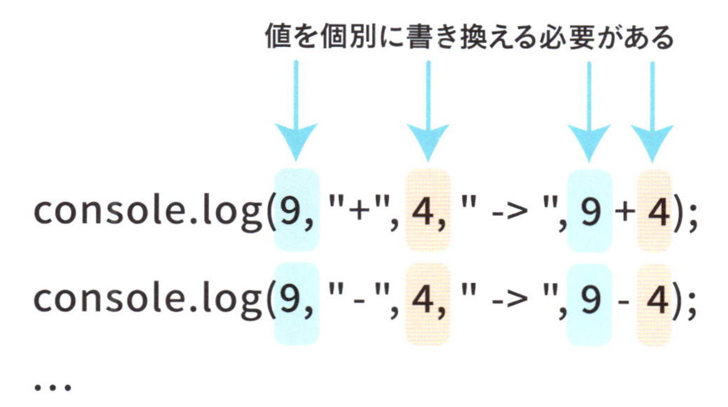

まとめ

- かけ算には「*」、割り算には「/」を使う
- 余りを求める剰余算には「%」を使う
- 変数をうまく使うと、値の変更が簡単になる

計算の優先順位を変更する ― 演算子と優先順位

完成ファイル | [0304] → [sample3e.html]

予習 演算子の優先順位について

算数の計算式には、かけ算と割り算は、足し算と引き算より優先されるというルールがあります。このルールは、JavaScriptのプログラムにおいても同じです。

3 + 4 * 5

かけ算が優先される

3 + 20

23

算数の場合と同じく、計算の**優先順位**を変更したい場合は**括弧「( )」**を使います。括弧「( )」で囲まれた部分が先に計算されます。

(3 + 4) * 5

括弧内が優先される

7 * 5

35

体験 優先順位を変更して計算する

1 作業用のファイルを開く

エディターで「0304」フォルダーの「template3.html」を開きます。前節と同じく空のscriptエレメントが用意されています。「sample3.html」といった名前で保存しておきます。

```
1   <!DOCTYPE html>
2   <html lang="ja">
3   <head>
4       <meta charset="utf-8">
5       <title>演算子の優先順位</title>
6   </head>
7   <body>
8       <script>
9       </script>
10  </body>
11  </html>
12
```

```
<body>
    <script>
    </script>
</body>
```

空のscriptエレメント

2 変数に計算結果を代入する

scriptエレメントにステートメントを記述します。まず、変数としてresultを宣言します❶。次の行で変数resultに「3 + 4 * 5」の計算結果を代入します❷。最後にconsole.logメソッドを使って変数resultの結果を表示します❸。

```
1   <!DOCTYPE html>
2   <html lang="ja">
3   <head>
4       <meta charset="utf-8">
5       <title>演算子の優先順位</title>
6   </head>
7   <body>
8       <script>
9           let result;
10          result = 3 + 4 * 5;
11          console.log(result);
12      </script>
13  </body>
14  </html>
```

```
<script>
    let result;
    result = 3 + 4 * 5;
    console.log(result);
</script>
```

❶入力する
❷入力する
❸入力する

Tips

変数に計算結果を代入する処理は、宣言と同時に行えます。したがって、❶❷は次のように1行で記述してもかまいません。

```
let result = 3 + 4 * 5;
```

3 プログラムを実行する

ファイルを上書き保存し、プログラムを実行します。「3 + 4 * 5」の計算結果が表示されます。かけ算「4 * 5」が先に計算され、「23」が表示されることを確認してください。

4 優先順位を変更する

計算式の「3 + 4」の部分を括弧「( )」で囲み、先に計算されるように変更します❶。

```
1  <!DOCTYPE html>
2  <html lang="ja">
3  <head>
4      <meta charset="utf-8">
5      <title>演算子の優先順位</title>
6  </head>
7  <body>
8      <script>
9          let result;
10         result = (3 + 4) * 5;
11         console.log(result);
12     </script>
13 </body>
14 </html>
```

```
<script>
    let result;
    result = (3 + 4) * 5;
    console.log(result);
</script>
```

❶修正する

5 プログラムを実行する

ファイルを上書き保存し、プログラムを実行します。足し算「3 + 4」が先に計算され、「35」が表示されることを確認してください。

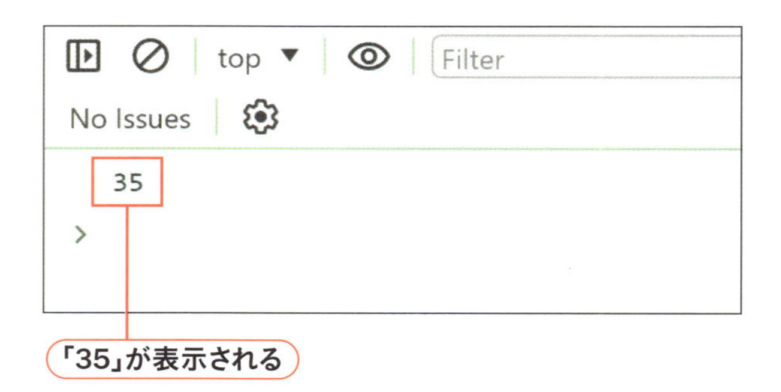

理解 演算子の優先順位について

優先順位

ここまで登場した「*」「/」「%」「+」「-」という5つの演算子の優先順位は次のとおりです。レベル1の演算子が優先されます。同じ優先順位の場合は、式の左から順に計算されます。たとえば、かけ算の「*」と、割り算の余りを求める「%」は同じ優先順位ですので、次のように計算されます。

レベル1	*　/　%
レベル2	+　-

5 % 3 * 2
左から計算される
2 * 2
4

括弧で優先順位を変更する

優先順位を変えるには、優先したい式を括弧「( )」で囲みます。括弧「( )」は入れ子にしてもかまいません。その場合、内側の括弧「( )」内が先に計算されます。

((2 + 3) * 2 + 1) *3
(5 * 2 + 1) * 3
11 * 3
33

まとめ

- ▶演算子には、優先順位がある
- ▶「*」「/」「%」は、「+」「-」より優先順位が高い
- ▶先に計算したい部分は、括弧「( )」で囲む

ユーザーの入力を受け取って計算する—入力ダイアログボックスの表示

完成ファイル | [0305] → [sample4e.html]

予習 ユーザーからの入力を受け取る方法

これまでは、プログラム内で記述した値を変数に代入していました。しかし、これでは、後から値を変更したいとき、そのたびにプログラムを書き換えなければなりません。ひんぱんに値が変わる場合は、実行時にキーボードで値を入力できたら便利でしょう。
ユーザーが入力した値をプログラム内で受け取る方法には、**HTMLのフォームのテキストボックスを使う方法**と、**ダイアログボックスを使う方法**があります。ここでは、ダイアログボックスを使用する方法を説明しましょう。入力用のダイアログボックスの表示には、windowsオブジェクトの**promptメソッド**を使用します。

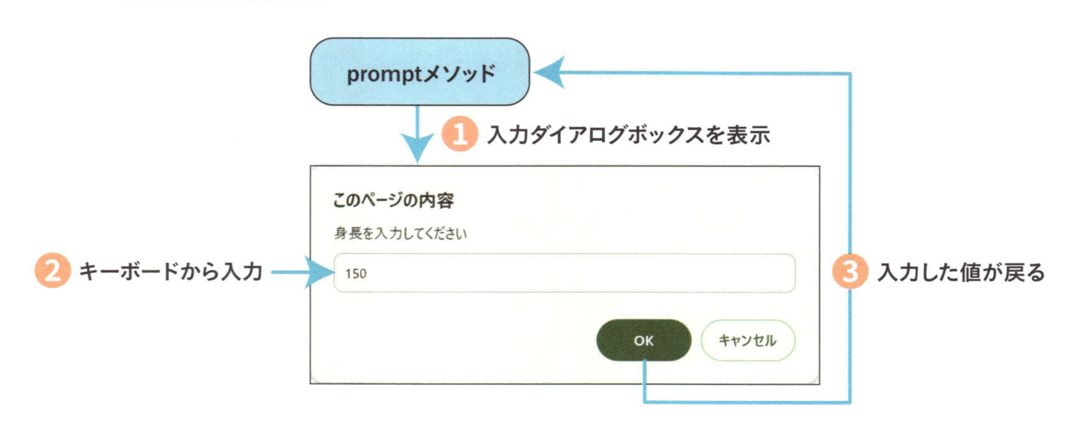

この節では、入力ダイアログボックスから身長（cm）を受け取って、標準体重（kg）を表示するプログラムを作成してみましょう。標準体重の計算方法はいくつかありますが、ここでは次のようなシンプルな式を使用します。

```
(身長 − 100)× 0.9
```

1
2
3
4
5
6
7
8
9
10
11

体験 標準体重を計算して表示する

1 変数を宣言する

エディターで、空のscriptエレメントが用意された「0305」フォルダーの「template4.html」を開き、「sample4.html」といった名前で保存しておきます。次に、身長を入れる変数height❶と、標準体重を入れる変数stdWeight❷を宣言します。

```
1  <!DOCTYPE html>
2  <html lang="ja">
3  <head>
4      <meta charset="utf-8">
5      <title>入力ダイアログボックス</title>
6  </head>
7
8  <body>
9      <script>
10         let height; // 身長 (cm)
11         let stdWeight; // 標準体重 (kg)
12     </script>
13 </body>
14 </html>
```

```
<script>
    let height; // 身長(cm)
    let stdWeight; // 標準体重(kg)
</script>
```

❶ 入力する
❷ 入力する

Tips

ここでは、変数の内容や単位などをわかりやすくするために、各変数に関するコメントを記述しています。「//」以降行末までがコメントです（46ページ参照）。

2 ダイアログボックスから入力を受け取る

次の行に、入力用ダイアログボックスを表示するpromptメソッドを追加します❶。

```
2  <html lang="ja">
3  <head>
4      <meta charset="utf-8">
5      <title>入力ダイアログボックス</title>
6  </head>
7
8  <body>
9      <script>
10         let height; // 身長 (cm)
11         let stdWeight; // 標準体重 (kg)
12
13         height = prompt("身長を入力してください", 150);
14     </script>
15 </body>
16 </html>
```

Tips

promptメソッドはwindow オブジェクトのメソッドのため、正確には「window.prompt」と記述します。ただし、「window」は省略可能なため「prompt」だけでかまいません。

```
<script>
    let height; // 身長(cm)
    let stdWeight; // 標準体重(kg)

    height = prompt("身長を入力してください", 150);
</script>
```

❶ 入力する

3 標準体重を計算して表示する

身長から標準体重を計算し、変数stdWeightに格納します❶。次の行で、console.logメソッドを使って身長と標準体重を表示します❷。

```
1  <!DOCTYPE html>
2  <html lang="ja">
3  <head>
4      <meta charset="utf-8">
5      <title>入力ダイアログボックス</title>
6  </head>
7
8  <body>
9      <script>
10         let height; // 身長（cm）
11         let stdWeight; // 標準体重（kg）
12
13         height = prompt("身長を入力してください", 150);
14         stdWeight = (height - 100) * 0.9;
15         console.log("身長：" + height + "cm")
16         console.log("標準体重：" + stdWeight + "kg");
17     </script>
18 </body>
19 </html>
```

```
<script>
    let height; // 身長(cm)
    let stdWeight; // 標準体重(kg)

    height = prompt("身長を入力してください", 150);
    stdWeight = (height - 100) * 0.9;
    console.log("身長：" + height + "cm")
    console.log("標準体重：" + stdWeight + "kg");
</script>
```

❶入力する
❷入力する

4 プログラムを実行する

ファイルを上書き保存し、プログラムを実行します。入力用ダイアログボックスが表示されるので、身長をcm単位で入力します❶。次に、[OK] ボタンをクリックします❷。

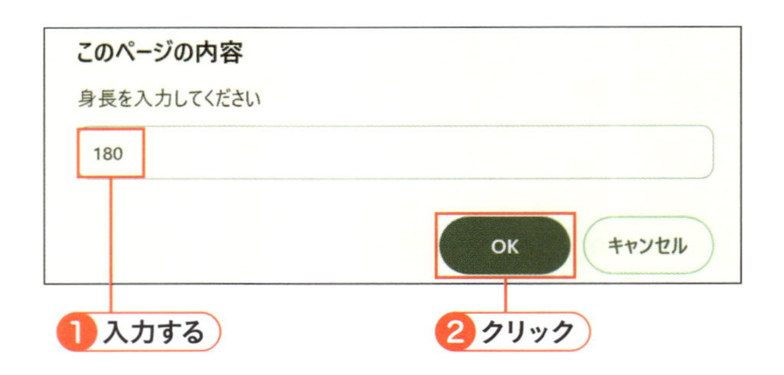

5 実行結果を確認する

デベロッパーツールのコンソールを開くと、身長の値から計算された標準体重が表示されます。

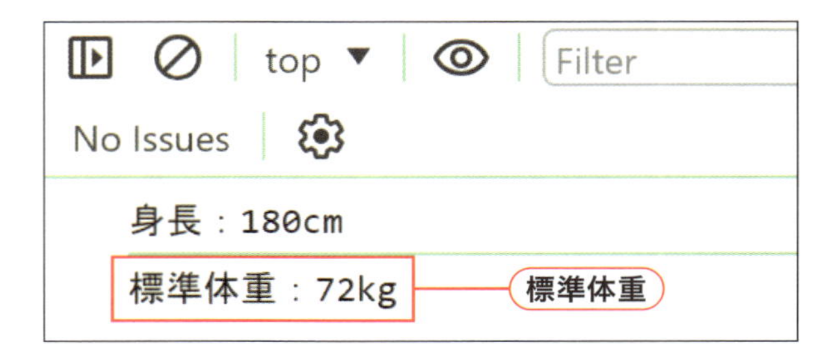

理解 メソッドの戻り値について

値を戻すメソッドと戻さないメソッド

メソッドには、値を返すものと、返さないものがあります。たとえば、**alert** メソッドは、ダイアログボックスにメッセージを表示するだけで、値を返しませんでした。それに対して **prompt** メソッドは、ダイアログボックスに入力された値を戻します。このとき、メソッドが戻す値のことを**戻り値**と呼びます。戻り値を変数に格納するには「=」の左辺に変数を記述します。

```
height = prompt("身長を入力してください", 150);
```

メソッドの戻り値を変数に格納する

promptメソッドの引数

入力ダイアログボックスを表示する **prompt** メソッドは、2つの引数を取ります。最初の引数はダイアログボックスに表示されるメッセージ、2番目の引数は入力用のテキストボックスに表示される初期値です。

```
height = prompt("身長を入力してください", 150);
```

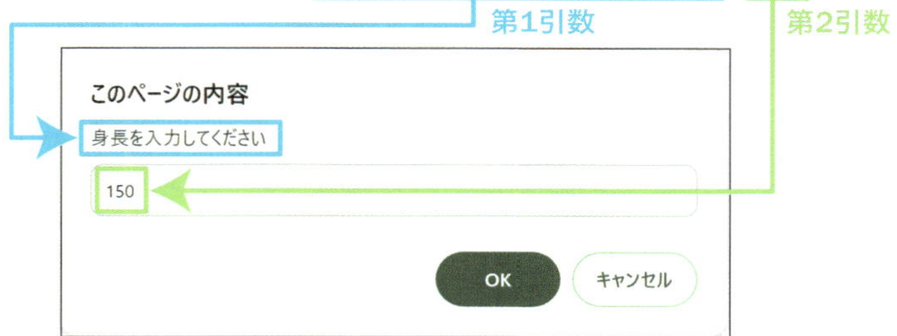

まとめ

- ▶メソッドには、値を戻すものと戻さないものがある
- ▶メソッドが戻す値を、「戻り値」という
- ▶promptメソッドは、入力ダイアログボックスを表示する

第3章 練習問題

◉問題1

次の文がそれぞれ正しいかどうかを○×で答えなさい。

① 変数には文字列を入れられない
② 文字列と文字列を連結するには、「+」演算子を使用する
③ 文字列と数値を「+」演算子で連結すると、文字列になる

ヒント 3-2

◉問題2

次の一連のステートメントが実行されると、デベロッパーツールのコンソールに何が表示されるか答えなさい。

```
console.log(3 * 4 + 4 / 2);
console.log(3 * (2 + 4) / 2);
console.log(((1 + 3) * 2 + 1) * 3);
```

ヒント 3-3

◉問題3

入力用ダイアログボックスを表示し、値を変数ageに格納するステートメントは次のどれになるかを答えなさい。なお、ダイアログボックスのメッセージは「年齢を入力してください」と表示し、デフォルトの値は「0」とする。

```
① prompt("年齢を入力してください", 0);
② age = prompt("年齢を入力してください", 0);
③ age = prompt(0, "年齢を入力してください");
```

ヒント 3-5

条件判断と繰り返し

1 条件を判断して処理を変える ― if else文

完成ファイル | [0401] → [sample1e.html]

予習 条件判断を行うif else文

プログラムの流れを変える命令を、**制御構造**と呼びます。制御構造の代表が**条件判断**と**繰り返し**です。ここでは、**if文**と呼ばれるステートメントを使用した条件判断について学習します。「if」は日本語では「もし～」という意味になりますが、ある条件が成立した場合にのみ、次に続く処理を行うことができます。if文全体で「**もし～ならば、～を行う**」と考えると、イメージしやすいでしょう。

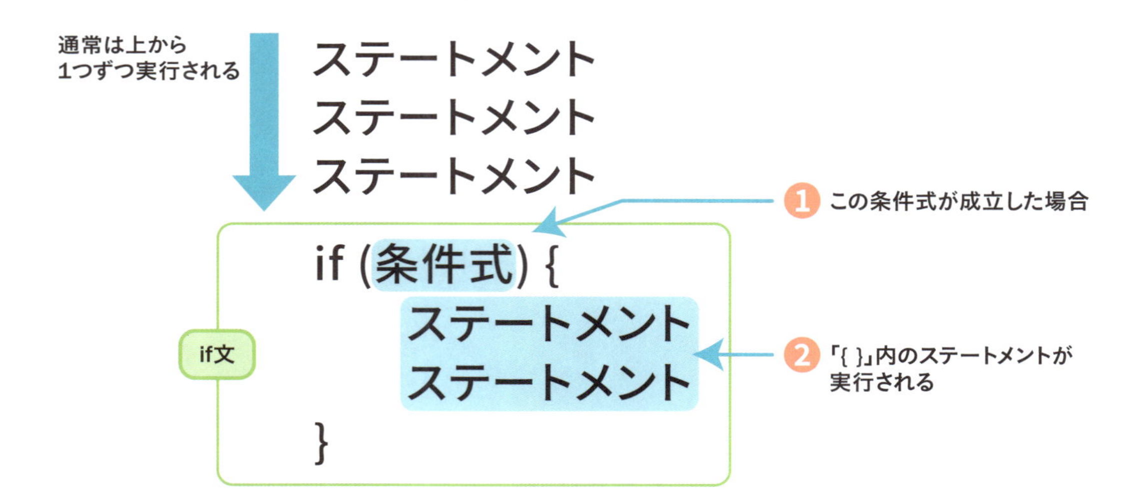

なお、if文に**else**を加えて**if else文**とすると「もし～ならば～を行う。そうでなければ～を実行する」といった処理を記述できます。
ここでは、if文の簡単な使用例として、入力ダイアログボックスから試験の点数を入力して、合否判定を行う例を示しましょう。

体験 if else文で合否判定を行う

1 基準値と点数を宣言する

エディターで「0401」フォルダーの「template1.html」を開き「sample1.html」といった名前で保存しておきます。これまで同様、空のscriptエレメントにステートメントを入力していきます。まず、基準値のための変数refValueを宣言し、「80」を代入します❶。これ以上の点数を合格とします。次に、点数を入れる変数scoreを宣言し❷、promptメソッドで入力ダイアログボックスから値を取得して変数scoreに代入します❸。

```
1  <!DOCTYPE html>
2  <html lang="ja">
3  <head>
4      <meta charset="utf-8">
5      <title>if文のテスト</title>
6  </head>
7
8  <body>
9      <script>
10         let refValue = 80; //基準値
11         let score; //点数
12         score = prompt("点数を入力してください", 80);
13     </script>
14 </body>
15 </html>
```

```
<script>
    let refValue = 80; //基準値
    let score; //点数
    score = prompt("点数を入力してください", 80);
</script>
```

❶入力する ❷入力する ❸入力する

2 if文を記述する

if文を記述し、変数scoreの値が変数refValueの値以上であれば、console.logメソッドで合格のメッセージを表示します❶。

```
3  <head>
4      <meta charset="utf-8">
5      <title>if文のテスト</title>
6  </head>
7
8  <body>
9      <script>
10         let refValue = 80; //基準値
11         let score; //点数
12         score = prompt("点数を入力してください", 80);
13         if (score >= refValue) {
14             console.log("合格です");
15             console.log("よくがんばりました");
16         }
17     </script>
18 </body>
19 </html>
```

```
<script>
    let refValue = 80; //基準値
    let score; //点数
    score = prompt("点数を入力してください", 80);
    if (score >= refValue) {
        console.log("合格です");
        console.log("よくがんばりました");
    }
</script>
```

❶入力する

3 プログラムを実行する

ファイルを上書き保存し、プログラムを実行します。ここでは、入力ダイアログボックスで80以上の値を入力し❶、「OK」ボタンをクリックします❷。

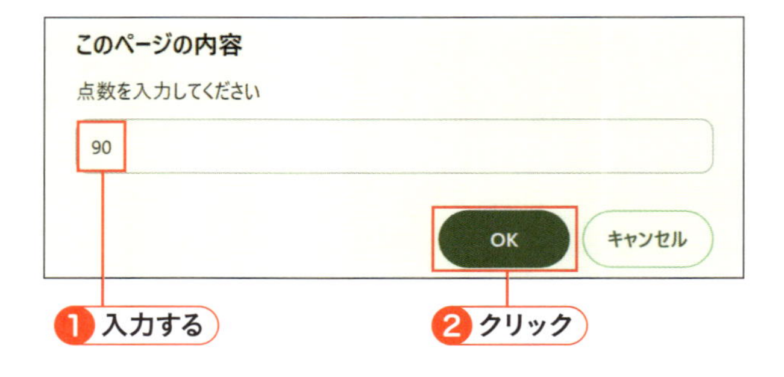

4 実行結果を確認する

Webブラウザーのデベロッパーツールのコンソールに「合格です」と「よくがんばりました」が表示されます。

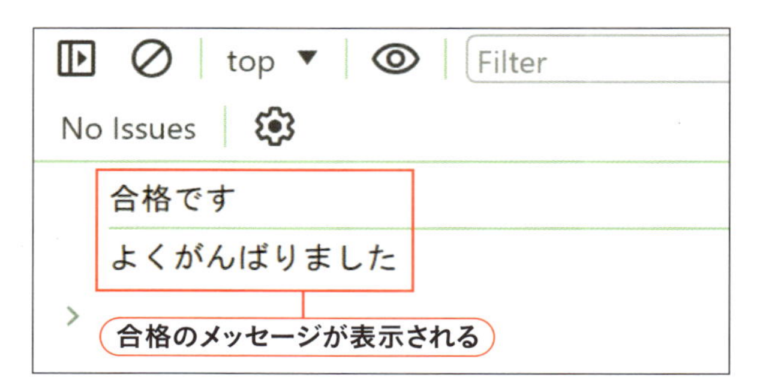

5 else文を記述する

このプログラムでは、入力ダイアログボックスで80未満の値を入力すると、何も表示されません。次に、else文を追加して、不合格のメッセージを表示してみましょう❶。

```
7
8   <body>
9       <script>
10          let refValue = 80; //基準値
11          let score; //点数
12          score = prompt("点数を入力してください", 80);
13          if (score >= refValue) {
14              console.log("合格です");
15              console.log("よくがんばりました");
16          } else {
17              console.log("不合格です");
18              console.log("もう少しがんばりましょう");
19          }
20      </script>
21  </body>
```

```
<script>
    let refValue = 80; //基準値
    let score; //点数
    score = prompt("点数を入力してください", 80);
    if (score >= refValue) {
        console.log("合格です");
        console.log("よくがんばりました");
    } else {
        console.log("不合格です");
        console.log("もう少しがんばりましょう");
    }
</script>
```

❶入力する

6 プログラムを実行する

ファイルを上書き保存し、プログラムを実行します。入力ダイアログボックスに80未満の値を入力すると「不合格です」「もう少しがんばりましょう」と表示されます。

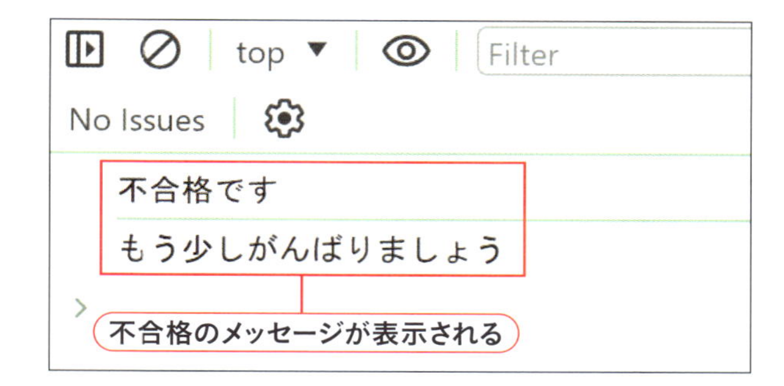

7 100点満点にメッセージを追加する

もう1つif文を追加し、入力した値が100のときは「百点満点！」というメッセージを表示するようにします❶。

```
8   <body>
9       <script>
10          let refValue = 80; //基準値
11          let score; //点数
12          score = prompt("点数を入力してください", 80);
13          if (score == 100) {
14              console.log("百点満点!");
15          }
16          if (score >= refValue) {
17              console.log("合格です");
18              console.log("よくがんばりました");
19          } else {
20              console.log("不合格です");
21              console.log("もう少しがんばりましょう");
22          }
23      </script>
24  </body>
```

```
<script>
    let refValue = 80; //基準値
    let score; //点数
    score = prompt("点数を入力してください", 80);
    if (score == 100) {
        console.log("百点満点!");
    }
    if (score >= refValue) {
        console.log("合格です");
        console.log("よくがんばりました");
    } else {
        console.log("不合格です");
        console.log("もう少しがんばりましょう");
    }
</script>
```

❶入力する

8 プログラムを実行する

ファイルを上書き保存し、プログラムを実行します。100を入力すると「百点満点！」と表示されます。

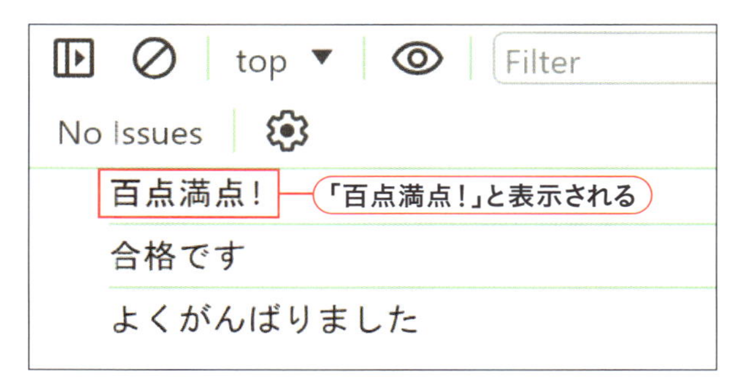

if文の書式について

if文の基本的な書式は次のようになります。

▼書式

```
if (条件式) {
    実行するステートメント1;
    実行するステートメント2;
        ⋮
}
```

ifの後の括弧「( )」内に、**条件式**と呼ばれる式を記述し、それが成り立った場合に、その後ろの波括弧「{ }」内に記述したステートメントが順に実行される仕組みです。

条件式とブール値

条件式とは、条件判断を行う式です。式が成り立てば**true**、成り立たない場合には**false**という値を戻します。trueとfalseは、それぞれ**真**（正しい）、**偽**（正しくない）の、いずれかの状態を表す値です。これまで出てきた文字列や数値とは異なるタイプのデータ型で、**ブール値**（あるいは**真偽値**）と呼ばれます。

＜体験＞の最初に記述したif文では「score >= refValue」という条件式を記述しました。ここで使用した**>=**は「～以上」であるかどうかを調べる演算子で、変数scoreが変数refValueよりも大きければ**true**、つまり真となり、ステートメントが実行されます。

```
if (score >= refValue) {
    条件が成立した場合の処理
}
```

elseを加える

if文にelseを加えると、条件式が成り立たなかった場合の処理を加えることができます。

```
if (score >= refValue) {
    条件が成立した場合の処理
} else {
    条件が成立しなかった場合の処理
}
```

処理をまとめるブロック

波括弧「{ }」で囲まれた範囲のことを**ブロック**と呼びます。一連の処理をまとめるために使用されます。なお、ifやelseの後の処理が1つだけの場合は、ブロックにしなくてもかまいません。

ステートメントが1つの場合はブロックにしなくてもよい

```
if (score >= refValue)
    console.log("合格です");
```

ステートメントが2つ以上の場合はブロックにする

```
if (score >= refValue) {
    console.log("合格です");
    console.log("よくがんばりました");
}
```

条件式に使用される比較演算子

「>=」のように、値の比較を行ってtrueかfalseのどちらかの値を戻す演算子のことを**比較演算子**といいます。次の表に、if文の条件式で使用される主な比較演算子をまとめておきます。

条件式で使われる演算子

演算子	使用例	説明
==	a == b	aとbが等しければtrue、そうでなければfalse
!=	a != b	aとbが等しくなければtrue、そうでなければfalse
<	a < b	aがbより小さければtrue、そうでなければfalse
<=	a <= b	aがbより小さいか等しければtrue、そうでなければfalse
>	a > b	aがbより大きければtrue、そうでなければfalse
>=	a >=b	aがbより大きいか等しければtrue、そうでなければfalse

インデント

if文などのブロックの中のステートメントは、通常のプログラムよりも**字下げ**をすると、プログラムの構造がわかりやすくなります。字下げすることを、**インデント**とも呼びます。

字下げなしの場合(構造がわかりにくい)

```
if (score >= refValue) {
console.log("合格です");
console.log("よくがんばりました");
}
```

字下げありの場合(構造がわかりやすい)

```
if (score >= refValue) {
    console.log("合格です");
    console.log("よくがんばりました");
}
```

インデントには、Tabキーで入力できる「Tab」(タブ)記号、または複数(4つか8つが一般的)の半角スペースが使用されます。

COLUMN 「=」と「==」の違いについて

プログラミングの初心者が混同しやすい演算子が「=」と「==」です。前者は代入を行う演算子で、後者は同じかどうかを判断する比較演算子です。＜体験＞の最後に追加したif文を見てみましょう。

```
if (score == 100) {
    console.log("百点満点!");
}
```

「score == 100」は、変数scoreの値が100の場合にだけtrueとなります。この条件式を、次のようにしないでください。

```
if (score = 100) {    ← これは間違い
    console.log("百点満点!");
}
```

こうすると、変数scoreに100という値が代入されてしまいます。

まとめ

- ▶「もし〜ならば〜を行う」という処理を行うif文
- ▶「そうでなければ〜を行う」という処理を行うif else文
- ▶比較演算子は、trueもしくはfalseを戻す演算子
- ▶複数のステートメントをまとめるブロック

条件を細かく設定する① — if else文の組み合わせ

完成ファイル | [0402] → [sample2e.html]

予習 if else文を複数組み合わせよう

複数の**if else文**を組み合わせることで、より細かい条件判断を行うことができます。その場合、次のような形式になります。まず、最初の条件式が評価され、それが成り立たない場合には、その次の条件式が順番に評価されていきます。

上から順に条件式が評価されていく

```
if (条件式1) {
    条件式1が成り立った場合の処理
} else if (条件式2) {
    条件式1が成り立たず条件式2が成り立った場合の処理
} else if (条件式3) {
    条件式1と2が成り立たず条件式3が成り立った場合の処理
…
} else {
    すべての条件式が成り立たなかった場合の処理
}
```

ここでは、ユーザーがダイアログボックスに入力した月の値を、複数のif else文で判定し、「春」「夏」「秋」「冬」を表示する例を示します。

体験 if文を使用して月の値に応じて季節を表示する

1 変数に月の値を入れる

エディターで「0402」フォルダーの「template2.html」を開き、「sample2.html」といった名前で保存します。空のscriptエレメントが用意されているのでステートメントを入力していきます。月の値を入れる変数monthを宣言し❶、promptメソッドで入力ダイアログボックスから値を取得して変数monthに代入します❷。

```
8   <body>
9       <script>
10          let month;
11          month = prompt("月を入力してください", 1);
12      </script>
13  </body>
14  </html>
```

⚠ 0　(ꞏ) 0　行 4、列 27　スペース: 4　UTF-8　CRLF　HTML

```
<script>
    let month;
    month = prompt("月を入力してください", 1);
</script>
```

❶入力する
❷入力する

2 if文で月の値を判定する

複数のif else文を組み合わせて、入力された月の値を判定し、12、1、2ならば「冬」、3、4、5ならば「春」、6、7、8ならば「夏」、9、10、11ならば「秋」、それ以外のときは「1から12の値を入力してください」というメッセージを表示するようにします❶。

```
8   <body>
9       <script>
10          let month;
11          month = prompt("月を入力してください", 1);
12
13          if ((month == 12) || (month == 1) || (month == 2)) {
14              console.log("冬");
15          } else if ((month >= 3) && (month <= 5)) {
16              console.log("春");
17          } else if ((month >= 6) && (month <= 8)) {
18              console.log("夏");
19          } else if ((month >= 9) && (month <= 11)) {
20              console.log("秋");
21          } else {
22              console.log("1から12の値を入力してください");
23          }
24      </script>
25  </body>
```

```
<script>
    let month;
    month = prompt("月を入力してください", 1);

    if ((month == 12) || (month == 1) || (month == 2)) {
        console.log("冬");
    } else if ((month >= 3) && (month <= 5)) {
        console.log("春");
    } else if ((month >= 6) && (month <= 8)) {
        console.log("夏");
    } else if ((month >= 9) && (month <= 11)) {
        console.log("秋");
    } else {
        console.log("1から12の値を入力してください");
    }
</script>
```

❶入力する

Tips

この例では、それぞれのconsole.logメソッドを波括弧「{ }」で囲ってブロックにしていますが、実行するステートメントはどれも1つだけなので、波括弧「{ }」で囲まなくてもかまいません。

3 プログラムを実行する

ファイルを上書き保存し、プログラムを実行します。入力ダイアログボックスに適当な数値を半角文字で入力し❶、「OK」ボタンをクリックします❷。

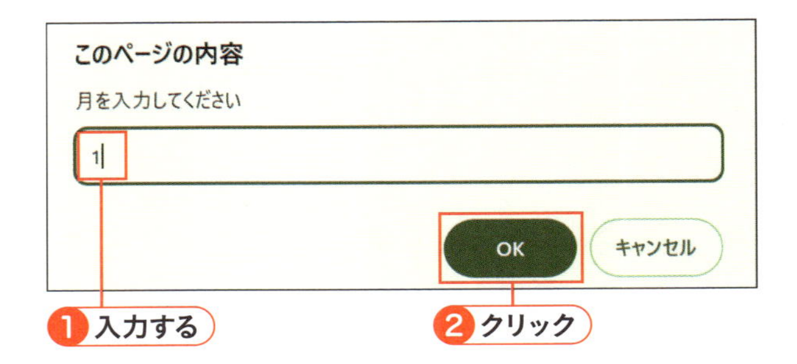

4 実行結果を確認する

月の値に応じてコンソールに「春」「夏」「秋」「冬」、もしくは警告メッセージが表示されることを確認してください。

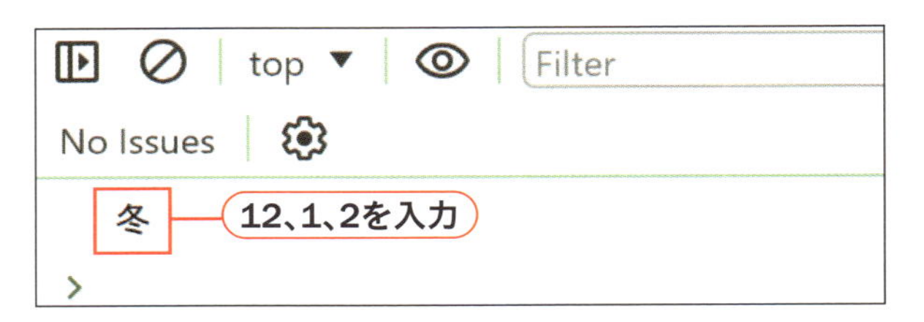

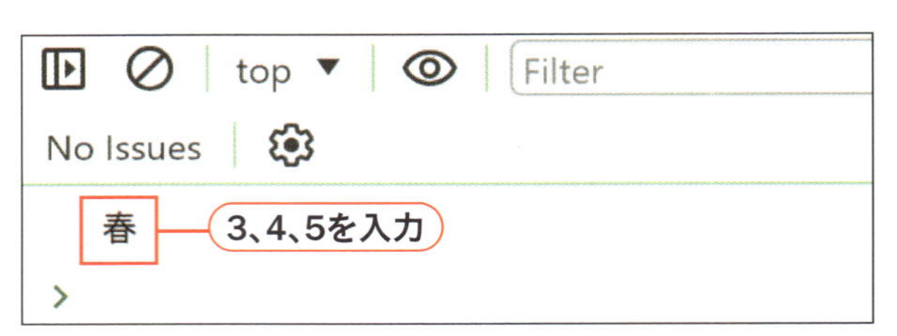

理解 「||」「&&」演算子とif else文の組み合わせについて

「||」はどれかがtrueならばtrue

＜体験＞で記述した最初のif部分を見てみましょう。

```
if ((month == 12) || (month == 1) || (month == 2)) {
```

ここでは、新たに「||」という演算子が登場しています。これは、左右の比較演算式のどちらかが「true」（真）ならば、「true」を返す演算子です。このようなブール値（真偽値）に対する演算のことを、ちょっと難しい言葉で**論理和**（OR）といいます。
例のように3つの式を並べた場合は、3つのうち1つでも「true」ならば「true」を戻します。つまり、この条件式では、変数monthの値が「12」「1」「2」のいずれかであれば、「true」となるわけです。たとえば、変数monthの値が「1」の場合、中央の演算がtrueになるので、条件式全体もtrueになります。

(month == 12) || (month == 1) || (month == 2)

monthが1の場合

false || true || false

1つでもtrueがあると

true

「&&」はすべてtrueならばtrue

それでは、次のelse if部分を見てみましょう。

```
} else if ((month >= 3) && (month <= 5)) {
```

ここで使用した「**&&**」は、左右の比較演算式がどちらも「true」の場合のみ「true」を戻す演算子です。この演算のことを、**論理積**（AND）といいます。
したがって、この条件式では、変数monthの値が「3以上、かつ、5以下」の場合にtrueとなります。

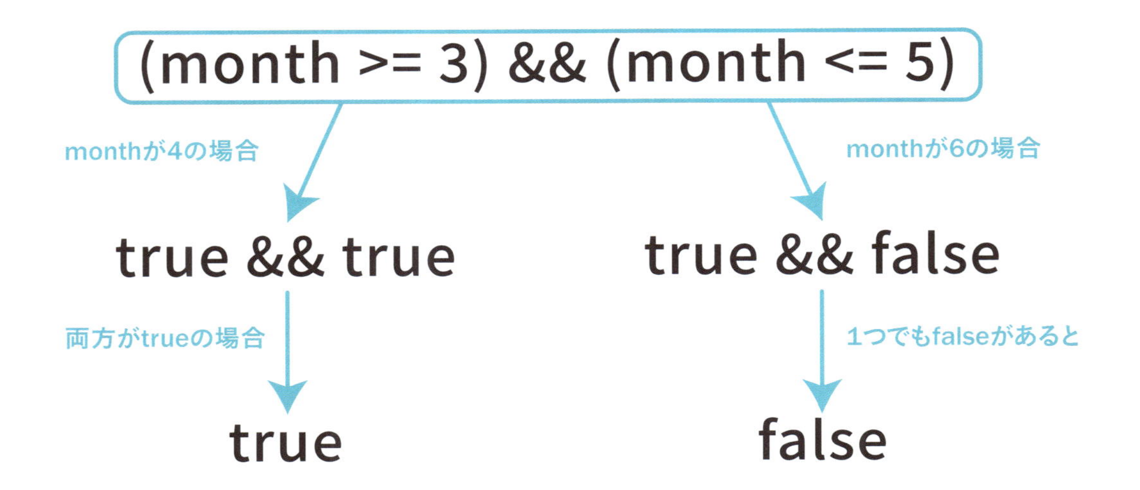

論理演算子の優先順位について

「||」と「&&」のような、trueとfalseというブール値に対して使用する演算子のことを**論理演算子**と呼びます。論理演算子は、「>=」や「==」といった条件演算子より優先順位が下です。したがって、左右の比較演算式を括弧「( )」で囲まなくても、同じように実行されます。

```
} else if ((month >= 3) && (month <= 5)) {
```

括弧「( )」で囲まなくもOK

```
} else if (month >= 3 && month <= 5) {
```

ただし、括弧「( )」で囲んだほうが計算順が見た目ですぐわかりますので、なるべく入れるようにしましょう。

if else文を組み合わせる

以上の解説をもとに、＜体験＞で記述したif else文の組み合わせを、もう一度見てみましょう。

```
if ((month == 12) || (month == 1) || (month == 2)) {    ❶
    console.log("冬");
} else if ((month >= 3) && (month <= 5)) {    ❷
    console.log("春");
} else if ((month >= 6) && (month <= 8)) {    ❸
    console.log("夏");
} else if ((month >= 9) && (month <= 11)) {    ❹
    console.log("秋");
} else {
    console.log("1から12の値を入力してください");    ❺
}
```

if else文を複数組み合わせた場合、条件式は上から順に評価されていき、条件にあてはまったら直後の処理を実行し、残りの条件式をすべて無視します。
まず、❶では、月の値が「12、1、2のどれか」の場合に「冬」を表示しています。❷では「3以上、かつ5以下」であれば春、❸では「6以上、かつ8以下」であれば夏、❹では「9以上、かつ11以下」であれば「秋」を表示しています。いずれの条件にもあてはまらない場合には、最後のelseが実行され、「1から12の値を入力してください」と表示しています❺。

- ▶if else文を組み合わせることで、2つ以上の細かな条件を設定できる
- ▶「||」演算子は、どれか1つがtrueのときにtrueを返す
- ▶「&&」演算子は、どれもtrueのときだけtrueを返す

3 条件を細かく設定する② — switch文

完成ファイル | [0403] → [sample3e.html]

予習 値に応じて処理を分岐するswitch文

前節では、複数の条件によって処理を分割するのに、if else文を組み合わせて使用しました。この節では、別の方法として**switch文**を使用する方法について説明します。
switch文では、変数や式の値に応じて、処理を個別に設定できます。括弧内「( )」の値に対応するcase文にジャンプし、break文でブロックを抜けます。次の図を見てイメージをつかんでおきましょう。

```
switch(num) {
    case 1:
        値が1のときの処理
        break;
    case 2:
        値が2のときの処理
        break;
    case 4:
        値が4のときの処理
        break;
    …
    default:
        どのケースにも合致しないときの処理
}
```

この値に応じて対応するcase文にジャンプ
numの値が2のときはここにジャンプ
break文でブロックを抜ける

ここでは、前節で作成した月の値に応じて季節を表示するプログラムを、switch文で記述する例を示します。

体験 switch文を使用して月の値に応じて季節を表示する

1 変数に月の値を入れる

エディターで「0403」フォルダーの「template3.html」を開き、「sample3.html」といった名前で保存します。変数**month**を宣言し❶、promptメソッドで入力ダイアログボックスから値を取得して変数monthに代入します❷。次に、**Number**という命令を使用して、変数monthの中身の文字列を数値に変換し、再び変数monthに格納します❸。

```
1  <!DOCTYPE html>
2  <html lang="ja">
3  <head>
4      <meta charset="utf-8">
5      <title>switch文で春夏秋冬を判断する</title>
6  </head>
7
8  <body>
9      <script>
10         let month;
11         month = prompt("月を入力してください", 1);
12         month = Number(month);
13     </script>
```

```
let month;
month = prompt("月を入力してください", 1);
month = Number(month);
```

❶入力する ❷入力する ❸入力する

2 switch文を記述する

switch文を追加し、変数monthの値に応じて対応するcase文にジャンプして、春夏秋冬を表示するようにします❶。

```
switch (month) {
    case 12:
    case 1:
    case 2:
        console.log("冬");
        break;
    case 3:
    case 4:
    case 5:
        console.log("春");
        break;
    case 6:
    case 7:
    case 8:
        console.log("夏");
        break;
    case 9:
    case 10:
    case 11:
        console.log("秋");
        break;
}
```

```
8  <body>
9      <script>
10         let month;
11         month = prompt("月を入力してください", 1);
12         month = Number(month);
13         switch (month) {
14             case 12:
15             case 1:
16             case 2:
17                 console.log("冬");
18                 break;
19             case 3:
20             case 4:
21             case 5:
22                 console.log("春");
23                 break;
24             case 6:
25             case 7:
26             case 8:
27                 console.log("夏");
28                 break;
29             case 9:
30             case 10:
31             case 11:
32                 console.log("秋");
33                 break;
34         }
35     </script>
36 </body>
37 </html>
38
```

❶入力する

3 プログラムを実行する

ファイルを上書き保存し、プログラムを実行します。入力ダイアログボックスに適当な数値を入力し❶、「OK」ボタンをクリックします❷。

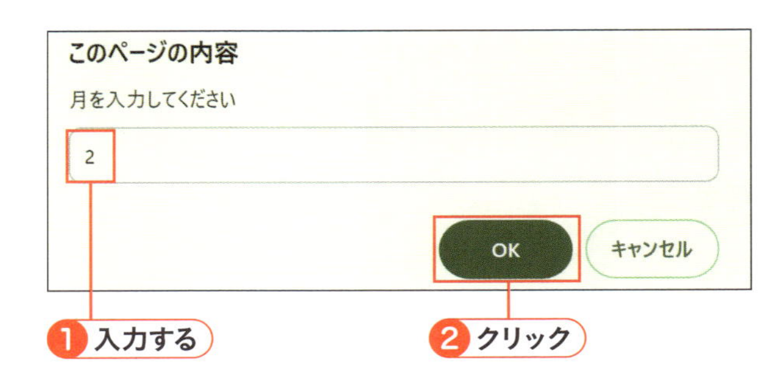

4 実行結果を確認する

入力した月数の値に応じてコンソールに「春」「夏」「秋」「冬」が表示されることを確認してください。

5 デフォルトの動作を設定する

この状態では、入力ダイアログボックスに1～12以外の値を入力すると、何も表示されません。default文を加えて、それ以外の値を入力した場合に警告メッセージを表示するようにします❶。

```
 9          <script>
10              let month;
11              month = prompt("月を入力してください", 1);
12              month = Number(month);
13              switch (month) {
14                  case 12:
15                  case 1:
16                  case 2:
17                      console.log("冬");
18                      break;
19                  case 3:
20                  case 4:
21                  case 5:
22                      console.log("春");
23                      break;
24                  case 6:
25                  case 7:
26                  case 8:
27                      console.log("夏");
28                      break;
29                  case 9:
30                  case 10:
31                  case 11:
32                      console.log("秋");
33                      break;
34                  default:
35                      console.log("1から12の値を入力してください");
36              }
37          </script>
38      </body>
```

❶ 入力する

```
default:
    console.log("1から12の値を入力してください");
```

6 プログラムを実行する

ファイルを上書き保存し、プログラムを実行します。今度は、1～12以外の値を入れると、「1から12の値を入力してください」というメッセージが表示されます。

理解 switch文を理解する

文字列を数値に変換するNumber関数

入力ダイアログボックスを表示するpromptメソッドの戻り値は文字列です。戻り値を数値として扱うには、文字列を数値に変換する必要があります。方法はいくつかありますが、通常は**Number**関数を使用するとよいでしょう（正確には「Number」はオブジェクトですが、関数として扱うことができます）。
関数とは、ひとまとまりの処理を名前（関数名）で呼び出せるようにしたもので、メソッドと同じように、引数を処理して値を返します。ただし、メソッドのようにオブジェクトに依存せず、単独で呼び出すことができます。

なお、変数monthの値が文字列のままでも、switch文で扱うことができます。その場合は、それぞれのcaseの後の値をダブルクォート「"」で囲って、文字列として比較するようにします。

```
switch(month) {
    case "12":   ダブルクォート「"」で囲む
    case "1":    ダブルクォート「"」で囲む
      ⋮
```

比較演算子の数値と文字列の処理

前節までのif文では、文字列の変数の値を数値に変換しませんでした。これを不思議に思う方もいるかもしれません。たとえば、4-1の＜体験＞では、次のように変数scoreを判定していました。

```
score = prompt("点数を入力してください", 80);
if (score >= refValue) {
    console.log("合格です");
    console.log("よくがんばりました");
}
```

変数scoreは文字列
文字列と数値が比較されている

実はJavaScriptでは、比較演算子で数を表す文字列を比較しようとすると、自動的に数値に変換された上で比較されるのです。

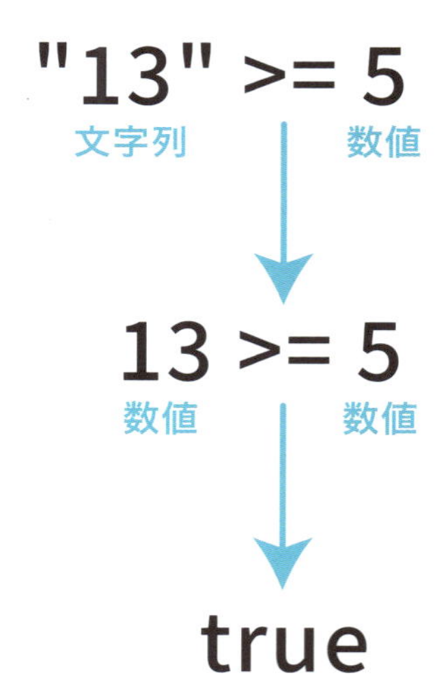

switch文の流れ

＜体験＞で記述したswitch文の働きを確認してみましょう。
switchの後ろの括弧「( )」の中の値に応じて、対応するcase文にジャンプします。case文は場所を示す目印のようなもので、ラベルと呼ばれます。命令ではありませんので、処理は行いません。ジャンプ後は、case文の下に記述されたステートメントを順に実行していき、break文まで来るとswitch文のブロックを抜けます。

たとえば、変数monthの値が「4」のときは、「case 4:」にジャンプします❶。その下の「case 5:」❷はラベルですので無視して先へ進み、次の、document.writeメソッドを実行します❸。その次のbreak文で、ブロックを抜けます❹。このbreak文を記述し忘れると、どんどん次のステートメントに進んでしまうので、注意してください。
どのcase文の値にも一致しない場合は、default:へジャンプします❺。

```
switch(month) {
    case 12:
    case 1:
    case 2:
        console.log("冬");
        break;
    case 3:
    case 4:          ❶monthが4の場合はここにジャンプ
    case 5:          ❷ラベルなので実行されない
        console.log("春");   ❸実行される
        break;       ❹ブロックを抜ける
    case 6:

    ～略～

    default:         ❺どのcase文にも一致しない場合にはここへジャンプ
         console.log("1から12の値を入力してください");
}
```

まとめ

- ▶値に応じて対応するcase文にジャンプするswitch文
- ▶switch文のブロックを抜けるには、break文を使う
- ▶文字列を数値に変換するNumber関数

指定した回数だけ処理を繰り返す ― for文

完成ファイル | [0404] → [sample4e.html]

予習 ループの活用方法

if文などの条件判断と並んで、プログラムに欠かせない制御構造が**ループ**（繰り返し）です。ループをうまく使うと、プログラムが簡潔になります。
たとえば、JavaScriptを使用して、「JavaScript入門」という文字列をコンソールに20回表示したい場合、どうすればよいでしょう？　console.logメソッドを使ったステートメントを20行記述してもよいのですが、回数が100回、200回と増えてくると書くのが面倒です。ループを使うと、このプログラムをわずか数行で記述できます。さらに、表示する回数を変更したい場合でも即座に対応できます。

ループを使わない場合

```
console.log("JavaScript入門");
console.log("JavaScript入門");
console.log("JavaScript入門");
console.log("JavaScript入門");
console.log("JavaScript入門");
console.log("JavaScript入門");
console.log("JavaScript入門");
console.log("JavaScript入門");
console.log("JavaScript入門");
console.log("JavaScript入門");
…
console.log("JavaScript入門");
```

ループを使った場合

```
for (let i = 1; i <= 20; i++) {
    console.log("JavaScript入門");
}
```

JavaScriptでループを記述する方法は、いくつかの種類があります。もっとも基本的なのが**for文**です。ここでは、for文の使用例として、和暦（令和）と西暦の変換表を作成してみましょう。

体験 for文で令和と西暦の変換表を作る

1 作業用のファイルを開く

エディターで「0404」フォルダーの「template4.html」を開き、「sample4.html」といった名前で保存します。空のscriptエレメントが用意されているので、ステートメントを入力していきます。

console.logメソッドを使用して、表の見出しとなるとなる「令和->西暦」を表示します❶。

```
1  <!DOCTYPE html>
2  <html lang="ja">
3  <head>
4      <meta charset="utf-8">
5      <title>for文のテスト</title>
6  </head>
7
8  <body>
9      <script>
10         console.log("令和->西暦");
11     </script>
12 </body>
13 </html>
```

```
<script>
    console.log("令和->西暦");
</script>
```

❶入力する

2 for文で令和と西暦の変換表を出力する

変数iを宣言し❶、for文を記述します❷。この例では、ループを5回繰り返して、令和1年から令和5年間での西暦との対応表をconsole.logメソッドで表示しています。令和と西暦の変換は、変数iの値を令和年として、それに2018を足すことで西暦年を求めています。

```
5      <title>for文のテスト</title>
6  </head>
7
8  <body>
9      <script>
10         console.log("令和->西暦")
11         for(let i = 1; i <= 5; i = i + 1){
12             console.log(i + " -> " + (i + 2018));
13         }
14     </script>
15 </body>
16 </html>
```

```
<script>
    console.log("令和->西暦");
    for(let i = 1; i <= 5; i = i + 1){
        console.log(i + " -> " + (i + 2018));
    }
</script>
```

❶入力する
❷入力する

3 プログラムを実行する

ファイルを上書き保存し、プログラムを実行します。令和と西暦の対応表が5年分表示されます。

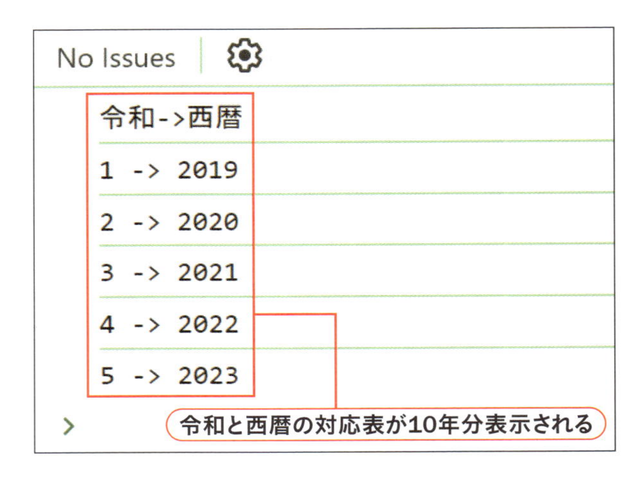

4 ループの回数を変更する

forの後の括弧「( )」内の「i <= 5」を、「i <=10」に変更してみます❶。これで、ループが10回実行されるようになります。

```
7
8   <body>
9       <script>
10          console.log("令和->西暦")
11          for(let i = 1; i <= 10; i = i + 1){
12              console.log(i + " -> " + (i + 2018));
13          }
14      </script>
15  </body>
16  </html>
17
```

```
<script>
    console.log("令和->西暦");
    for(let i = 1; i <= 10; i = i + 1){
        console.log(i + " -> " + (i + 2018));
    }
</script>
```

❶ 修正する

5 プログラムを実行する

ファイルを上書き保存し、プログラムを実行します。令和と西暦の対応表が10年分表示されます。

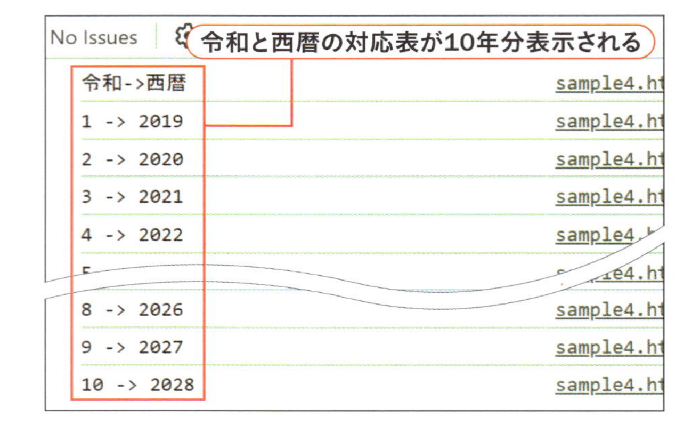

理解 for文を理解する

for文の書式

for文の記述方法は、慣れないと多少難しく感じるかもしれません。まず、for文の基本的な書式を次に示します。

▼書式

```
for (初期化式; 条件式; 制御変数の更新) {
    処理
}
```

初期化式とはループの制御変数を初期化する式です。**条件式**が成立する間だけ、ループは繰り返し実行されます。最後の式で、制御変数と呼ばれる変数を更新します。
＜体験＞で記述したfor文を見てみましょう。

```
for(let i = 1; i <= 10; i = i + 1){
    console.log(i + " -> " + (i + 2018));
}
```

この例では、「i = 1」で、ループの開始前に変数iが「1」に初期化されています。「i <= 10」により、変数iが10以下の間はずっとループが実行されます。最後の「i++」は、ループするたびに変数iの値を1増やす式です。結果として、変数iの値が1、2、3、4....10と増え、10回処理が実行されるわけです。変数iのようなループを制御する変数を**制御変数**と呼びます。
なお、プログラミングの流れを図解したものを**フローチャート**と呼びます。for文では、次のようなフローチャートとプログラムを見比べると理解しやすいでしょう。

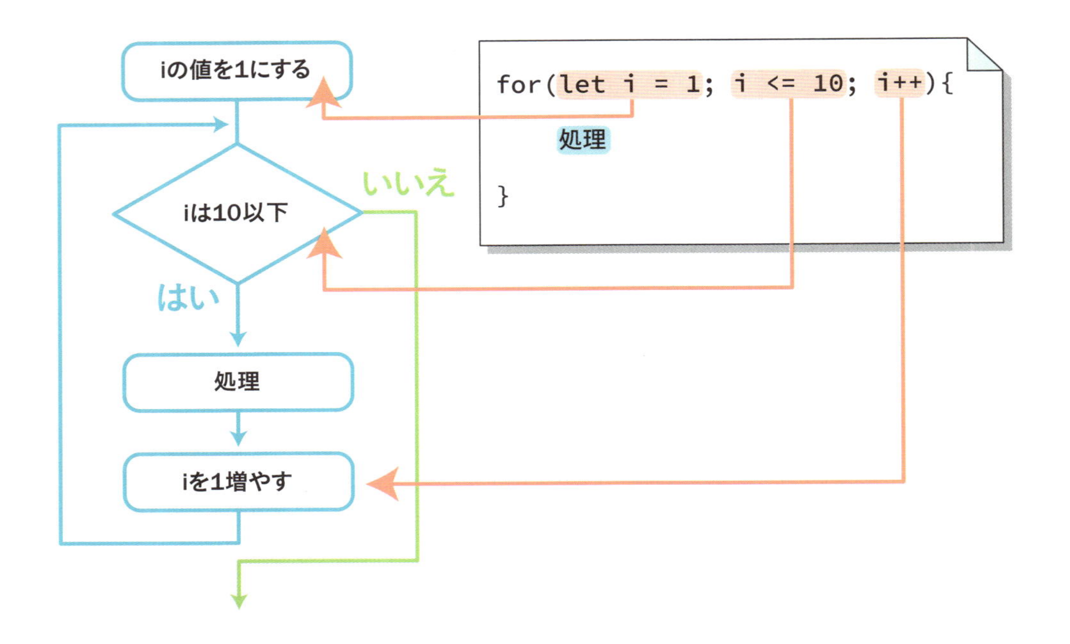

変数の値を１ずつ増やす演算子

for文の増減式で使用した「i++」の「++」は、変数の値を１増やす演算子です。したがって、次の２つのステートメントは同じ演算になります。

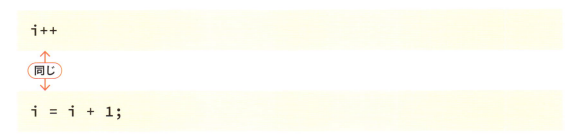

数を１増やすという処理はプログラム内で頻繁に使用するため、このような簡潔な記述方法が用意されているのです。
同様に、１減らす演算子として「--」があります。

演算子	説明
++	変数の値を1増やす
--	変数の値を1減らす

これらの演算子は、変数の後ろ、または前に記述します。

```
++i;   ―― 変数iの値を1増やす
i--;   ―― 変数iの値を1減らす
```

ただし、式の中で使用する場合、どちら側に置くかによって値の変化するタイミングが異なるので注意してください。
前に記述した場合は、式の実行前に変化します。たとえば次の例では、変数iの値は変数jに代入される前に1増やされ、変数jの値は6になります。

```
i = 5;
j = ++i;   ―― 変数iの値は6、変数jの値も6になる
```

後ろに記述すると式の実行後に変化します。次の例では、変数iの値は、変数jに代入された後に1増やされて6となります。したがって、変数jの値は5になります。

```
i = 5;
j = i++;   ―― 変数iの値は6、変数jの値は5になる
```

COLUMN 制御変数の名前

ループのカウントとして使用する制御変数の名前には、「i」「j」「k」といったアルファベット小文字の「i」以降がよく使用されます。これは、昔のプログラミング作法のなごりです。もちろん、「counter」といった具体的な変数名を使用してもかまいません。

まとめ

- ▶処理を繰り返すには、for文を使用する
- ▶制御変数は、ループのカウンタとして使用する変数
- ▶変数の値を1増やすのは「++」演算子、1減らすのは「--」演算子

5 条件が成立している間処理を繰り返す—while文

完成ファイル | [0405] → [sample5e.html]

予習 for文とwhile文の相違

for文と並んでよく使われるループの制御構造が、**while文**です。for文との違いは、ループのカウンタとして使用する制御変数の扱いです。for文の場合は、制御変数の初期化や増減の式をforの直後の括弧「( )」内に記述しました。それに対して、while文の括弧「( )」では条件式のみを記述します。したがって、for文と同じように使用するには、制御変数の初期化や増減を別のステートメントとして記述する必要があります。

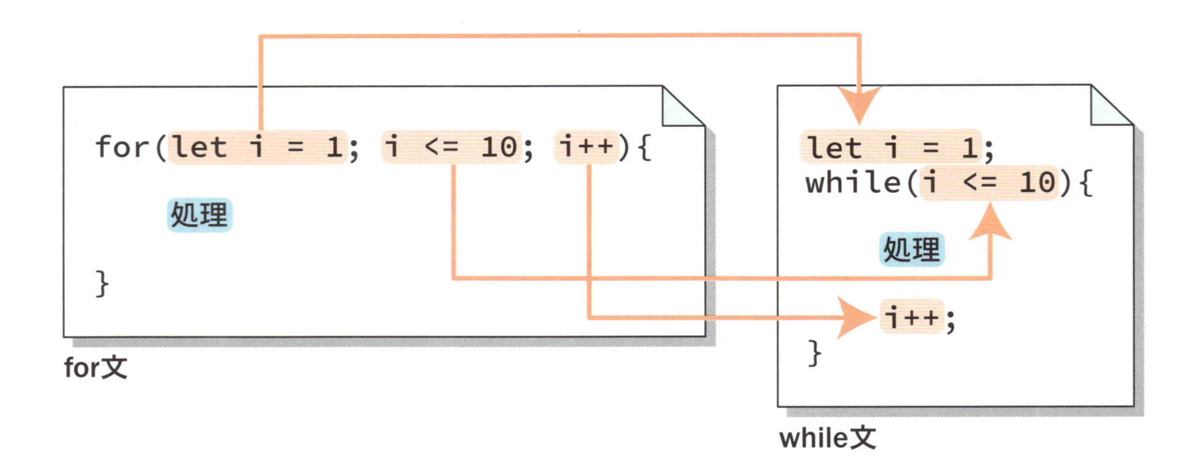

ここでは、前節で作った和暦（令和）と西暦の変換表を、while文を使って記述してみましょう。

体験 while文で令和と西暦の変換表を作る

1 ループの最大値を設定する

前節と同じく、空のscriptエレメントが用意されています。前節ではループの回数をfor文の括弧内に数値で記述していましたが、ここでは変数MAXを宣言して値を代入します。MAXはプログラム内で値を変更しないためconstキーワードで設定します❶。制御変数として変数iを宣言します❷。また、表の見出し部分をconsole.logメソッドで表示します❸。

```
5       <title>while文のテスト</title>
6   </head>
7
8   <body>
9       <script>
10          const MAX = 5;
11          let i = 1;
12          console.log("令和->西暦");
13      </script>
14  </body>
15  </html>
```

```
<script>
    const MAX = 5;               ❶入力する
    let i = 1;                   ❷入力する
    console.log("令和->西暦");
</script>                        ❸入力する
```

Tips

ループの回数などの値は、ループ内で直接数値で指定するのではなく、変数に代入しておくと、プログラムの意味がわかりやすくなります。なお、プログラム中で値を変更しない変数は、他の変数と区別するために全部大文字で記述するとよいでしょう。

2 while文を記述する

while 文を記述し、ループを制御変数iの値が1から変数MAXの値まで繰り返すようにします❶。ループの内部の処理は前節のfor文と同じものです。

```
8   <body>
9       <script>
10          const MAX = 5;
11          let i = 1;
12          console.log("令和->西暦");
13          while(i <= MAX){
14              console.log(i + " -> " + (i + 2018));
15              i++;
16          }
17      </script>
18  </body>
```

```
<script>
    const MAX = 5;
    let i = 1;
    console.log("令和->西暦")
    while(i <= MAX){
        console.log(i + " -> " + (i + 2018));     ❶入力する
        i++;
    }
</script>
```

3 プログラムを実行する

ファイルを上書き保存し、プログラムを実行します。この例では変数MAXを5に設定しているため、令和と西暦の対応表が5年分表示されます。

```
No Issues
令和->西暦
1 -> 2019
2 -> 2020
3 -> 2021
4 -> 2022
5 -> 2023
```

4 ループの回数を変更する

ループの回数を設定する変数MAXの値を、8に変更します❶。回数を変数に設定しておくことで、直接指定する方法に比べて回数変更がしやすくなります。

```
8   <body>
9       <script>
10          const MAX = 8;
11          let i = 1;
12          console.log("令和->西暦");
13          while(i <= MAX){
14              console.log(i + " -> " + (i + 2018));
15              i++;
16          }
17      </script>
18  </body>
```

```
<script>
    const MAX = 8;
    let i = 1;
    console.log("令和->西暦");
    while(i <= MAX){
        console.log(i + " -> " + (i + 2018));
        i++;
    }
</script>
```

❶修正する

5 プログラムを実行する

ファイルを上書き保存し、プログラムを実行します。令和と西暦の対応表が8年分表示されます。

```
No Issues
令和->西暦
1 -> 2019
2 -> 2020
3 -> 2021
4 -> 2022
5 -> 2023
6 -> 2024
7 -> 2025
8 -> 2026
```

理解 while文の構造

while文は、for文と異なり、制御変数や初期化式を個別に記述する必要がある点に注意してください。次に、while文で10回ループさせる場合のフローチャートを示します。for文との流れの違いを確認しましょう。

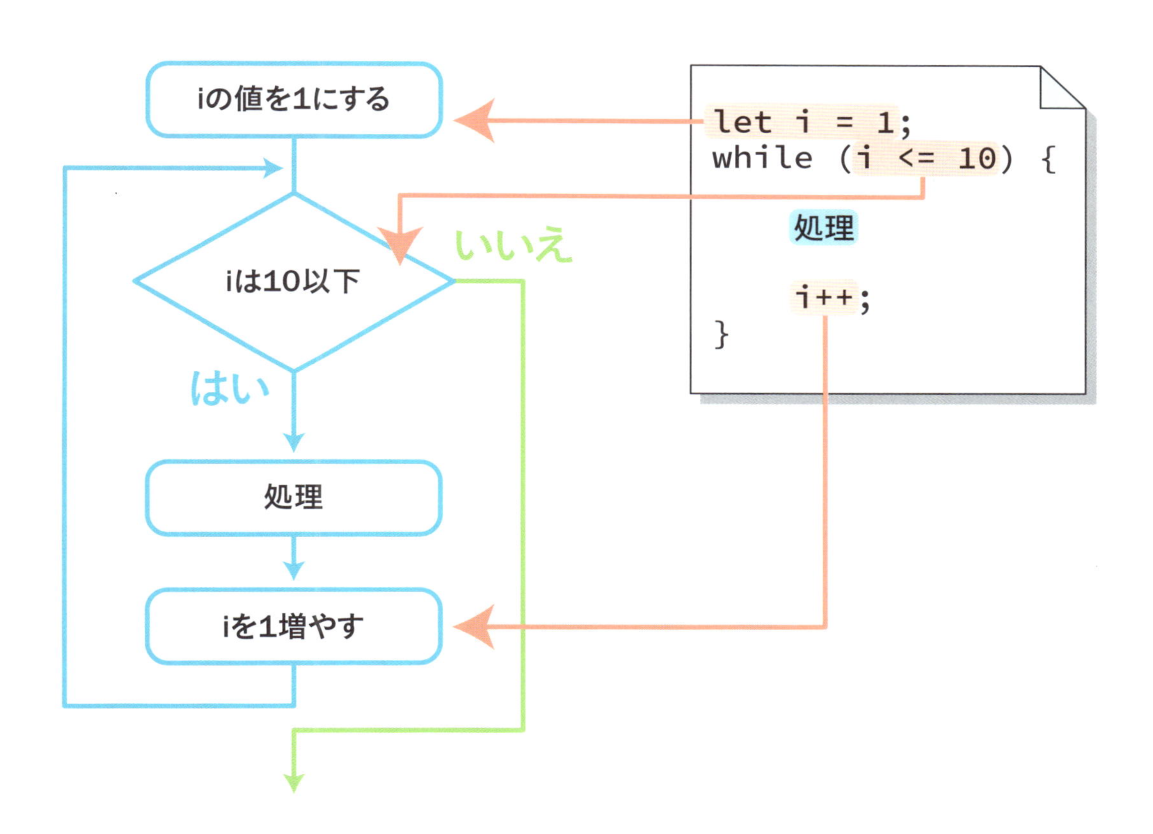

まとめ

- ▶for文だけでなく、while文でも処理を繰り返すことができる
- ▶while文では、制御変数の設定を個別に行う必要がある
- ▶ループの回数などは、変数で設定するほうがわかりやすくなる

条件で繰り返しを中断する ― break文

完成ファイル | [0406] → [sample6e.html]

予習 ループの脱出方法

これまでのfor文とwhile文の例では、指定した回数だけ処理を繰り返していました。しかし、何らかの条件が成立した時点でループを中断したいといったケースがあります。そのような場合には、switch文で使用した**break**文を使います。条件判断は、ループのブロック内でif文を使って行います。

while文の条件式を「true」にするとブロック内の処理を延々と繰り返す

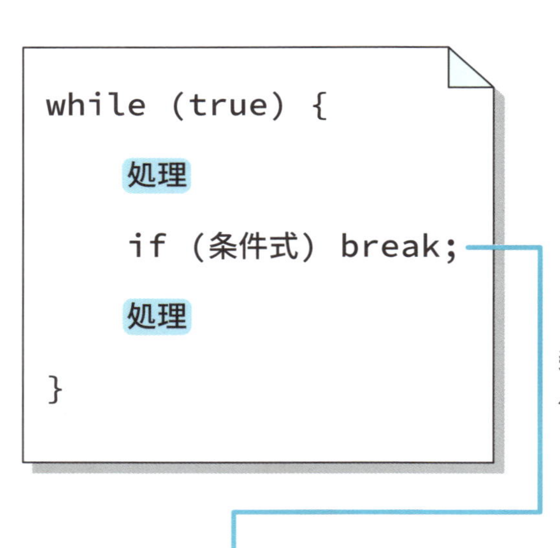

条件式が成立したらループを抜ける

ここでは、単純な数当てゲームの作成を通じて、if文とbreak文を組み合わせてループを中断する方法を学んでいきましょう。

体験 数当てゲームを作成する

1 変数を宣言する

エディターで「0406」フォルダーの「template6.html」を開き、「sample6.html」といった名前で保存します。これまで同様、空のscriptエレメントが用意されているので、ステートメントを入力していきます。まず、正解を格納する変数ANSをconstで定義し、適当な数を代入します❶。次に、ユーザーの入力した値を格納する変数numを宣言して❷、ダイアログボックスに表示するメッセージを格納する変数msgを宣言し、「数を入力してください」を代入します❸。

```
6   </head>
7
8   <body>
9       <script>
10          const ANS = 50;
11          let num;
12          let msg = "数を入力してください";
13      </script>
14  </body>
15  </html>
```

```
<script>
    const ANS = 50;
    let num;
    let msg = "数を入力してください";
</script>
```

❶入力する ❷入力する ❸入力する

2 while文を記述する

while文を記述していきます❶。promptメソッドで入力ダイアログボックスから値を読み込み、変数numに代入します❷。if文の条件式「ANS == num」で変数ANSと変数numの値が同じかを判断し、同じであれば「正解です」をalertメソッドで表示し、break文を実行してループを抜けています❸。

```
10          const ANS = 50;
11          let num;
12          let msg = "数を入力してください";
13          while (true) {
14              num = prompt(msg, 0);
15              if (ANS == num) {
16                  alert("正解です!");
17                  break;
18              }
19          }
20      </script>
21  </body>
```

```
while (true) {
    num = prompt(msg, 0);
    if (ANS == num) {
        alert("正解です!");
        break;
    }
}
```

❶入力する ❷入力する ❸入力する

3 プログラムを実行する

ファイルを上書き保存し、プログラムを実行します。ダイアログボックスが表示されるので、数を半角文字で入力し❶、「OK」ボタンをクリックします❷。

4 実行結果を確認する

入力した値が変数ANSと等しい場合はダイアログボックスに「正解です！」と表示されます。そうでない場合には入力ダイアログボックスが表示され続けます。

このページの内容

正解です!

5 ヒントを表示する

正解より小さい値を入力した場合には「もっと大きい数を入力してください」、大きい数を入力した場合には「もっと小さい数を入力してください」というヒントを表示するようにします。if else文を追加し、変数numと変数ANSを比較した結果に応じて、変数msgを変更するようにします❶。

```
8   <body>
9       <script>
10          const ANS = 50;
11          let num;
12          let msg = "数を入力してください";
13          while (true) {
14              num = prompt(msg, 0);
15              if (ANS == num) {
16                  alert("正解です!");
17                  break;
18              }
19              if (num < ANS) {
20                  msg = "もっと大きい数を入力してください";
21              } else if (num > ANS) {
22                  msg = "もっと小さい数を入力してください";
23              } else {
24                  msg = "数を入力してください";
25              }
26          }
27      </script>
28  </body>
29  </html>
```

```
while (true) {
    num = prompt(msg, 0);
    if (ANS == num) {
        alert("正解です!");
        break;
    }
    if (num < ANS) {
        msg = "もっと大きい数を入力してください";
    } else if (num > ANS) {
        msg = "もっと小さい数を入力してください";
    } else {
        msg = "数を入力してください";
    }
}
```

❶入力する

6 プログラムを実行する

ファイルを上書き保存し、プログラムを実行します。入力した値に応じて、ダイアログボックスに表示されるメッセージが変更されることを確認してください。

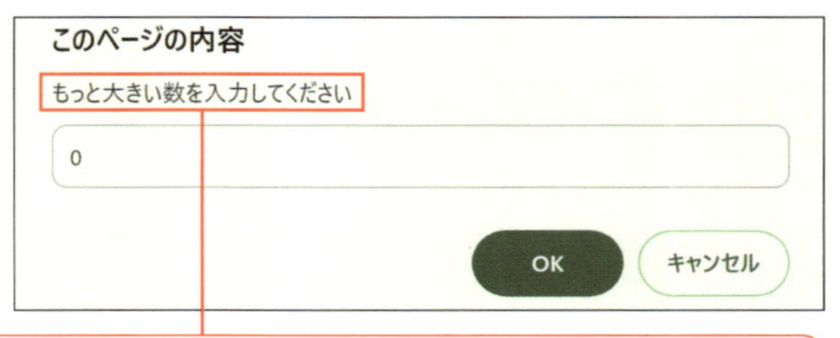

小さい値を入力すると「もっと大きい数を入力してください」と表示される

理解 無限ループとbreak文について

whileの条件式に「true」とだけ記述すると、常に条件式が成立することになります。したがって、ループを延々と繰り返す、いわゆる**無限ループ**の状態となります。無限ループのままではプログラムは終了しないため、ブロック内に適切なif文とbreak文を置く必要があります。

```
while (true) {
    num = prompt(msg, 0);
    if (ANS == num) {
        document.write("<h1>正解です</h1>");
        break;
    }
    …
}
```

条件式をtrueにしているため無限ループになる

ANSの値とnumの値が等しければ

ループを抜ける

COLUMN 条件式はどんなとき成立するか

if文や、for文、while文に記述する条件式は、どんなときに成立する（true）と判断されるのでしょうか？ JavaScriptでは、「0」、「undefined」、「false」、「空文字列（長さが0の文字列）」の値以外であれば、条件が成り立つと判断されます。たとえば、while文で条件式を記述するとき、「true」の代わりに「1」と記述しても無限ループを作ることができます。

```
while(1) {
    …
}
```

まとめ

- ▶while文の条件式に「true」を設定すると、無限ループとなる
- ▶無限ループから脱出するには、if文とbreak文を使う

第4章 練習問題

◉問題1

次の文がそれぞれ正しいかどうかを○×で答えなさい。

① 「a = b」は変数aとbが等しいかを判定する
② 「4 >= 3」の値はtrueになる
③ 「3 < 2」の値は1になる

ヒント 4-1

◉問題2

次のプログラムが実行されると、コンソールに何が表示されるか答えなさい。

```
let num1 = 5;
let num2 = 5;
if ((num1 == 4) && (num2 == 5)) {
    console.log("両方とも正解です");
} else if ((num1 == 4) || (num2 == 5)) {
    console.log("ひとつだけ正解です");
} else {
    console.log("両方とも不正解です");
}
```

ヒント 4-3

◉問題3

次のプログラムは、1から100の間にある3の倍数を順に表示するものである。プログラムの穴を埋めて完成させなさい。

```
let i;
let MAX = [ ① ];
for (let i = 1; i <= MAX; [ ② ]) {
      if (([ ③ ]) == 0) {
            console.log(i);
      }
}
```

ヒント 4-4

ユーザー定義関数の作成

5-1　処理をまとめて名前で呼び出せるようにする

5-2　変数の有効範囲を知る

5-3　いろいろな関数定義を知る

◉第５章　練習問題

処理をまとめて名前で呼び出せるようにする — 関数の定義

完成ファイル | [0501] → [sample1e.html]

予習 ユーザー定義関数について

関数とは、何らかの処理を１つにまとめて、**関数名**という名前で呼び出せるようにしたものです。4-3の107ページで使用した、文字列を数値に変換する「Number」など、JavaScriptにはあらかじめいくつかの関数が用意されています。
ここでは、JavaScriptが最初から持っている関数ではなく、**ユーザー定義関数**、つまり“自作したオリジナルの関数”を作成する方法について説明しましょう。よく使う処理を関数として定義しておくことで、後から何度でも呼び出して利用することができます。
ユーザー定義関数の作成例として、「ドル」と「為替レート」という２つの数値を引数として受け取り、対応する「円」の数値を戻す関数「**dollToYen**」を作成してみましょう。

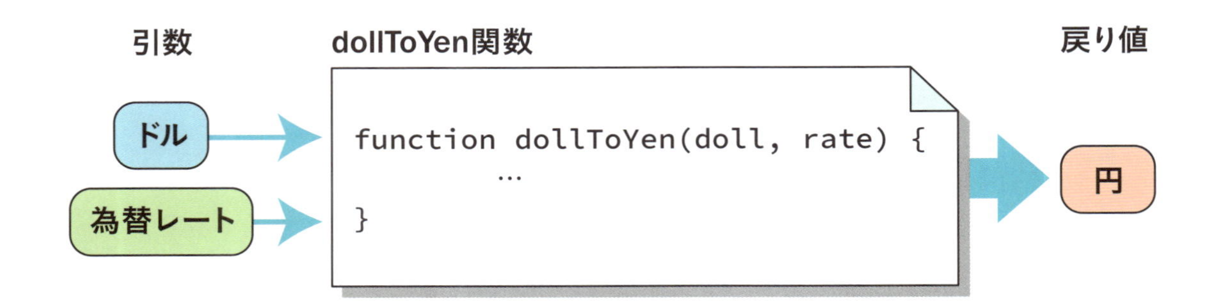

体験 ドルを円に換算する関数を定義する

1 作業用のファイルを用意する

エディターで「0501」フォルダーの「template1.html」を開き、「sample1.html」といった名前で保存します。空のscriptエレメントが、headエレメントとbodyエレメントの両方に用意されていることに注目してください。

```
1  <!DOCTYPE html>
2  <html lang="ja">
3  <head>
4      <meta charset="utf-8">
5      <title>ユーザ定義関数の作成</title>
6      <script>
7      </script>
8  </head>
9
10 <body>
11     <script>
12     </script>
13 </body>
14 </html>
```

```
<!DOCTYPE html>
<html lang="ja">
<head>
    <meta charset="utf-8">
    <title>ユーザー定義関数の作成</title>
    <script>
    </script>
</head>

<body>
    <script>
    </script>
</body>
</html>
```

空のscriptエレメント

空のscriptエレメント

2 関数を定義する

headエレメントのscriptエレメントに、functionキーワードを使用して**dollToYen**関数を定義します❶。

```
1   <!DOCTYPE html>
2   <html lang="ja">
3   <head>
4       <meta charset="utf-8">
5       <title>ユーザ定義関数の作成</title>
6       <script>
7           function dollToYen(doll, rate) {
8               let yen;
9               yen = doll * rate;
10              return yen;
11          }
12      </script>
13  </head>
14
15  <body>
16      <script>
17      </script>
18  </body>
19  </html>
```

```
<script>
    function dollToYen(doll, rate) {
        let yen;
        yen = doll * rate;
        return yen;
    }
</script>
```

❶入力する

3 関数を呼び出す

bodyエレメントのscriptエレメントで、dollToYen関数を呼び出します。まず、関数の引数に直接数値を指定し、戻り値を変数yen1に入れています❶。次に、console.logメソッドで、変数yen1の値を表示します❷。

```
10              return yen;
11          }
12      </script>
13  </head>
14
15  <body>
16      <script>
17          let yen1 = dollToYen(100, 150);
18          console.log(yen1 + "円");
19      </script>
20  </body>
21  </html>
```

```
<script>
    let yen1 = dollToYen(100, 150);
    console.log(yen1 + "円");
</script>
```

❶入力する
❷入力する

4 プログラムを実行する

ファイルを上書き保存し、プログラムを実行します。為替レートを150円としているので、100ドルを円に換算した値である「15000円」が表示されます。

```
No Issues

15000円
>
```

為替レート150円で100ドルを円に換算

5 関数を呼び出す

関数の引数に、変数を渡してみましょう。bodyエレメントのscriptエレメントに、次のようなステートメントを追加します❶。

```
6      <script>
7          function dollToYen(doll, rate) {
8              let yen;
9              yen = doll * rate;
10             return yen;
11         }
12     </script>
13 </head>
14
15 <body>
16     <script>
17         let yen1 = dollToYen(100, 150);
18         console.log(yen1 + "円");
19
20         let doll2 = 50;
21         let rate2 = 130;
22         let yen2 = dollToYen(doll2, rate2);
23         console.log(yen2 + "円");
24     </script>
25 </body>
26 </html>
```

```
<script>
    let yen1 = dollToYen(100, 150);
    console.log(yen1 + "円");

    let doll2 = 50;
    let rate2 = 130;
    let yen2 = dollToYen(doll2, rate2);
    console.log(yen2 + "円");
</script>
```

❶入力する

6 関数を呼び出す

ファイルを上書き保存し、プログラムを実行します。先ほどの表示の後に、為替レート130円で、50ドルを円に換算した値である「6500円」が新しく表示されます。

```
No Issues

15000円
6500円
>
```

為替レートが130円で50ドルを円に換算

理解 ユーザー定義関数の使い方

関数定義の書式

関数は、英語では「function」になります。JavaScriptでは、**function**というキーワードを使用して、次のような形式で関数を定義します。

▼書式

```
function 関数名(引数1, 引数2, ...) {
    処理
    return 戻り値;
}
```

引数の数は、関数が行う処理によって異なります。引数が複数ある場合は、カンマ「,」で区切ります。関数の本体は、「{」と「}」で囲まれたブロック内に記述します。ブロック内にある**return文**では、関数が行った処理の結果である**戻り値**を指定します。return文が実行されると、呼び出した側に「戻り値」が戻され、関数のブロックを抜けます。

関数名　第1引数　第2引数

```
function dollToYen(doll, rate)
    let yen;
    yen = doll * rate;
    return yen;
}
```

return yen：値を戻しブロックを抜ける

関数の呼び出し

関数を呼び出すには、「関数名(引数1,引数2,...)」のように記述します。このとき、関数を定義するときに記述する引数を**仮引数**、呼び出すときに記述する引数を**実引数**と呼びます。関数を呼び出したとき、実引数が仮引数に代入されます。

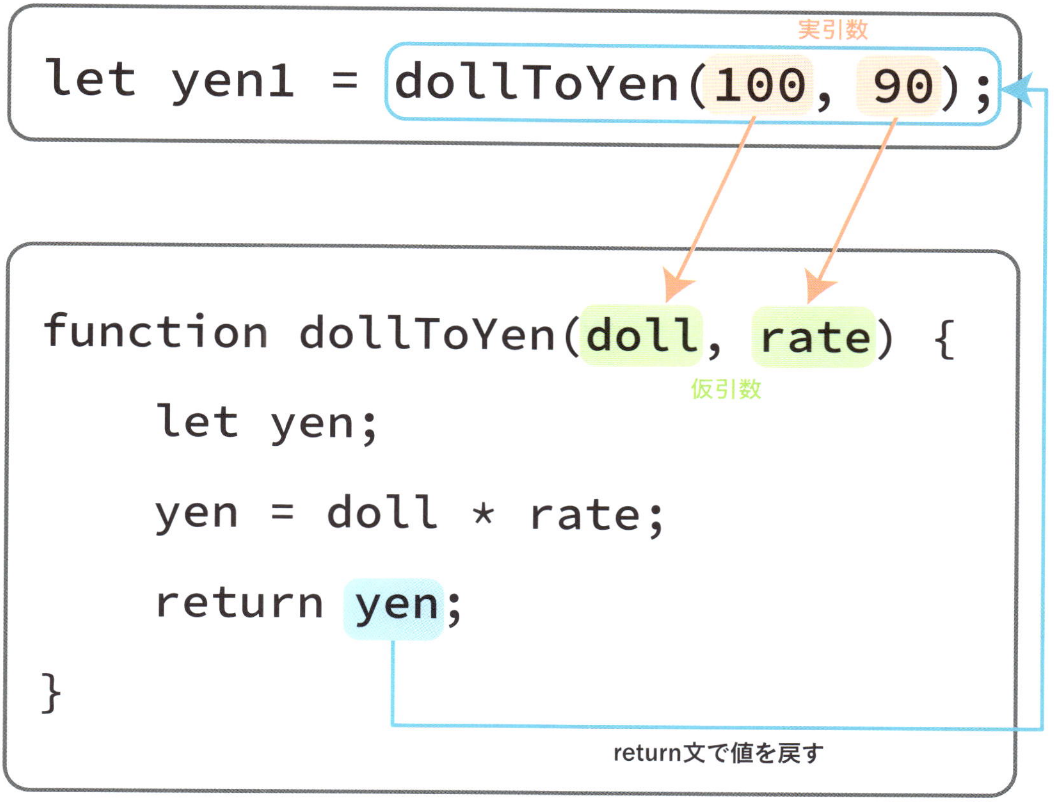

```
let yen1 = dollToYen(100, 90);

function dollToYen(doll, rate) {
    let yen;
    yen = doll * rate;
    return yen;
}
```


まとめ

- ▶関数を定義するには、functionキーワードを使用する
- ▶関数の戻り値は、return文で指定する
- ▶関数を呼び出すと、実引数が仮引数に代入される

変数の有効範囲を知る ― ローカル変数とグローバル変数

完成ファイル | [0502] → [sample2e.html]

予習 変数の有効範囲を知る

個々の変数には、その変数を利用できる範囲が決まっています。それを、変数の**スコープ**と呼びます。関数の内部など、「{」と「}」で囲まれた範囲をブロックといいますが、ブロック内でletやconstで宣言した変数のスコープは、ブロックの内部だけになります。これを**ブロックスコープ**と呼びます。また、ブロックの内部で宣言された変数を**ローカル変数**、ブロックの外部で宣言された変数を**グローバル変数**といいます。

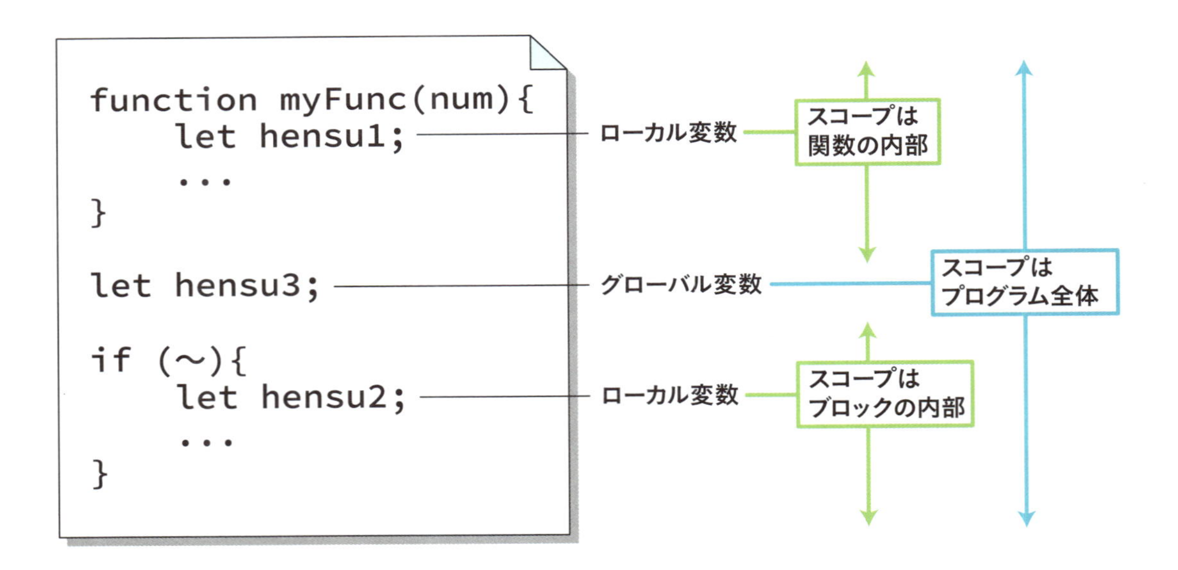

ここでは、実際に試しながら、ローカル変数とグローバル変数の違いを確認していきましょう。

体験 スコープをテストする

1 作業用のファイルを用意してテスト用の関数を作成する

エディターで「0502」フォルダーの「template2.html」を開き、「sample2.html」といった名前で保存します。bodyエレメントに空のscriptエレメントが用意されています。テスト用の関数「testFunc」を定義し、ローカル変数numを宣言し、console.logメソッドで表示します❶。値を「2」に設定している点に注目してください。

```
4       <meta charset="utf-8">
5       <title>変数のスコープ</title>
6   </head>
7
8   <body>
9       <script>
10          function testFunc() {
11              let num = 2;
12              console.log("in func → " + num);
13          }
14      </script>
15  </body>
16  </html>
```

```
<script>
    function testFunc() {
        let num = 2;
        console.log("in func → " + num);
    }
</script>
```

❶入力する

Tips

ここで作成したtestFunc関数には、引数がありません。その場合でも、関数名の後には括弧「( )」が必要です。また、testFunc 関数は値を戻さないので、return文は不要です。

2 テスト用のブロックを用意する

次に、テスト用のブロックを用意します。内部で変数numを宣言し値を「3」に設定してconsole.logメソッドで表示しています❶。

```
8   <body>
9       <script>
10          function testFunc() {
11              let num = 2;
12              console.log("in func → " + num);
13          }
14          {
15              let num = 3;
16              console.log("in block → " + num);
17          }
18      </script>
19  </body>
```

```
<script>
    function testFunc() {
        let num = 2;
        console.log("in func → " + num);
    }
    {
        let num = 3;
        console.log("in block → " + num);
    }
</script>
```

❶入力する

3 グローバル変数を宣言する

手順2で作成したブロックの前にグローバル変数numを宣言し、値を「1」にします❶。また、testFunc関数を呼び出し❷、その後に変数numの値を表示します❸。

```
4       <meta charset="utf-8">
5       <title>変数のスコープ</title>
6   </head>
7
8   <body>
9       <script>
10          function testFunc() {
11              let num = 2;
12              console.log("in func → " + num);
13          }
14          let num = 1;
15          {
16              let num = 3;
17              console.log("in block → " + num);
18          }
19          testFunc();
20          console.log("ext → " + num);
21      </script>
22  </body>
```

```
<script>
    function testFunc() {
        let num = 2;
        console.log("in func → " + num);
    }
    let num = 1;          ❶入力する
    {
        let num = 3;
        console.log("in block → " + num);
    }
    testFunc();           ❷入力する
    console.log("ext → " + num);   ❸入力する
</script>
```

4 プログラムを実行する

ファイルを上書き保存し、プログラムを実行します。testFunc関数で宣言した変数num、ブロックで宣言した変数numはローカル変数で。そのブロック内部だけで有効です。グローバル変数numとは別物として扱われるため、それぞれ別の値が表示されます。

```
No Issues
in block → 3
in func → 2
ext → 1
>
```

5 ローカル変数の宣言をコメントにする

次に、tesstFunc関数およびブロックの内部の変数numの宣言をそれぞれコメントにします❶❷。

```
4        <meta charset="utf-8">
5        <title>変数のスコープ</title>
6    </head>
7
8    <body>
9        <script>
10           function testFunc() {
11               // let num = 2;
12               console.log("in func → " + num);
13           }
14           let num = 1;
15           {
16               // let num = 3;
17               console.log("in block → " + num);
18           }
19           testFunc();
20           console.log("ext → " + num);
21       </script>
22   </body>
```

```
<script>
    function testFunc() {
        // let num = 2;          ❶コメントにする
        console.log("in func → " + num);
    }
    let num = 1;
    {
        // let num = 3;          ❷コメントにする
        console.log("in block → " + num);
    }
    testFunc();
    console.log("ext → " + num);
</script>
```

6 プログラムを実行する

ファイルを上書き保存し、プログラムを実行します。今度はtestFunc関数とブロックの内部では、変数numはグローバル変数を参照するようになり、同じ値が表示されます。

```
No Issues
in block → 1
in func → 1
ext → 1
>
```

7 グローバル変数の宣言をコメントにする

手順５で作成したコメントを外します❶❷。逆に、グローバル変数numの宣言をコメントにします❸。

```
8   <body>
9     <script>
10        function testFunc() {
11            let num = 2;
12            console.log("in func → " + num);
13        }
14        // let num = 1;
15        {
16            let num = 3;
17            console.log("in block → " + num);
18        }
19        testFunc();
20        console.log("ext → " + num);
21    </script>
22  </body>
23  </html>
```

```
<script>
    function testFunc() {
        let num = 2;                       ❶コメントを外す
        console.log("in func → " + num);
    }
    // let num = 1;                        ❸コメントにする
    {
        let num = 3;                       ❷コメントを外す
        console.log("in block → " + num);
    }
    testFunc();
    console.log("ext → " + num);
</script>
```

8 プログラムを実行する

ファイルを上書き保存し、プログラムを実行します。ローカル変数はブロックの外部からは参照できないため、ブロックの外部でconsole.logメソッドで変数numを表示するステートメントがエラーになります。

```
No Issues
in block → 3
in func → 2
▶Uncaught ReferenceError: num is not
defined
    at sample2.html:20:32
>
```

9 for文を記述する

for文の場合、制御変数で宣言した変数は、for文のブロック内部で有効になります。グローバル変数numのコメントを外し❶、グローバル変数iの宣言と❷、制御変数iを使用したfor文を記述し❸、最後にグローバル変数iを表示します❹。

```
8   <body>
9       <script>
10          function testFunc() {
11              let num = 2;
12              console.log("in func → " + num);
13          }
14          let num = 1;
15          {
16              let num = 3;
17              console.log("in block → " + num);
18          }
19          testFunc();
20          console.log("ext → " + num);
21
22          let i = 103;
23          for(let i = 1; i < 3; i++){
24              console.log("i(for) → " +i);
25          }
26          console.log("i(global) → " + i);
27      </script>
28  </body>
```

```
<script>
    function testFunc() {
        let num = 2;
        console.log("in func → " + num);
    }
    let num = 1;                          ❶コメントを外す
    {
        let num = 3;
        console.log("in block → " + num);
    }
    testFunc();
    console.log("ext → " + num);

    let i = 103;                          ❷入力する
    for(let i = 1; i < 3; i++){
        console.log("i(for) → " +i);      ❸入力する
    }
    console.log("i(global) → " + i);      ❹入力する
</script>
```

10 プログラムを実行する

ファイルを上書き保存し、プログラムを実行します。for文を抜けた段階では制御変数iは「3」になっていますが、これはローカル変数のため、最後のconsole.logメソッドではグローバル変数iの値である「103」が表示されます。

```
No Issues
in block → 3          sa
in func → 2           sa
ext → 1               sa
i(for) → 1            sa
i(for) → 2            sa
i(global) → 103       sa
```

理解 ブロックスコープを理解する

関数やブロックの内部で、letおよびconstで宣言したローカル変数のスコープは、ブロックスコープとなり、ブロックの内部でのみ有効になります。
ブロックの内部で**グローバル変数**と同じ名前の**ローカル変数**を宣言すると、ローカル変数のほうが優先されます。別のいい方をすると、同じ名前のグローバル変数は、ブロックの内部では見えなくなります。したがって、ブロック内でローカル変数numに値を代入しても、グローバル変数numの値は変化しません。

```
function testFunc() {
    let num = 2;
    console.log("in func → " + num);
}
let num = 1;
{
    let num = 3;
    console.log("in if → " + num);
}
testFunc();
console.log("ext → " + num);
```


ローカル変数numの宣言をコメントにした場合は、ローカル変数numが作成されないため、関数やif文の内部でグローバル変数numが見えるようになります。

```
function testFunc() {
    // let num = 2;
    console.log("in func → " + num);
}
let num = 1;
{
    // let num = 3;
    console.log("in if → " + num);
}
testFunc();
console.log("ext → " + num);
```


if文やwhile文のスコープ

ブロックスコープは、if文やwhile文のブロックでも有効です。

```
if (～) {
    let num;
    ～
}
```

```
while (~) {
    let str;          スコープはブロックの内部
    ~
}
```

for文の制御変数のスコープ

ブロックスコープの例外に、for文があります。for文の場合、forの後ろの( )内で宣言した制御変数はローカル変数となり、for文のブロック内でのみ有効です。もちろん、for文のブロック内で宣言した変数も、ローカル変数となります。

```
for(let i = 1; i < 3; i++){
    let num = 3;      制御変数i、ローカル変数num
    ~                 のスコープ
    ~
}
```

体験の手順９では、グローバル変数iとfor文の制御変数iという、同じ名前の変数がありますが、制御変数iはローカル変数であり、for文を抜けると見えなくなります。

```
let i = 103;                       ── グローバル変数i
for(let i = 1; i < 3; i++){        ── 制御変数i(ローカル変数)
    console.log("i(for) → " +i);
}
console.log("i(global) → " + i);   ── グローバル変数iが表示される
```

まとめ

- スコープとは変数が有効になる範囲
- ブロック内でletやconstで宣言した変数はローカル変数といい、スコープはブロックの内部
- ブロックの外部で宣言した変数はグローバル変数といい、スコープはプログラム全体

3 いろいろな関数定義を知る — 関数式とアロー関数

完成ファイル | [0503] → [sample3e.html]

予習 関数を定義する関数式とアロー関数

5-1ではユーザー定義関数を次のような形式で定義する方法について学びました。

```
function dollToYen(doll, rate) {
    ...
    return yen;
}
```

実は、関数の定義には上記以外にもいくつかの方法が用意されています。ここでは、**関数式**と**アロー関数**と呼ばれる構文で定義する方法について学びます。

関数式

```
let dollToYen1 = function(doll, rate) {
    ...
    return yen;
};
```

アロー関数

```
const dollToYen3 = (doll, rate) => {
    return yen
};
```

これらの構文は、一度しか呼び出されない使い捨ての関数を定義する場合に多用されます。たとえば、Webブラウザーのイベントの処理を行う関数や、なんらかの処理の完了を待って呼び出されるコールバック関数と呼ばれるタイプの関数を定義する場合などです。
この節では、5-1で説明したdollToYen関数を、関数式とアロー関数で定義してみましょう。

体験 関数式とアロー関数で定義する

1 作業用のファイルを用意する

エディターで「0503」フォルダーの「template3.html」を開き、「sample3.html」といった名前で保存します。bodyエレメントにscriptエレメントがあり、内部に5-1で説明したdollToYen関数と同じ動作のdollToYen関数が用意されています。ブロックの中身を簡略化し、引数dollと引数rateの値を掛けて、return文で戻すようにしています。
これと同じ動作をする関数を、関数式とアロー関数で定義していきます。

```
1   <!DOCTYPE html>
2   <html lang="ja">
3   <head>
4       <meta charset="utf-8">
5       <title>変数のスコープ</title>
6   </head>
7
8   <body>
9       <script>
10          function dollToYen(doll, rate) {
11              return doll * yen;
12          }
13      </script>
14  </body>
15  </html>
```

2 関数式を入力する

ドルの値（doll）と為替レート（rate）を引数に、円の値を求める関数式を定義し、変数dollToYen2に代入します❶。適当な値を引数に設定して関数を呼び出して変数yenに代入し❷、console.logメソッドで表示します❸。

```
8   <body>
9       <script>
10          function dollToYen(doll, rate) {
11              return doll * yen;
12          }
13
14          const dollToYen2 = function (doll, rate) {
15              return doll * rate;
16          };
17          let yen = dollToYen2(100, 100);
18          console.log("yen → " + yen);
19      </script>
20  </body>
21  </html>
```

```
const dollToYen2 = function (doll, rate) {
    return doll * rate;
};
let yen = dollToYen2(100, 100);
console.log("yen → " + yen);
```

❶入力する
❷入力する
❸入力する

Tips

ここでは、関数式を代入する変数をconstで定義しています。このように後から値を変更しない変数は、constで定義すると、誤って再代入するなどのミスがなくなります。

3 プログラムを実行する

ファイルを上書き保存し、プログラムを実行します。円の値が表示されることを確認します。

```
No Issues

yen → 10000
>
```

4 アロー関数を入力する

今度は、同じ処理を行う関数をアロー関数として定義し、変数dollToYen3に代入します❶。それを呼び出して❷、円の値を表示します❸。

```
8   <body>
9       <script>
10          function dollToYen(doll, rate) {
11              return doll * yen;
12          }
13
14          const dollToYen2 = function (doll, rate) {
15              return doll * rate;
16          };
17          let yen = dollToYen2(100, 100);
18          console.log("yen → " + yen);
19
20          const dollToYen3 = (doll, rate) => {
21              return doll * rate;
22          };
23          yen = dollToYen3(50, 150);
24          console.log("yen → " + yen);
25      </script>
26  </body>
27  </html>
```

```
const dollToYen3 = (doll, rate) => {
    return doll * rate;
};
yen = dollToYen3(50, 150);
console.log("yen → " + yen);
```

❶入力する
❷入力する
❸入力する

5 プログラムを実行する

ファイルを上書き保存し、プログラムを実行します。円の値が表示されることを確認します。

```
No Issues

yen → 10000
yen → 7500
>
```

COLUMN　Strictモード

JavaScriptには、プログラムのエラーチェックをより厳しく行う、Strictモード（厳格モード）が用意されています。

たとえば、通常のモードの場合は、次のように変数を宣言せずに値を代入してもエラーになりませんが、Strictモードの場合はエラーが発生します。

```
myName = "田中花子"   ← Strictモードではエラーになる
```

プログラムをStrictモードにするには、「"use strict"」と記述します。それ以降のコードは、Strictモードで実行されます。

```
  <script>
     "use strict"    ← Strictモードにするコード
     let myName;     ← この行以降はStrictモード
     ....
     ....
</script>
```

なお、特定の関数のブロック内部をStrictモードにすることもできます。それには、関数ブロックの先頭に「"use strict"」を記述します。

```
myName = "田中花子"   ← 関数の外部は通常モード
....
function news() {
    "use strict"     ← 関数の内部はStrictモード
    now = new Date()
    ...
}
```

Strictモードについて、詳しくは以下のWebサイトを参照してください。
https://developer.mozilla.org/ja/docs/Web/JavaScript/Reference/Strict_mode

理解　関数式とアロー関数の使い方

関数式

関数式で関数を定義し、変数に代入する構文を示します。

▼書式

```
const 変数名 = function (引数1, 引数2, ...){
    関数の処理
    return 戻り値;
}
```

これにより、変数名を使用して関数を呼び出すことができます。

▼書式

```
変数名(引数1, 引数2, ...);
```

5-1で説明した関数とは異なり、関数式では、functionキーワードの後に関数名を指定しません。直接呼び出すか、上記のように変数名に代入して、変数名で呼び出します。関数名のない関数であることから、「**無名関数**」とも呼ばれます。また、関数を数値などのリテラルと同じように変数に代入することから、「**関数リテラル**」とも呼ばれます。
体験では、次のように関数式を定義し、変数dollToYen2に代入して呼び出しています。

```
const dollToYen2 = function (doll, rate) {   ← 関数式を変数に代入
    return doll * rate;
};
let yen =  dollToYen2(100, 100);   ← 関数を変数名で呼び出す
```

アロー関数

アロー関数は、関数式をさらに簡略化したものです。ES6(ES2015)で導入されました。次のようにしてアロー記号「**=>**」を使用して定義します。

▼書式

```
const 変数名 = (引数, ...) => {
    関数の処理
    return 戻り値;
};
```

アロー関数には、いろいろな省略形が用意されています。たとえば、体験では次のようにアロー関数を定義し、変数dollToYen3に代入していました。

```
const dollToYen3 = (doll, rate) => {
    return doll * rate;
};
```

上記のように、実行するブロックの中身がreturn文のみの場合は、ブロックを囲む「{ }」とreturnを省略可能です。したがって、次のように1行で記述できます。

```
const dollToYen3 = (doll, rate) => doll * rate;
```

まとめ

- ▶関数は関数式として定義できる
- ▶関数式は変数に代入することで変数名で呼び出せる
- ▶関数式を簡略化したアロー関数

1 2 3 4 5 6 7 8 9 10 11

第5章 練習問題

◉問題1

次に、与えられた2つの引数の平均を求めるaverage関数を示す。プログラムの穴を埋めて完成させなさい。

```
[  ①  ] average(num1, num2) {
    let result;
    result = (num1 + num2) / 2;
    [  ②  ] [  ③  ];
}
```

ヒント 5-1

◉問題2

次のプログラムが実行されたとき、コンソールに何が表示されるか答えなさい。

```
function test() {
    let num1 = 4;
    num2 = 5;
}
let num1, num2;
num1 = 3;
num2 = 6;
test();
console.log(num1);
console.log(num2);
```

ヒント 5-2

第6章

オブジェクトの生成と操作

オブジェクトを生成して使ってみる — オブジェクトの生成

完成ファイル | [0601] → [sample1e.html]

予習 オブジェクトの生成について

これまで、Webブラウザーのウィンドウを管理するwindowオブジェクトや、HTMLドキュメントを管理するdocumentオブジェクトのメソッドやプロパティを使用してきました。それらのオブジェクトは、Webページが表示された時点でプログラムから利用可能になります。
それに対して、必要に応じて**ユーザーが自分で生成する**タイプのオブジェクトがあります。たとえば、ある時点の日付時刻をデータとして管理する**Dateオブジェクト**がそうです。現在の日時を管理するDateオブジェクトを生成して、変数nowに格納するには、次のようにします。

```
now = new Date();
```

Dateオブジェクトのインスタンスを生成

ここで新たに**new**というキーワードが登場したことに注目してください。newは、オブジェクトを生成するときに使用する特別な**演算子**です。
生成されて利用可能状態になったオブジェクトのことを**インスタンス**といいます。インスタンスが生成されると、Dateオブジェクトに用意されているさまざまなメソッドを使用することができます。ここでは、Dateオブジェクトを例に、オブジェクトを生成して利用する方法について学んでいきましょう。

体験 Dateオブジェクトを生成してみよう

1 現在の日付時刻を管理するDateオブジェクトを生成する

エディターで「0601」フォルダーの「template1.html」を開き、「sample1.html」といった名前で保存しておきます。scriptエレメントに現在の日付時刻をコンソールに表示するステートメントを入力します❶。

```
5       <title>オブジェクトを生成する</title>
6   </head>
7
8   <body>
9       <script>
10          let now;
11          now = new Date();
12          console.log(now.toString());
13      </script>
14  </body>
15  </html>
16
```

```
<script>
    let now;
    now = new Date();
    console.log(now.toString());
</script>
```

❶入力する

Tips

toStringメソッドは、オブジェクトの内容を文字列にして戻すメソッドです。Dateオブジェクトに対して実行した場合には、日付時刻を文字列（英語）にして戻します。

2 プログラムを実行する

ファイルを上書き保存し、プログラムを実行します。現在の日付時刻が英語表記で表示されます。

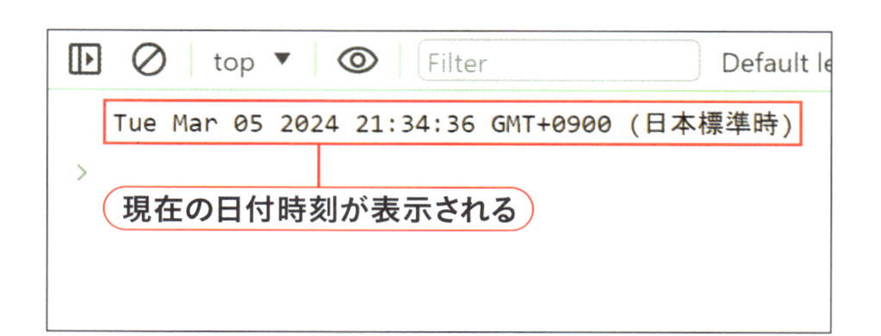

3 指定した日時のDateオブジェクトを作成する

続いて、次のようなステートメントを入力します❶。Dateの引数には、年、月、日、時、分、秒を順にカンマ「,」で区切って指定します。この例では、「2024年4月10日14時1分24秒」を指定しています。

Tips

月の値は1月を0とする数値で指定します。したがって、4月の場合には「3」になります。

```
1  <!DOCTYPE html>
2  <html lang="ja">
3  <head>
4      <meta charset="utf-8">
5      <title>オブジェクトを生成する</title>
6  </head>
7  
8  <body>
9      <script>
10         let now;
11         now = new Date();
12         console.log(now.toString());
13 
14         let aDay;
15         aDay = new Date(2024, 3, 10, 14, 1, 24);
16         console.log(aDay.toString())
17     </script>
18 </body>
19 </html>
```

```
<script>
    let now;
    now = new Date();
    console.log(now.toString());

    let aDay;
    aDay = new Date(2024, 3, 10, 14, 1, 24);
    console.log(aDay.toString())
</script>
```

❶入力する

4 プログラムを実行する

ファイルを上書き保存し、プログラムを実行します。現在の日時の後に、指定した日時の日付時刻が表示されます。

現在の日付時刻

```
Tue Mar 05 2024 22:08:44 GMT+0900 (日本標準時)
Wed Apr 10 2024 14:01:24 GMT+0900 (日本標準時)
```

2024年4月10日14時1分24秒

理解 オブジェクトの生成について

new演算子とコンストラクター

利用可能なオブジェクトである**インスタンス**を生成するには、**new演算子**のほかに、**コンストラクター**と呼ばれる特別な関数を使用します。インスタンスを生成して、変数に格納する書式は次のようになります。

▼書式

```
変数 = new コンストラクター(引数1, 引数2, ....)
```

通常、**コンストラクターの名前は、オブジェクト名と同じ**です。たとえば、Dateオブジェクトのコンストラクターは**Date**です。引数なしでDateコンストラクターを呼び出した場合は、その時点の日付時刻のデータを持ったDateオブジェクトのインスタンスが生成されます。

```
now = new Date();
```

現在の日付時刻を持つインスタンスを生成

いったんインスタンスを生成すると、オブジェクトに用意されているさまざまなメソッドが利用できるようになります。

toStringメソッド

<体験>の手順1のように、Dateオブジェクトの**toString**というメソッドを実行することで、日付時刻を1つの文字列にすることができます。なお、toStringメソッドの戻り値の形式はWebブラウザーに依存します。Windows版Google Chromeの場合は、次のようになります。

```
now.toString()
↓
"Mon Apr 10 2024 14:01:24 GMT+0900 (日本標準時)"
```

"Mon	Apr	10	2024	14:01:24	GMT+0900	(日本標準時)"
曜日	月	日	年	時:分:秒	GMTからの差	日本時間

「GMT」はグリニッジ標準時（Greenwich Mean Time）を表します。日本時間（JST）はそれより９時間進んでいるため、「GMT+0900」と表示されます。

年、月、日、時、分、秒を指定してDateオブジェクトを生成する

＜体験＞の手順３で記述したDateオブジェクトのコンストラクターを見てみましょう。引数に年、月、日、時、分、秒の順に値を渡すことで、その日時の日付時刻データを格納するインスタンスを生成することが可能です。時間は24時間制で指定し、月は１月を「0」、２月を「1」、....12月を「11」とする数値で指定する点に注意してください。

```
aDay = new Date(2024, 3, 10, 14, 1, 24);
```

2024年　4月　10日　14時　1分　24秒

なお、時、分、秒を省略した場合には午前０時０分０秒とみなされます。

```
aDay = new Date(2017, 1, 11);
```

2024年2月11日午前0時

COLUMN toStringメソッドは省略できる

Dateオブジェクトのインスタンスを、そのままconsole.logメソッドなどの引数にすると、自動的にtoStringメソッドが実行されます。そのため、引数として使うときはtoStringメソッドを省略して書くことができます。

```
console.log(aDay.toString());
```

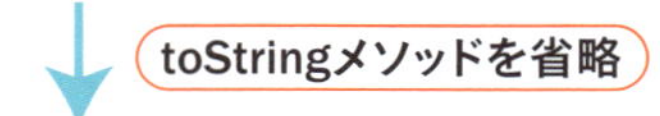


```
console.log(aDay);
```

文字列形式の日付の指定

Date オブジェクトのコンストラクターでは、日付時刻を表す文字列を指定することができます。利用可能な日付時刻のフォーマットはいくつかありますが、Webブラウザーや実行環境によって対応しているフォーマットが異なる場合があります。
「月 日, 西暦年 時:分:秒」の形式は、代表的なWebブラウザーで使用できます。

```
myBirthday = new Date("July 3, 1959 10:10:10")
```

7月 ／ 3日 ／ 1959年 ／ 10時10分10秒

「時:分:秒」を省略して記述した場合は、午前0時0分0秒とみなされます。

```
party = new Date("Dec 25, 2024")
```

2024年12月25日0時0分0秒

また、「年-月-日T時:分:秒」の形式も利用可能です。

```
theDay = new Date("2000-01-31T13:59:09");
```

2000年 ／ 1月 ／ 31日 ／ 13時59分9秒

- ▶オブジェクトは、new演算子とコンストラクターで生成する
- ▶生成されて利用可能状態になったオブジェクトを、インスタンスと呼ぶ
- ▶Dateオブジェクトの生成には、Dateコンストラクターを使用する

日付や時刻を操作する ― Dateオブジェクト

完成ファイル | [0602] → [sample2e.html]

予習 Dateオブジェクトのメソッド

前節では、**new演算子**と**Dateコンストラクター**を使用して、利用可能なオブジェクトである**インスタンス**を生成する方法について学びました。
いったんインスタンスを生成すると、オブジェクトに用意されているメソッドやプロパティが利用可能になります。Dateオブジェクトの個々のインスタンスは、内部に年、月、日、時、分、秒といった日付時刻に関するデータを持っています。また、それらのデータを処理するために、さまざまな日付時刻に関するメソッドが用意されています。たとえば**getFullYearメソッド**を使用することで、年を西暦4桁の数値で戻すことができます。

new Date();

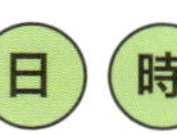

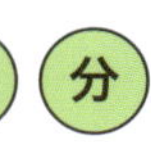

時 分 秒

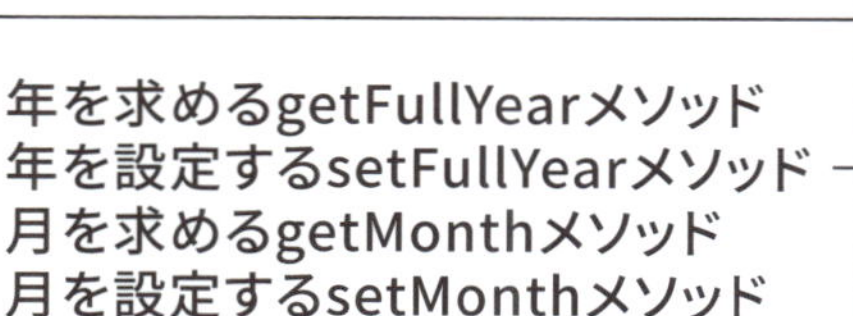

この節では、Dateオブジェクトのメソッドを使って、日付を「xxxx年x月x日」の形式で表示する方法と、今年の残り日数を計算する方法を説明しましょう。

体験 Dateオブジェクトのメソッドを使う

1 今日の日付を「xxxx年x月x日」の形式で表示する

エディターで「0602」フォルダーの「template2.html」を開き「sample2.html」といった名前で保存しておき、scriptエレメントにステートメントを入力していきます。変数nowとdateを宣言し❶、現在の日付時刻を表すインスタンスを生成して変数nowに格納します❷。Dateオブジェクトの年、月、日を戻すメソッドを呼び出して「+」演算子で接続し、変数dateに格納してh1エレメントとして表示します❸。

```
1  <!DOCTYPE html>
2  <html lang="ja">
3  <head>
4      <meta charset="utf-8">
5      <title>Dateオブジェクトのメソッドを使う</title>
6  </head>
7
8  <body>
9      <script>
10         let now, date;
11         now = new Date();
12         date = now.getFullYear() + "年" +
13             (now.getMonth() + 1) + "月" +
14             now.getDate() + "日";
15         console.log(date);
16     </script>
17 </body>
18 </html>
```

```
<script>
    let now, date;
    now = new Date();
    date = now.getFullYear() + "年" +
        (now.getMonth() + 1) + "月" +
        now.getDate() + "日";
    console.log(date);
</script>
```

❶入力する
❷入力する
❸入力する

Tips
1つのステートメントが長くなる場合は、演算子の前後などに改行やインデントを入れるとわかりやすくなります。

2 プログラムを実行する

ファイルを上書き保存し、プログラムを実行します。今日の日付が「xxxx年x月x日」の形式で表示されます。

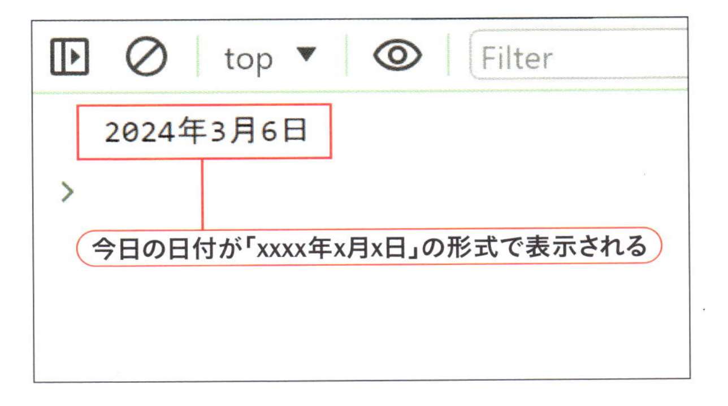
top
Filter
2024年3月6日
今日の日付が「xxxx年x月x日」の形式で表示される

3 今年の残り日数を計算する

続いて、Dateオブジェクトに用意されているメソッドの使用例として、今年の残り日数を計算して表示しましょう。次のようなステートメントを入力します❶。

```
2   <html lang="ja">
8   <body>
9     <script>
10        let now, date;
11        now = new Date();
12        date = now.getFullYear() + "年" +
13            (now.getMonth() + 1) + "月" +
14            now.getDate() + "日";
15        console.log(date);
16
17        let gantan, days, diff;
18        gantan = new Date(now.getFullYear() + 1, 0, 1);
19        diff = gantan.getTime() - now.getTime();
20        days = Math.ceil(diff / (24 * 60 * 60 * 1000));
21        console.log("ことしの残り日数：" + days + "日");
22    </script>
23  </body>
24  </html>
```

```
<script>
    let now, date;
    now = new Date();
    date = now.getFullYear() + "年" +
        (now.getMonth() + 1) + "月" +
        now.getDate() + "日";
    console.log(date);

    let gantan, days, diff;
    gantan = new Date(now.getFullYear() + 1, 0, 1);
    diff = gantan.getTime() - now.getTime();
    days = Math.ceil(diff / (24 * 60 * 60 * 1000));
    console.log("ことしの残り日数：" + days + "日");
</script>
```

❶入力する

4 プログラムを実行する

ファイルを上書き保存し、プログラムを実行します。今年の残り日数が表示されます。

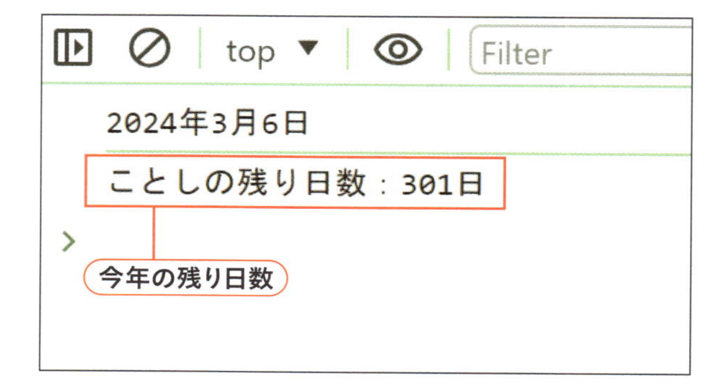

理解 Dateオブジェクトの主なメソッド

日付や時刻の取得メソッド

Dateオブジェクトには、日付時刻を操作するさまざまなメソッドが用意されています。次の表に、日時を取得するための主なメソッドをまとめておきます。

メソッド	説明
getFullYear	年を4桁の数値で戻します
getMonth	月を戻します。戻り値は「0」が1月、「1」が2月、「2」が3月、.....、「11」が12月になります
getDay	曜日を表す数値を戻します。「0」が日曜日、「1」が月曜日、「2」が火曜日、.....、「6」が土曜日を表します
getDate	日を戻します
getHours	時間を戻します。時間は24時間形式で表されるので、戻り値の範囲は0から23になります
getMinutes	分を戻します
getSeconds	秒を戻します

このうち、月を戻す**getMonthメソッド**の戻り値は間違えやすいので注意してください。月数より1少ない値になりますので、＜体験＞の手順1では、次のようにして「xxxx年x月x日」形式の文字列を生成しています。

```
let date = now.getFullYear() + "年"
    + (now.getMonth() + 1) + "月"
    + now.getDate() + "日";
```

戻り値に1を足す

このように、実際の月の値はgetMonthメソッドの戻り値に1を足す必要があるわけです。

getTimeメソッドで日数の差を求める

日付や時刻の計算に便利なメソッドが、「1970年1月1日0時0分0秒からの経過時間」をミリ秒単位（1/1000秒単位）で戻す、**getTimeメソッド**です。
たとえば、day1とday2という2つの異なる日時が入れられたDateオブジェクトがあったとしましょう。この場合、2つの日時の差をミリ秒単位で求めるには、次のようにします。

```
diff = day2.getTime() - day1.getTime();
```

これを日数の差にするには、どうすればよいでしょう。単位はミリ秒ですので、秒に換算するには1000で割ります。分に換算するにはそれをさらに60で、時間に換算するにはさらに60で、日数に換算するにはさらに24で割ります。つまり、値を「**24 x 60 x 60 x 1000**」で割れば、日数の差が求まるというわけです。

ただし、日数として使用するには小数点以下の桁がじゃまです。
小数点以下を切り上げるには、**Mathオブジェクト**の**ceilメソッド**を使用します。Mathオブジェクトは、数値計算用のメソッドが多数用意されているオブジェクトです。メソッドはちょっと特殊で、インスタンスを生成しなくても使用できます。くわしくは次節で説明しますので、ここではMath.ceilメソッドの引数に数値を渡すと、小数点以下が切り上げられて戻されるとだけ覚えてください。

今年の残り日数を計算する

<体験>の手順3では、getTimeメソッドを使用して今年の残り日数を求めていました。主要部分のプログラムを見てみましょう。

```
gantan = new Date(now.getFullYear() + 1, 0, 1);  ❶
diff = gantan.getTime() - now.getTime();  ❷
days = Math.ceil(diff / (24 * 60 * 60 * 1000));  ❸
console.log("ことしの残り日数：" + days + "日");
```

❶では、来年の元旦（1月1日）の午前0時を表すDateオブジェクトを生成しています。Dateコンストラクターの最初の引数である年には、今日の日付を管理する変数nowに、getFullYearメソッドを実行して今年の年を求め、その値に1を足して来年を設定しています。月は「0」を指定する点に注意してください。
❷で、来年の1月1日と現在時刻の時間差をミリ秒単位で求めています。❸で、それを「24 × 60 × 60 × 1000」で割り、Math.ceilメソッドで小数点以下を切り上げて日数に変換しています。

COLUMN 日付時刻の設定メソッド

<体験>では、Dateオブジェクトに用意されている日付時刻を取得するメソッドを使用しました。一方、Dateオブジェクトには「日付時刻を設定する」メソッドも用意されています。データを取得するメソッドは名前が「get」ではじまりますが、設定するメソッドは名前が「set」ではじまります。たとえば、月の値を取得するメソッドは「getMonth」でしたが、設定するメソッドは「setMonth」です。
また、年の値を取得するメソッドは「getFullYear」でしたが、年を設定するメソッドは「setFullYear」です。
これを使用して、変数aDayに格納されているDateオブジェクトのインスタンスの日時を1年後に設定するには、次のようにします。

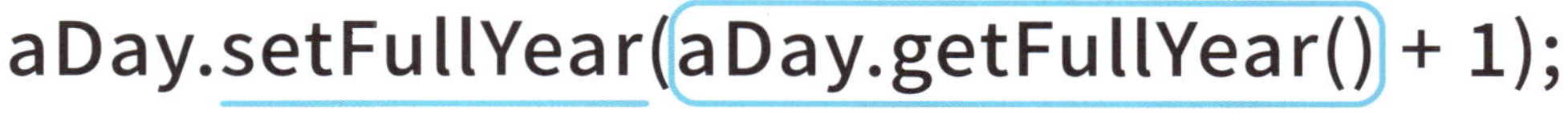

```
aDay.setFullYear(aDay.getFullYear() + 1);
```

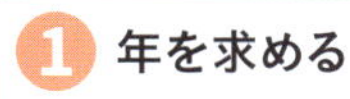

まとめ

- ▶Dateオブジェクトには、日付時刻を操作するさまざまなメソッドが用意されている
- ▶時間差を計算するには、getTimeメソッドを使う
- ▶小数点以下を切り上げる、Math.ceilメソッド

数学計算用のメソッドを使う ― Mathオブジェクト

完成ファイル | [0603] → [sample3e.html]

予習 Mathオブジェクトについて

前節では、小数点以下の値を切り上げるのに**Mathオブジェクト**の**ceil**メソッドを使用しました。Mathオブジェクトの Math とは、「数学」（mathematics）の意味ですが、その名が示すように数値演算に便利なメソッドやプロパティが多く用意されているオブジェクトです。

Dateオブジェクトと異なり、Mathオブジェクトのメソッドを使用する際に、前もってインスタンスを生成する必要はありません。次のような形式で呼び出すことができます。

```
Math.メソッド名(引数1, 引数2, ....)
```

インスタンスを作らずに実行可能

たとえば、与えられた引数の中から最大値を戻すメソッドに**max**があります。maxメソッドを使用して、5、4、9、10の中の最大値を求め、変数numに格納するには次のようにします。

```
let num = Math.max(5, 4, 9, 10);
```

numの値は10になる

Mathオブジェクトには、乱数を生成する**random**というメソッドも用意されています。この節では、randomメソッドの使用例として、おみくじプログラムを作成してみましょう。

体験 おみくじプログラムを作ろう

1 maxメソッドとminメソッドを使う

エディターで「0603」フォルダーの「template3.html」を開き「sample3.html」といった名前で保存し、scriptエレメントにステートメントを入力します。変数num1、num2、num3を宣言して適当な値を代入し❶、maxメソッド❷、minメソッド❸を実行して最大値、最小値を表示します。

```
1  <!DOCTYPE html>
2  <html lang="ja">
3  <head>
4      <meta charset="utf-8">
5      <title>Mathオブジェクトのメソッドを使う</title>
6  </head>
7
8  <body>
9      <script>
10         const num1 = 10;
11         const num2 = 15;
12         const num3 = 16;
13         console.log("max: " + Math.max(num1, num2, num3));
14         console.log("min: " + Math.min(num1, num2, num3));
15     </script>
16 </body>
17 </html>
```

```
<script>
    const num1 = 10;
    const num2 = 15;
    const num3 = 16;
    console.log("max: " + Math.max(num1, num2, num3));
    console.log("min: " + Math.min(num1, num2, num3));
</script>
```

❶入力する
❷入力する
❸入力する

2 プログラムを実行する

ファイルを上書き保存し、プログラムを実行します。変数num1、num2、num3に入れた値の最大値と、最小値が表示されます。

3 randomメソッドを使用しておみくじを表示する

次に、乱数を発生させるrandomメソッドを使用しておみくじを表示します。まず、手順1のステートメントを「/*」と「*/」で囲ってコメントにします❶。次に、Math.randomメソッドの戻り値を変数randomに格納し❷、変数randomの値をif文で切り分けて「大吉」「吉」「凶」のどれかをダイアログボックスに表示します❸。

```
6   </head>
7
8   <body>
9       <script>
10          /*
11          const num1 = 10;
12          const num2 = 15;
13          const num3 = 16;
14          console.log("max: " + Math.max(num1, num2, num3));
15          console.log("min: " + Math.min(num1, num2, num3));
16          */
17
18          const random = Math.random();
19          if (random < 0.33) {
20              alert( "大吉");
21          } else if (random < 0.66) {
22              alert( "吉");
23          } else {
24              alert( "凶");
25          }
26      </script>
27  </body>
28  </html>
```

```
<script>
    /*
    const num1 = 10;
    const num2 = 15;
    const num3 = 16;
    console.log("max: " + Math.max(num1, num2, num3));
    console.log("min: " + Math.min(num1, num2, num3));
    */

    const random = Math.random();
    if (random < 0.33) {
        alert( "大吉");
    } else if (random < 0.66) {
        alert( "吉");
    } else {
        alert( "凶");
    }
</script>
```

❶修正する

❷入力する

❸入力する

4 プログラムを実行する

ファイルを上書き保存し、プログラムを実行します。実行する度にダイアログボックスに「大吉」「吉」「凶」がランダムに表示されることを確認してください。

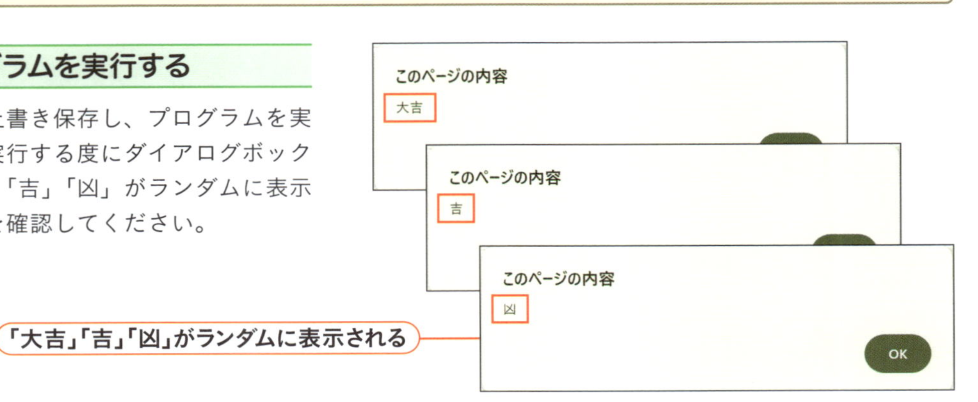

理解 Mathオブジェクトのメソッドとプロパティ

インスタンスメソッドとスタティックメソッドについて

Dateオブジェクトなどの通常のオブジェクトのメソッドは、インスタンスを生成しないと使用できません。メソッドの結果が、それぞれのインスタンスに依存するからです。たとえば、getMonthメソッドはインスタンスに格納されている月の値を戻すので、インスタンスごとに値が異なります。そのようなインスタンスに依存するメソッドのことを、**インスタンスメソッド**と呼びます。
それに対して、**max**や**min**などの**Math**オブジェクトのメソッドは、インスタンスに依存せず、関数のように使用できます。そのようなメソッドのことを**スタティックメソッド**と呼びます。スタティックメソッドは「オブジェクト名.メソッド名(引数)」の形式で呼び出します。

インスタンスメソッド

```
now = new Date();              ← まずインスタンスを生成
month = now.getMonth();        ← インスタンスのメソッドを呼び出す
```

スタティックメソッド

```
num = Math.ceil(4.5);          ← インスタンスを生成しないで呼び出す
```

randomメソッドについて

Mathオブジェクトの**randomメソッド**は、**乱数**を戻すメソッドです。乱数とは、無作為に選ばれる数のことで、英語ではrandom number(ランダム数）と書きます。randomメソッドは、実行の度に**0以上1未満**の間の無作為（ランダム）な数を戻します。なお、randomメソッドは引数を取りません。

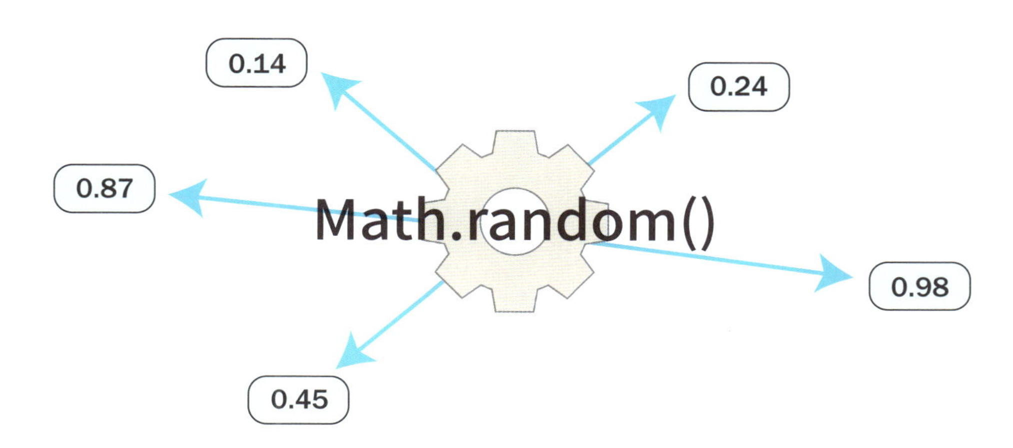

<体験>では、次のようにして乱数の値をif文で切り分けて、おみくじを表示しています。この例では、値を0.33未満、0.66未満、それ以外と、均等に3分割しています。この基準値を変更することで、「大吉」「吉」「凶」が出る確率を調整することができます。

```
const random = Math.random();   // 乱数を作成
if (random < 0.33) {
    alert( "大吉");              // 0.33未満なら「大吉」
} else if (random < 0.66) {
    alert( "吉");                // 0.33~0.66なら「吉」
} else {
    alert( "凶");                // 0.66以上なら「凶」
}
```

Mathオブジェクトのメソッド

次の表に、Mathオブジェクトに用意されている基本的なメソッドをまとめておきます。

Mathオブジェクトの主なメソッド

メソッド	説明
abs	絶対値を戻す
exp	eの引数乗の値を戻す
ceil	小数点以下を切り上げる
floor	小数点以下を切り捨てる
log	引数の自然対数を戻す
max	引数の最大値を戻す
min	引数の最小値を戻す
pow	第1引数の第2引数乗の値を戻す
round	引数の小数部分以下第1位を四捨五入した値を戻す
random	0から1の間の乱数を戻す
sin	サイン（正弦）を戻す
cos	コサイン（余弦）戻す
tan	タンジェント（正接）を戻す

Mathオブジェクトのプロパティ

Mathオブジェクトには、技術計算の定数として使用されるプロパティも用意されています。たとえばPIは、円周率を表す読み出し専用のプロパティです。これを利用して、半径が5の円の面積を求めるには、次のようにします。

```
const menseki = Math.PI * 5 * 5;
```

円周率×半径×半径

COLUMN 指定した範囲の乱数を発生させるには

randomメソッドは、0以上1未満の乱数を発生させますが、指定した範囲の整数の乱数が欲しい場合もあります。その場合は、randomメソッドを、小数点以下を切り捨てるMath.floorメソッドと組み合わせて使います。たとえば、0から9の間のランダムな整数を変数numに代入するには、randomメソッドの値に10を掛けて、floorメソッドで整数に変換します。

```
const num = Math.floor(Math.random() * 10);
```

Math.random() * 10：10を掛けて0〜10の間の値にする

Math.floor(…)：小数点以下を切り捨てて0以上9以下の整数にする

まとめ

- Mathオブジェクトのメソッドは、インスタンスを生成しないで使用する
- 最大値を求めるmaxメソッド、最小値を求めるminメソッド
- 0以上1未満の乱数を生成する、randomメソッド

文字列をオブジェクトとして使う ― Stringオブジェクト

完成ファイル | [0604] → [sample4e.html]

予習 Stringオブジェクトについて

JavaScriptでは、文字列を**Stringオブジェクト**という特別なオブジェクトとして取り扱うことが可能です。そうすることで、Stringオブジェクトに用意されているプロパティやメソッドを利用できるようになります。
これまで、文字列を使用する場合に、ダブルクォート「"」、もしくはシングルクォート「'」で囲って、文字列リテラルとして記述していました。

```
let str1 = "JavaScript入門";
```

文字列リテラル

これを、次のようにnew演算子と**Stringコンストラクター**を使って記述することで、文字列リテラルからStringオブジェクトのインスタンスを生成することができます。

```
let str1 = new String("JavaScript入門");
```

new演算子　Stringコンストラクター

JavaScriptでは、文字列とStringオブジェクトは厳密には異なるデータです。ただし、利便性を考慮して、これまでのようにリテラルとして記述した文字列に対しても、Stringオブジェクトに用意されているプロパティやメソッドが利用できるようになっています。文字列に対してプロパティやメソッドを適用するときに、自動的にStringオブジェクトに変換されるといったイメージでとらえるといいでしょう。

Stringオブジェクトのプロパティは、文字列の長さを表す**length**と、オブジェクトの継承に使用される特別なプロパティであるprototypeのみですが、文字列操作に便利な多数のメソッドが用意されています。

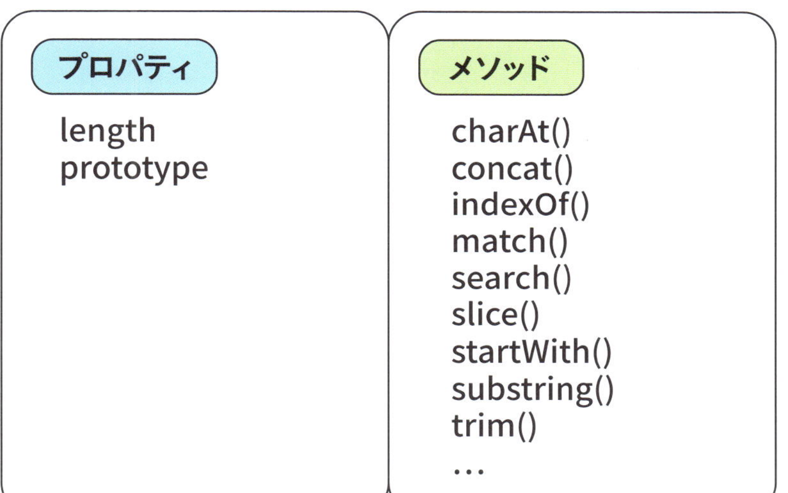

この節では、Stringオブジェクトのプロパティとメソッドの使い方の例として、まず、文字列の長さをlengthプロパティで調べる方法を説明します。続いて、指定した位置の文字を取り出す**charAt**メソッドを使用して、文字列を縦書きで表示する方法について説明します。

体験 Stringオブジェクトを使ってみよう

1 Stringオブジェクトとして文字列を生成する

エディターで「0604」フォルダーの「template4.html」を開き「sample4.html」といった名前で保存しておきます。scriptエレメントにステートメントを入力していきます。Stringコンストラクターを使用してStringオブジェクトを生成して変数str1に格納します❶、str1の中身を表示し❷、lengthプロパティを使用して文字列の長さを表示します❸。

```
1  <!DOCTYPE html>
2  <html lang="ja">
3  <head>
4      <meta charset="utf-8">
5      <title>Stringオブジェクトの生成</title>
6  </head>
7
8  <body>
9      <script>
10         const str1 = new String("Stringオブジェクト");
11         console.log("str1: " + str1);
12         console.log("長さ: " + str1.length);
13     </script>
14 </body>
15 </html>
```

```
<script>
    const str1 = new String("Stringオブジェクト");
    console.log("str1: " + str1);
    console.log("長さ: " + str1.length);
</script>
```

❶入力する
❷入力する
❸入力する

Tips

❶でStringオブジェクトを生成していますが、次のように記述しても同じようにプロパティやメソッドが利用できます。

```
const str1 = new String("Stringオブジェクト");
```

```
const str1 = "Stringオブジェクト"
```

2 プログラムを実行する

ファイルを上書き保存し、プログラムを実行します。変数str1に格納した文字列の内容とその長さが表示されることを確認します。

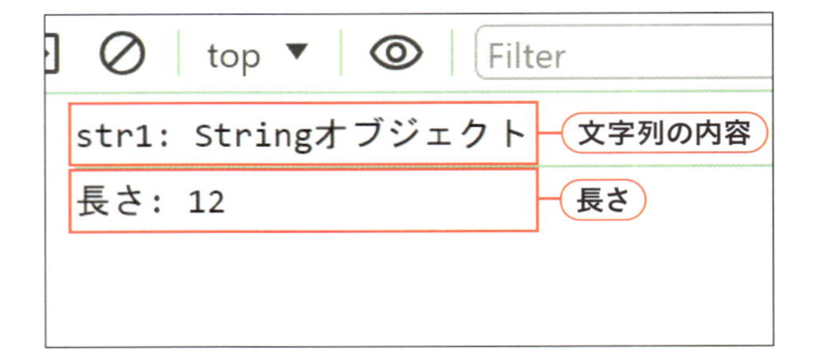

3 文字列を1文字ずつ取り出す

新たなStringオブジェクトのインスタンスを生成し、変数str2に代入します❶。文字列を1文字ずつ取り出すcharAtメソッドとfor文を組み合わせて、変数str2内の文字を1文字ずつ表示します❷。

```
2   <html lang="ja">
3   <head>
4       <meta charset="utf-8">
5       <title>Stringオブジェクトの生成</title>
6   </head>
7
8   <body>
9       <script>
10          const str1 = new String("Stringオブジェクト");
11          console.log("str1: " + str1);
12          console.log("長さ: " + str1.length);
13
14          const str2 = new String("文字列操作");
15          for (let i = 0; i <= (str2.length - 1); i++) {
16              console.log( str2.charAt(i));
17          }
18      </script>
19  </body>
20  </html>
```

```
<script>
    const str1 = new String("Stringオブジェクト");
    console.log("str1: " + str1);
    console.log("長さ: " + str1.length);

    const str2 = new String("文字列操作");
    for (let i = 0; i <= (str2.length - 1); i++) {
        console.log( str2.charAt(i));
    }
</script>
```

❶ 入力する

❷ 入力する

4 プログラムを実行する

ファイルを上書き保存し、プログラムを実行します。変数str2内の文字列が1文字ずつ縦に表示されることを確認してください。

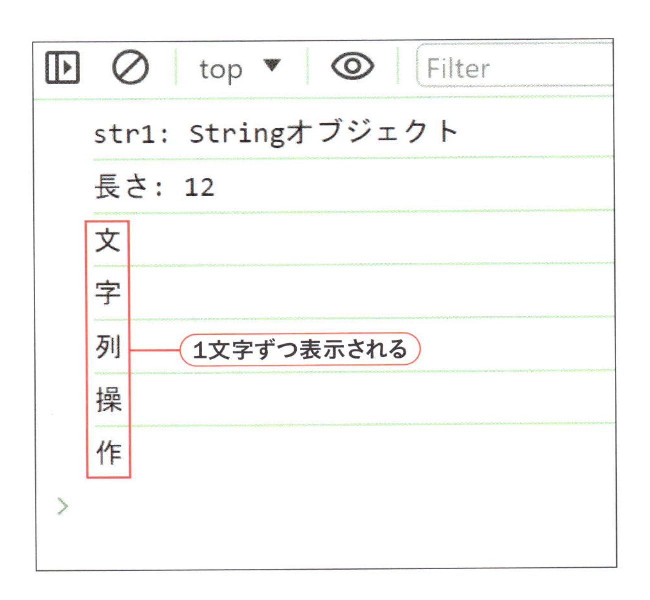

理解 lengthプロパティとcharAtメソッド

文字列の長さはlengthプロパティで

文字列の長さは、lengthプロパティで管理されています。<体験>の手順2では、次のようにして、変数str1に格納された文字列の長さを表示しています。

```
console.log("長さ: " + str1.length);
```

lengthプロパティ

指定した位置の文字を戻すcharAtメソッド

charAtメソッドは、引数で指定した位置の1文字を戻します。このとき、先頭の文字の位置を「0」として数えます。したがって、最後の文字は「lengthプロパティの値 - 1」となります。

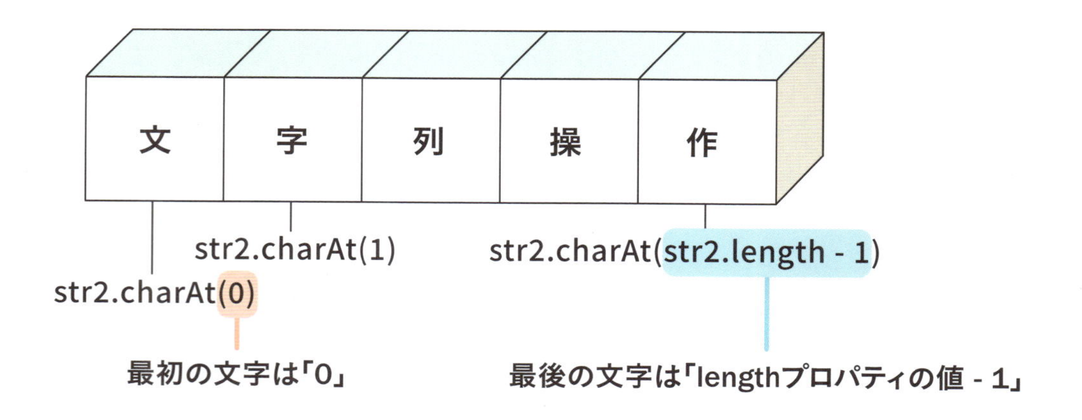

<体験>の手順3では、for文の制御変数iを0から「str2.length -1」まで変化させて、charAtメソッドの引数に変数iを指定することにより、1文字ずつ抜き出して表示しています。

```
const str2 = new String("文字列操作");
for (let i = 0; i <= (str2.length - 1); i++) {
    console.log( str2.charAt(i));
}
```

0から「length - 1」まで繰り返す

変数iの位置の文字を取り出す

文字列操作のメソッド

次の表に、Stringオブジェクトに用意されている主な文字列操作用メソッドをまとめておきます。

Stringオブジェクトの文字列操作メソッド

メソッド名	説明
charAt	指定した位置の文字を取り出す
charCodeAt	指定した位置の文字の文字コードを戻す
indexOf	文字列の位置を調べる
split	文字列を配列に変換する
substring	指定した範囲の文字列の途中を取り出す
toLowerCase	半角英字を小文字に変換する
toUpperCase	半角英字を大文字に変換する

COLUMN 文字列リテラルに対してメソッドを実行する

文字列のリテラルに対して、直接メソッドを実行したり、プロパティにアクセスしたりできます。

例1：文字列リテラルの3文字目を取り出す

```
let char1 = "JavaScript入門".charAt(2);
```

例2：文字列リテラルの長さを求める

```
let len = "JavaScript入門".length;
```

- ▶Stringオブジェクトは、Stringコンストラクターで生成する
- ▶文字列の長さを求める、lengthプロパティ
- ▶指定した位置の文字を取り出す、charAtメソッド

COLUMN ラッパーオブジェクト

JavaScriptに用意されるデータ型の分類について説明します。

JavaScriptで扱うさまざまなデータには、データの種類を示す「**型**」（Type）があります。JavaScriptのデータ型は、「**プリミティブ型**」と「**オブジェクト型**」に大別されます。

プリミティブ型

数値型
文字列型
真偽値型
…

オブジェクト型

Array
Data
Document
…

プリミティブ型は、数値型なら数値、文字列型なら文字列といった「値そのもの」を管理するデータ型です。それに対して、オブジェクト型は、プロパティ／メソッドを持つことができます。Dateオブジェクトや配列はオブジェクト型です。

変数にプリミティブ型の値を代入した場合は、値そのものが代入されます。それに対してオブジェクト型の値を代入した場合は、データの場所を指し示す「参照」と呼ばれる値が代入されます。

それでは、文字列や数値といったプリミティブ型の値に対して、プロパティを取得したりメソッドを実行したりできないのでしょうか？ …実はできるのです。たとえば、文字列の長さはlengthプロパティで取得できます。また、toUpperCase()メソッドを実行すると文字列を大文字に変換できます。

lengthプロパティを取得（「長さ: 12」が表示される）

```
let str = "JavaScript入門";
console.log("長さ: " + str.length);
console.log(str.toUpperCase());
```

toUpperCase()メソッドを実行（「JAVASCRITP入門」が表示される）

同様に、数値に関してもメソッドを実行できます。たとえばtoExponential()メソッドは、引数で小数点以下の桁数を指定して、数値を指数表記にした文字列を戻します。

```
let num = 31.9959;
console.log(num.toExponential(2));
```

「3.20e+1」が表示される

JavaScriptでは、プリミティブ型に対してプロパティ／メソッドを使用すると、自動的に対応するオブジェクトのインスタンスに変換した上で、プロパティ／メソッドが適用されるのです。たとえば、次のように、文字列にメソッドを実行した場合は、文字列がStringオブジェクトのインスタンスに変換されてからメソッドが実行されます。

```
let str = "JavaScript入門";
console.log(str.toUpperCase());
```

プリミティブ型の値を変数に代入

値をStringオブジェクトのインスタンスに変換してからメソッドを実行

このとき、Stringのようなオブジェクトを「**ラッパーオブジェクト**」と呼びます。ラッパーとは「包むもの」といった意味ですが、その名のとおり、プリミティブ型の値を包み込んでインスタンスとして扱うためのオブジェクトです。
次の表に、基本的なプリミティブ型とオブジェクト型の対応を示します。

ラッパーオブジェクトの例

プリミティブ型	オブジェクト型
文字列型	Stringオブジェクト
数値型	Numberオブジェクト
真偽値型	Booleanオブジェクト

第6章 練習問題

●問題1

次の文書の穴を埋めよ。

オブジェクトは、[①]演算子と[②]を使って生成する。生成されて利用可能状態になったオブジェクトのことを[③]と呼ぶ。
インスタンスに依存するメソッドを[④]、インスタンスを生成しなくても呼び出せるメソッドを[⑤]と呼ぶ。

●問題2

次のプログラムは、今日が今年の何日目かを表示するものである。プログラムの穴を埋めて完成させなさい。

```
let now, gantan, days, diff;
now = new [ ① ];
gantan = new Date(now.getFullYear(), [ ② ], 1);
diff = now.getTime() - gantan.getTime();
days = Math.ceil(diff / ([ ③ ]));
console.log("今年の経過日数：" + days + "日");
```

ヒント このプログラムは、156ページの<体験>で作成した、今年の残り日数を求めるプログラム(「0602」→「sample2e.html」)を改良し、今年の元旦から今日までの日数差を求めるようにしています。

●問題3

次のプログラムは、変数strに格納された文字列を逆順に表示するものである。プログラムの穴を埋めて完成させなさい。

```
let str = [ ① ] String("JavaScript入門");
for (let i =(str.length - 1); i >= [ ② ]; [ ③ ]){
    console.log(str.charAt(i));
}
```

ヒント このプログラムは、168ページの<体験>で作成したプログラム(「0604」→「sample4e.html」)を改良したものです。文字を逆順に表示するには、for文の制御変数iを最後の文字から最初の文字の位置まで変換させます。

配列による複数の値の管理

複数の値を配列にまとめる — 配列の基本

完成ファイル | [0701] → [sample1e.html]

予習 配列について

配列とは、添字（そえじ）と呼ばれる番号を用いて、1つの変数名で複数のデータをまとめて管理できるようにしたものです。
たとえば、100人分の名前を管理したいとき、通常の変数を使用する場合、個別に100個の変数を用意する必要があります。それに対して、配列を使えば、namesのような1つの変数名だけで、100個のデータをまとめて管理できます。

```
let yamadataro = "山田太郎";
let tanakahana = "田中ハナ";
…

let ootakatu = "太田勝";
```

変数では100個の変数が必要

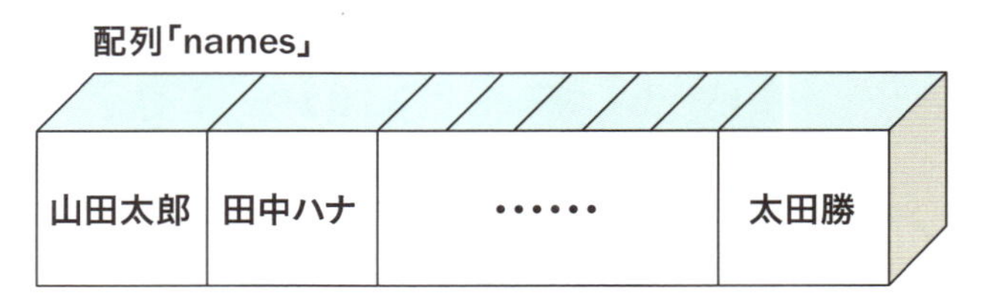

配列では100個を1つの配列で管理

配列名と添字

配列に格納された個々の値のことを要素といいます。それぞれの要素には、次のような形式でアクセスします。

▼書式

```
配列名[添字]
```

このように、配列名の後に添字を角括弧「[ ]」で囲って記述します。このとき、添字は「0」からはじまる正数値です。つまり、最初の要素の添字は必ず0になるわけです。また、全部で100個の要素がある場合、最後の要素の添字は99になります。

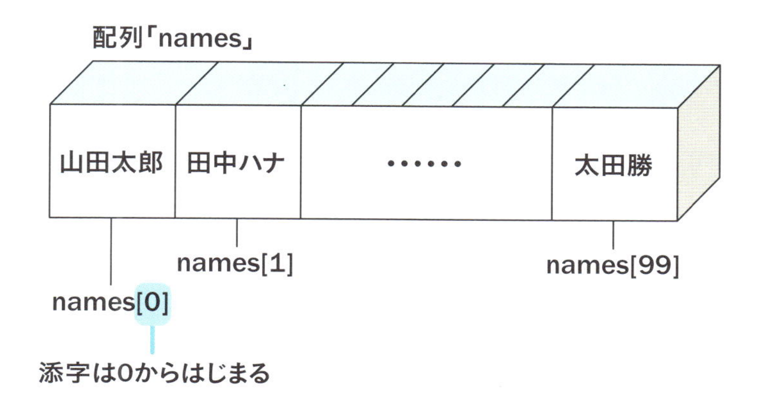

配列はArrayオブジェクト

JavaScriptでは、配列をArrayオブジェクトというオブジェクトとして扱います。したがって、配列を生成するには、new演算子とArrayコンストラクターを使います。Arrayコンストラクターの引数には、要素数を渡します。

```
const names = new Array(100);
```

Arrayコンストラクター　要素数

配列を使うと処理が簡単

ひとまとまりのデータを配列として管理する大きなメリットの1つが、for文などのループと組み合わせて、すべてのデータを一括処理できるという点です。たとえば、前述のように100個の名前を100個の変数に個別に格納していた場合、それを全部コンソールに書き出すには、console.logメソッドが100行必要です。
それに対して、配列とfor文を組み合わせて使うと、わずか数行程度で記述できます。
さらに、Arrayオブジェクトに用意されているメソッドを利用すると、配列内の要素の並び替えなどを瞬時に行うことが可能です。

体験 配列を使ってみよう

1 配列を生成する

エディターで「0701」フォルダーの「template1.html」を開いて「sample1.html」といった名前で保存し、scriptエレメントにステートメントを入力します。まず、Arrayコンストラクターで要素数が4の配列を生成し、変数namesに代入します❶。続いて、各要素に適当な名前を代入します❷。

Tips

配列の添字は「0」からはじまる点に注意してください。要素数が4の配列では、最初の要素の添字は「0」、最後の要素の添字は「3」になります。

```
6   </head>
7
8   <body>
9       <script>
10          const names = new Array(4);
11          names[0] = "山田太郎";
12          names[1] = "中山一郎";
13          names[2] = "井上花子";
14          names[3] = "江藤桜";
15      </script>
16  </body>
17  </html>
```

```
<script>
    const names = new Array(4);
    names[0] = "山田太郎";
    names[1] = "中山一郎";
    names[2] = "井上花子";
    names[3] = "江藤桜";
</script>
```

❶ 入力する
❷ 入力する

2 配列の要素を個別に表示する

配列の要素を取得する場合も、「配列名[添字]」のように記述します。console.logメソッドを2つ追加し、最初の2つの要素を表示します❶。

```
3   <head>
4       <meta charset="utf-8">
5       <title>配列を使ってみよう</title>
6   </head>
7
8   <body>
9       <script>
10          const names = new Array(4);
11          names[0] = "山田太郎";
12          names[1] = "中山一郎";
13          names[2] = "井上花子";
14          names[3] = "江藤桜";
15          console.log("こんにちは" + names[0] + "さん");
16          console.log("こんにちは" + names[1] + "さん");
17      </script>
18  </body>
```

```
<script>
    const names = new Array(4);
    names[0] = "山田太郎";
    names[1] = "中山一郎";
    names[2] = "井上花子";
    names[3] = "江藤桜";
    console.log("こんにちは" + names[0] + "さん");
    console.log("こんにちは" + names[1] + "さん");
</script>
```

❶ 入力する

3 プログラムを実行する

ファイルを上書き保存し、プログラムを実行します。「こんにちは～さん」が、最初の要素と２番目の要素に対して表示されます。

```
top ▼  Filter
こんにちは山田太郎さん      names[0]
こんにちは中山一郎さん      names[1]
```

4 for文ですべての要素を表示する

for文で、各要素を順番に表示してみましょう。手順2のconsole.logメソッドをコメントにします❶。次に、for文を追加します❷。

```
8   <body>
9       <script>
10          const names = new Array(4);
11          names[0] = "山田太郎";
12          names[1] = "中山一郎";
13          names[2] = "井上花子";
14          names[3] = "江藤桜";
15          /*
16          console.log("こんにちは" + names[0] + "さん");
17          console.log("こんにちは" + names[1] + "さん");
18          */
19          for (let i = 0; i <= (names.length - 1); i++) {
20              console.log("こんにちは", names[i], "さん");
21          }
22      </script>
23  </body>
24  </html>
```

```
<script>
    const names = new Array(4);
    names[0] = "山田太郎";
    names[1] = "中山一郎";
    names[2] = "井上花子";
    names[3] = "江藤桜";
    /*
    console.log("こんにちは" + names[0] + "さん");
    console.log("こんにちは" + names[1] + "さん");
    */
    for (let i = 0; i <= (names.length - 1); i++) {
        console.log("こんにちは", names[i], "さん");
    }
</script>
```

❶ 修正する

❷ 入力する

5 プログラムを実行する

ファイルを上書き保存し、プログラムを実行します。こんどはすべての要素（names[0]～names[3]）が順に表示されます。

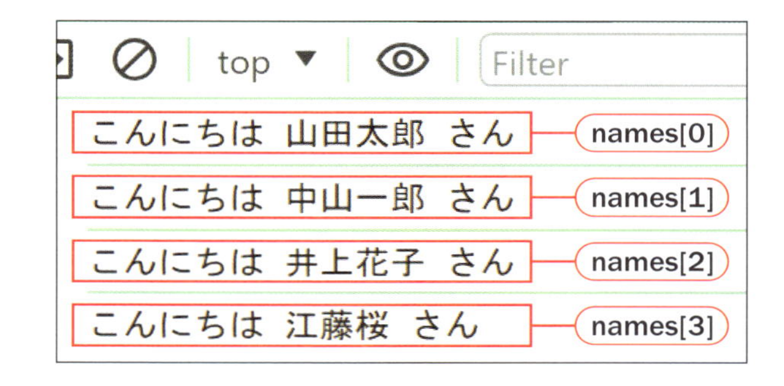

Arrayコンストラクターについて

＜体験＞の手順1では、Arrayコンストラクターに要素数を引数として指定し、Arrayオブジェクトのインスタンスを生成しました。

```
const names = new Array(4);
```

これで、4つの空の要素を持つ配列が生成されます。空といっても完全に何もないわけではなく、各要素には「undefined」という特別な値が格納されています。undefinedは、「未定義」という意味です。

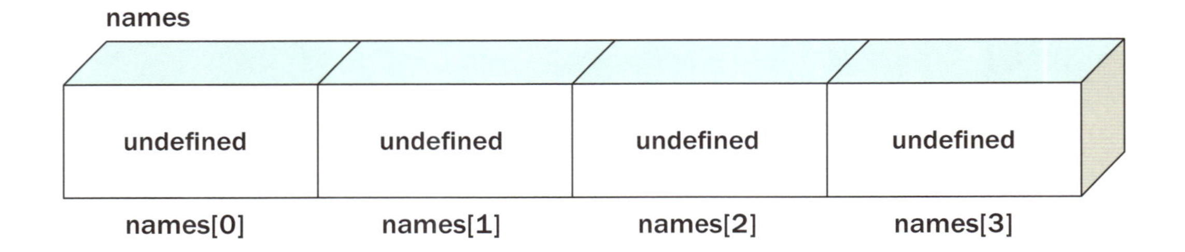

Arrayコンストラクターの引数に、直接要素の値を指定することもできます。その場合、要素のリストをカンマ「,」で区切って並べます。
次の例では、各要素が「晴れ」「雨」「曇り」で、要素数が3の配列が作成されます。

```
const tenki= new Array("晴れ", "雨", "曇り");
```

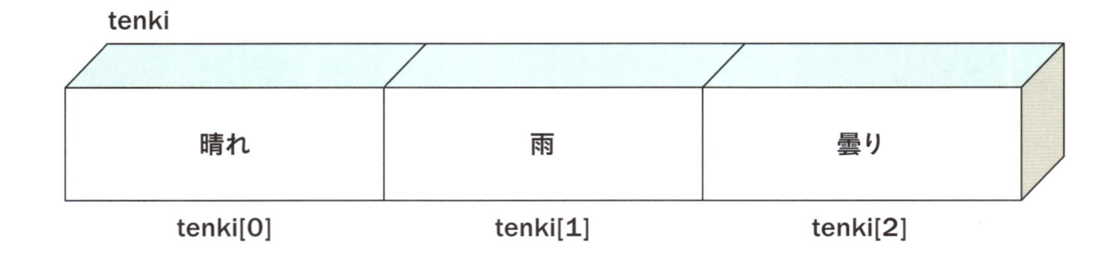

lengthプロパティとfor文

配列の要素数は、**lengthプロパティ**に格納されています。たとえば、配列namesの要素数は、次のようにして取得できます。

```
let len = names.length;
```

<体験>の手順4では、for文を利用して配列namesの要素を順に表示しています。このとき、配列の添字が「0」から「**lengthプロパティの値 - 1**」までである点に注意して、制御変数を変換させています。

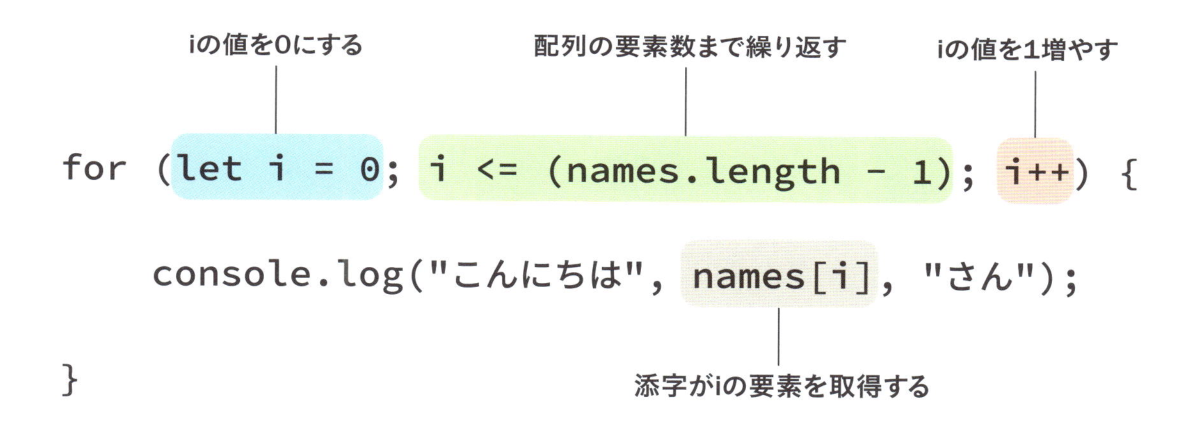

まとめ

- ▶配列とは、Arrayオブジェクト
- ▶配列の長さは、lengthプロパティに入れられる
- ▶配列の各要素を順に処理するには、for文を使用する

曜日を日本語で表示する
— 配列の添字

完成ファイル | [0702] → [sample2e.html]

予習 曜日を日本語で表示するための予備知識

前節の説明で、配列、つまりArrayオブジェクトの概要が理解できたと思います。本節では、配列のちょっとした活用例として、今日と一年後の曜日を日本語で表示するプログラムを作りましょう。まず、曜日の文字列は、あらかじめdays配列に格納しておきます。

```
const days = new Array("日", "月" ,"火", "水", "木", "金", "土");
```

他のオブジェクトとして、6-2「日付と時刻を操作しよう ーDateオブジェクト」で学習した、日付時刻を管理するDateオブジェクトを使用します。曜日は、getDayメソッドで求めることができます。

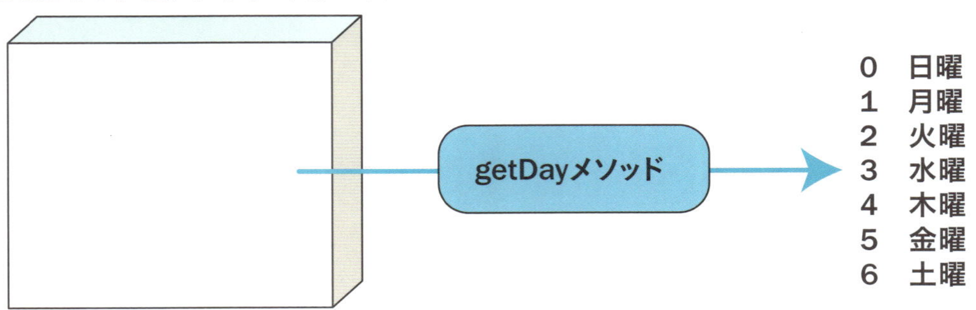

getDayメソッドの戻り値は、日曜日～土曜日を0～6とする数値です。これをdays配列の添字に指定することで、日本語の曜日を求めることができます。これを利用して、今日の曜日と、1年後の曜日を日本語で表示してみましょう。

体験 今日の曜日と1年後の曜日を表示する

1 配列を生成する

エディターで「0702」フォルダーの「template2.html」を開いて、「sample2.html」といった名前で保存し、scriptエレメントにステートメントを入力します。曜日を要素とする配列を生成し、変数daysに代入します❶。次にDateオブジェクトを生成し、変数dateに格納します❷。

```
1  <!DOCTYPE html>
2  <html lang="ja">
3  <head>
4      <meta charset="utf-8">
5      <title>配列を使ってみよう</title>
6  </head>
7
8  <body>
9      <script>
10         const days = new Array("日", "月", "火", "水", "木", "金", "土");
11         const date = new Date();
12     </script>
13 </body>
14 </html>
```

```
<script>
    const days = new Array("日", "月", "火", "水", "木", "金", "土");
    const date = new Date();
</script>
```

❶入力する
❷入力する

Tips

❷のように、引数なしでDateコンストラクターを実行すると、現在の日付時刻を持つDateオブジェクトが生成されます。

2 曜日を表示する

getDayメソッドの戻り値を添字にして配列daysから曜日を取り出し、変数dayに格納します❶。「今日は〜曜日」という形式で表示します❷。

```
1  <!DOCTYPE html>
2  <html lang="ja">
3  <head>
4      <meta charset="utf-8">
5      <title>配列を使ってみよう</title>
6  </head>
7
8  <body>
9      <script>
10         const days = new Array("日", "月", "火", "水", "木", "金", "土");
11         const date = new Date();
12         const day = days[date.getDay()];
13         console.log("今日は" + day + "曜日");
14     </script>
15 </body>
16 </html>
```

```
<script>
    const days = new Array("日", "月", "火", "水", "木", "金", "土");
    const date = new Date();
    const day = days[date.getDay()];
    console.log("今日は" + day + "曜日");
</script>
```

❶入力する
❷入力する

3 プログラムを実行する

ファイルを上書き保存し、プログラムを実行します。今日の曜日が日本語で表示されます。

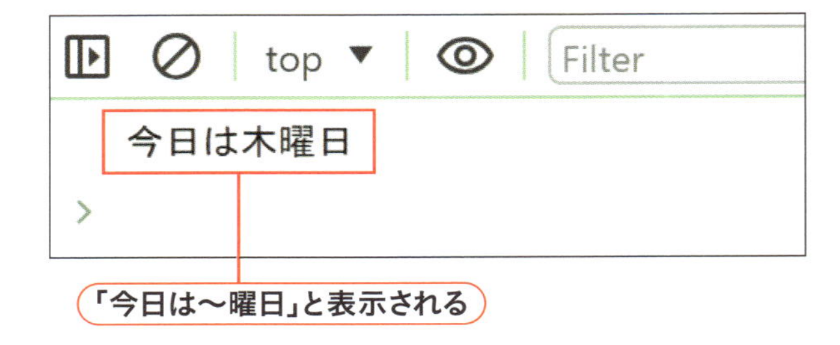

4 1年後の曜日を求める

次に、1年後の曜日を表示しましょう。変数dateの日時を1年後に設定し❶、getDayメソッドの戻り値を配列daysの添え字にして曜日を表示します❷。

Tips

❶では、getFullYearメソッドでdateの年を求め、それに1を足した値をsetFullYearメソッドの引数とすることで、1年後に設定しています。

```
2   <html lang="ja">
3   <head>
4       <meta charset="utf-8">
5       <title>配列を使ってみよう</title>
6   </head>
7
8   <body>
9       <script>
10          const days = new Array("日", "月", "火", "水", "木", "金", "土");
11          const date = new Date();
12          const day = days[date.getDay()];
13          console.log("今日は" + day + "曜日");
14
15
16          date.setFullYear(date.getFullYear() + 1);
17          console.log("一年後は" + days[date.getDay()] + "曜日");
18      </script>
19  </body>
20  </html>
```

```
<script>
    const days = new Array("日", "月", "火", "水", "木", "金", "土");
    const date = new Date();
    const day = days[date.getDay()];
    console.log("今日は" + day + "曜日");

    date.setFullYear(date.getFullYear() + 1);
    console.log("一年後は" + days[date.getDay()] + "曜日");
</script>
```

❶入力する
❷入力する

5 プログラムを実行する

ファイルを上書き保存し、プログラムを実行します。1年後の曜日が表示されます。

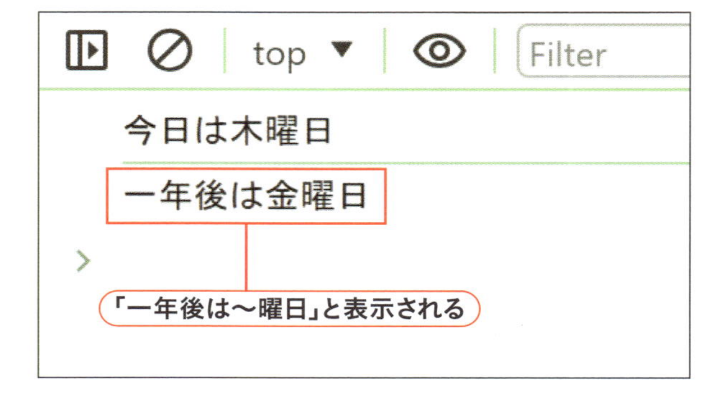

理解 配列の活用

メソッドの戻り値を配列の添字に利用する

配列の添字には、変数やメソッドの戻り値などを指定することができます。<体験>の手順1では、次のように配列を宣言して要素を代入しました。

```
const days = new Array("日", "月" ,"火", "水", "木", "金", "土");
```

最初の要素である「日」の添字は0となり、「days[0]」としてアクセスできます。日曜日を最初に持ってきている点に注目してください。
手順2では、配列の添字に、DateオブジェクトのgetDayメソッドの戻り値を指定しました。

```
const day = days[date.getDay()];
```

この場合、getDayメソッドの戻り値は、日曜日を0、土曜日を6とする0～6の間の数値になります。戻り値の数値と配列の添字が一致するようにしているわけです。

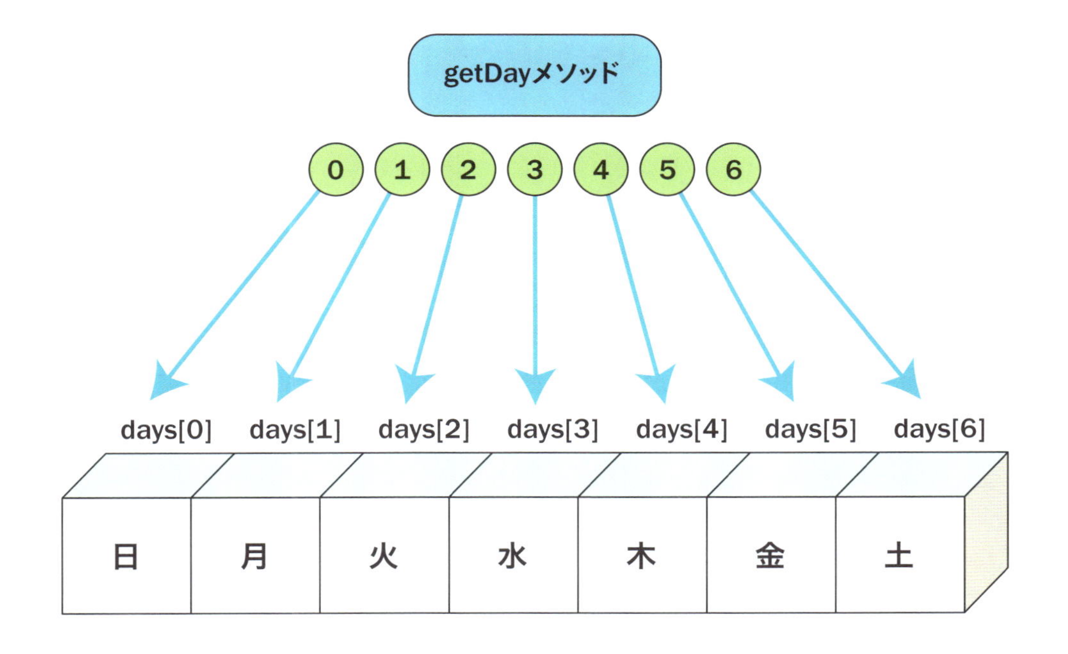

リテラルによる配列の生成

数値や文字列と同じように、配列を**リテラル**として記述することもできます。配列リテラルの書式は次のようになります。

▼書式

```
[要素1, 要素2, ....]
```

つまり、要素をカンマ「,」で区切って並べ、全体を角括弧「[ ]」で囲みます。
この配列リテラルを使用すると、Arrayコンストラクターを使わずに配列を生成できます。
＜体験＞で記述したdays配列の生成部分を、もう一度見てみましょう。

```
const days = new Array("日", "月" ,"火", "水", "木", "金", "土");
```

これを配列リテラルで記述すると、次のようになります。

```
const days = ["日", "月" ,"火", "水", "木", "金", "土"]
```

配列にはさまざまなデータを格納できる

JavaScriptの配列の柔軟性を示す特徴として、1つの配列の各要素に異なる形式のデータを格納できる点があります。次の例では、myFriendという配列を生成し、最初の要素に文字列を、2番目と3番目の要素に数値を格納しています。

```
const myFriend = new Array(3);
myFriend[0] = "山田太郎";   ── 文字列を格納
myFriend[1] = 30;   ── 数値を格納
myFriend[2] = 40;   ── 数値を格納
```

COLUMN 配列の要素数は変更できる

JavaScriptの配列は、自由に要素の数を変更できます。たとえば、Arrayコンストラクターの引数に4を指定して要素数が4の配列を作成した後、5番目の要素に値を代入すると、自動的に要素数が5になります。

```
const names = new Array(4);   ── 要素数4の配列を生成
names[4] = "岡元二郎";        ── 5番目の要素を代入して要素数が5になる
```

また、Arrayコンストラクターで引数を指定せずに、配列を生成することも可能です。

```
const myArray = new Array();   ── 要素数を指定せずに配列を生成
```

この場合、初期状態の要素数は0になりますが、値を代入していくにつれて要素数が増えていきます。

まとめ

- ▶配列の添字は、0からはじめる点に注意する
- ▶配列をリテラルとして記述するには、要素をカンマで区切り角括弧「[ ]」で囲む

配列を操作する ― Arrayオブジェクトのメソッド

完成ファイル | [0703] → [sample3e.html]

予習 Arrayオブジェクトの活用

JavaScriptの配列は、Arrayオブジェクトのインスタンスです。配列をオブジェクトとして扱うメリットの1つは、あらかじめ用意された便利なメソッドを利用できる点にあります。たとえば、sortメソッドを使うと、配列の要素を並び替えることができます。また、reverseメソッドを使うと、配列の要素の並びを逆順にすることが可能です。

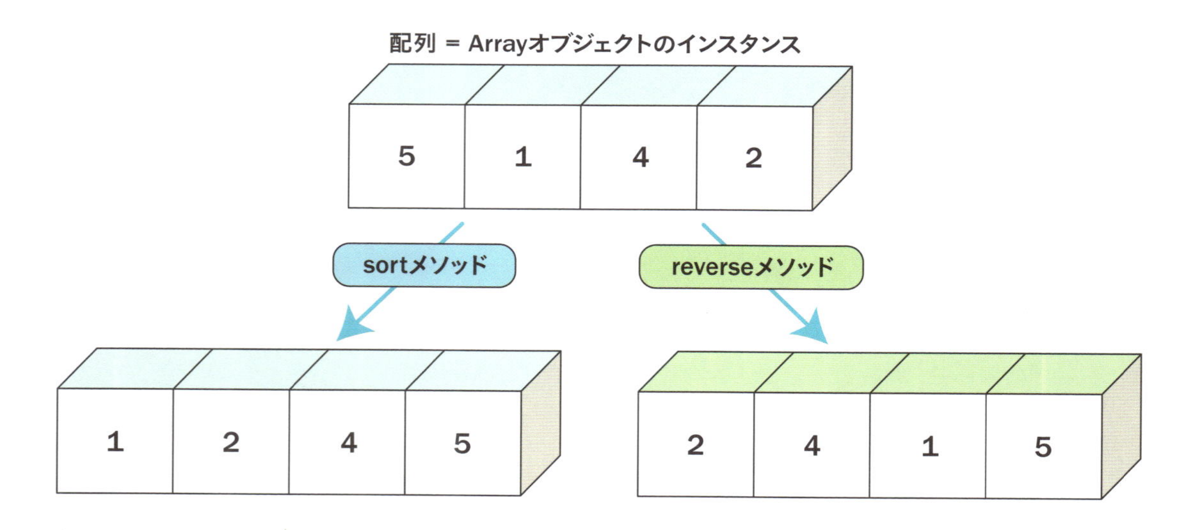

ここでは、Arrayメソッドの使用例として、年齢が複数格納された配列agesを用意し、要素を連結した文字列を戻すjoinメソッドと、要素を並び替えるsortメソッドを使ってみましょう。

体験 配列の要素の連結と並び替え

1 要素を連結する

エディターで「0703」フォルダーの「template3.html」を開いて「sample3.html」といった名前で保存し、bodyエレメントのscriptエレメントにステートメントを入力します。まず、複数の年齢を要素とする配列を生成し、変数agesに代入します❶。次に、joinメソッドで要素を接続した文字列を作り、表示します❷。

```
1  <!DOCTYPE html>
2  <html lang="ja">
3  <head>
4      <meta charset="utf-8">
5      <title>Arrayオブジェクトのメソッド</title>
6      <script>
7      </script>
8  </head>
9
10 <body>
11     <script>
12         const ages = new Array(4, 6, 10, 24, 1, 11, 40);
13         console.log(ages.join(" > "));
14     </script>
15 </body>
16 </html>
```

```
<script>
    const ages = new Array(4, 6, 10, 24, 1, 11, 40);
    console.log(ages.join(" > "));
</script>
```

❶入力する
❷入力する

Tips

joinメソッドの引数には、要素の間にはさむ文字列を指定します。この例では「>」を指定しているため、次のような文字列になります。

要素1 > 要素2 > 要素3 > ..... > 最後の要素

引数を指定しない場合はカンマ「,」が間にはさまります。

2 プログラムを実行する

ファイルを上書き保存し、プログラムを実行します。配列agesに格納された年齢が、文字列「>」で接続されて順番に表示されます。

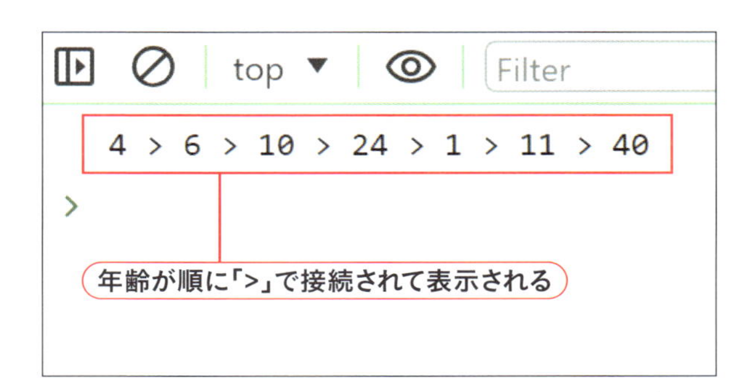

3 並び替えを実行する

次に、要素を並び替えてみましょう。配列agesに対してsortメソッドを実行し、再びagesに格納するステートメントを追加します❶。

Tips

sortメソッドを引数なしで実行すると、各要素を文字列として扱い、昇順（小さい順）に並び替えます。

```
1  <!DOCTYPE html>
2  <html lang="ja">
3  <head>
4      <meta charset="utf-8">
5      <title>Arrayオブジェクトのメソッド</title>
6      <script>
7      </script>
8  </head>
9
10 <body>
11     <script>
12         const ages = new Array(4, 6, 10, 24, 1, 11, 40);
13         ages.sort();
14         console.log(ages.join(" > "));
15     </script>
16 </body>
17 </html>
```

```
<script>
    const ages = new Array(4, 6, 10, 24, 1, 11, 40);
    ages.sort();
    console.log(ages.join(" > "));
</script>
```

❶入力する

4 プログラムを実行する

ファイルを上書き保存し、プログラムを実行します。文字列として昇順に並び替えられます。

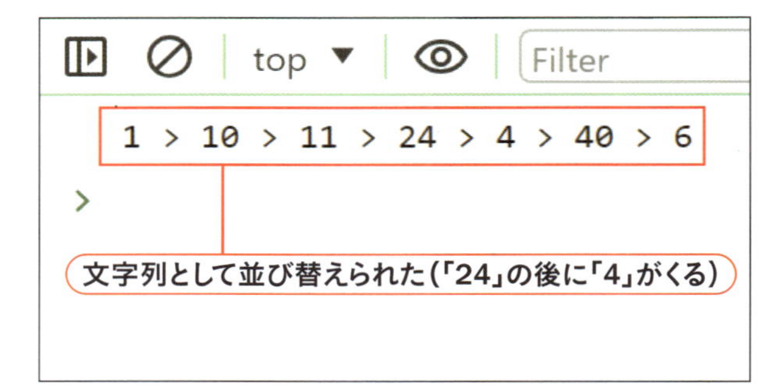
top
Filter
1 > 10 > 11 > 24 > 4 > 40 > 6
文字列として並び替えられた（「24」の後に「4」がくる）

5 大小を比較する関数を作成する

headエレメントで関数「compare」を定義します❶。sortメソッドの引数には関数「compare」を指定します❷。

Tips

ここで定義したcompareは、2つの値を比較する**比較関数**と呼ばれる種類の関数です。2つの値の大小をこの関数で判定します。

```
3   <head>
4       <meta charset="utf-8">
5       <title>Arrayオブジェクトのメソッド</title>
6       <script>
7           function compare(a, b) {
8               return a - b;
9           }
10      </script>
11  </head>
12
13  <body>
14      <script>
15          const ages = new Array(4, 6, 10, 24, 1, 11, 40);
16          ages.sort(compare);
17          console.log(ages.join(" > "));
18      </script>
19  </body>
20  </html>
```

```
<script>
    function compare(a, b) {
        return a - b;
    }
</script>
      ～略～
<script>
    const ages = new Array(4, 6, 10, 24, 1, 11, 40);
    ages.sort(compare);
    console.log(ages.join(" > "));
</script>
```

❶ 入力する

❷ 修正する

6 プログラムを実行する

ファイルを上書き保存し、プログラムを実行します。今度は年齢が数値として小さい順に並び替えられました。

top ▼ Filter

1 > 4 > 6 > 10 > 11 > 24 > 40

>

数値の小さい順に並び替えられた

理解 Arrayオブジェクトのメソッドについて

sortメソッドと比較関数

sortメソッドは、通常は要素を文字列として昇順に並び替えますが、引数で比較関数を指定すると、内部で比較関数を呼び出して、その結果をもとに数字として並び替えを行います。
比較関数は、2つの引数を比較して大小を判断するだけの関数です。<体験>の手順5で記述した比較関数は、return文で、1番目の引数「a」と2番目の引数「b」の差「a - b」を戻しているだけのシンプルなものです。引数1と引数2の値に応じて、次のような結果を戻します。

判定	戻り値
引数1が大きい	正の値
引数1と引数2が等しい	0
引数2が大きい	負の値

sortメソッドは、比較関数の結果をもとに要素を昇順に並び替えます。
引数が数値だとすると、「a-b」は引数aが大きい場合には正の値、引数bの方が大きい場合には負の値、同じ場合には0となります。これをsortメソッドの引数に指定することにより、値の大小の判断が比較関数で行われるようになります。

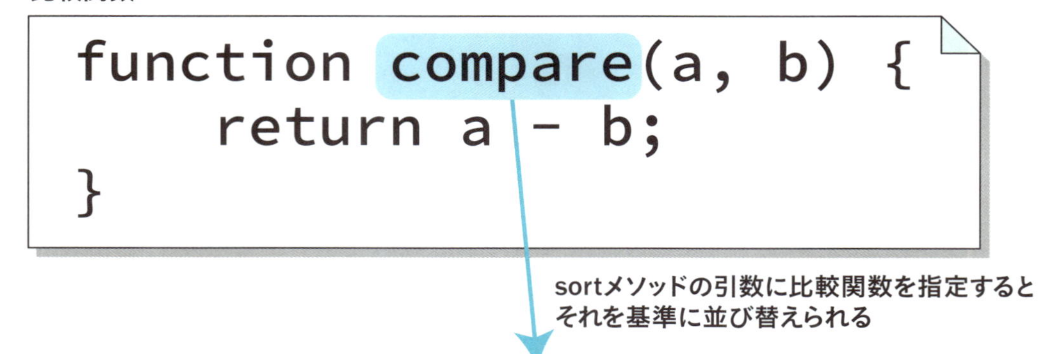
比較関数
function compare(a, b) {
    return a - b;
}
sortメソッドの引数に比較関数を指定すると
それを基準に並び替えられる
ages.sort(compare);

なお、数値の大きい順に並び替えたいときは、次のようにbからaを引いた値を戻すようにします。

```
function compare(a, b) {
    return b - a;   // 大きい順に並び替える場合
}
```

アロー関数の利用

sortメソッドの比較関数のように一度しか呼び出さない単純な関数は、functionで定義しないでアロー関数（5-3「いろいろな関数定義を知る」参照）を使用するとシンプルに記述できます。

```
ages.sort(compare);   →   ages.sort((a, b) => a - b);
```

Arrayオブジェクトのその他のメソッド

次の表に、Arrayオブジェクトに用意されている主なメソッドをまとめておきます。

Arrayオブジェクトの主なメソッド

メソッド名	説明
concat	配列に要素を追加して新たな配列を生成する
join	配列の要素を引数で指定した文字列でつなげた文字列を戻す
pop	配列の最後の要素を取り出す
push	配列の最後に要素を追加する
reverse	配列の要素を逆順にする
shift	配列の最初の要素を取り出す
slice	配列の要素の一部を取り出して新たな配列を生成する
sort	要素を並び替える
unshift	配列の最初に要素を追加する

- ▶配列には、Arrayオブジェクトのメソッドを実行できる
- ▶要素を接続した文字列を戻す、joinメソッド
- ▶要素を並び替える、sortメソッド

キーと値のペアでデータを管理する — 連想配列

完成ファイル | [0704] → [sample4e.html]

予習 連想配列とは

この節では、**添字**の代わりに**キー**と呼ばれる文字列で要素を指定できるようにした配列である**連想配列**について学習します。

配列の場合は、0からはじまる添字で要素を指定しました。たとえば、名前を格納するnamesという配列がある場合、最初の要素をnames[0]としていました。この添字と要素には意味的な関連はありません。

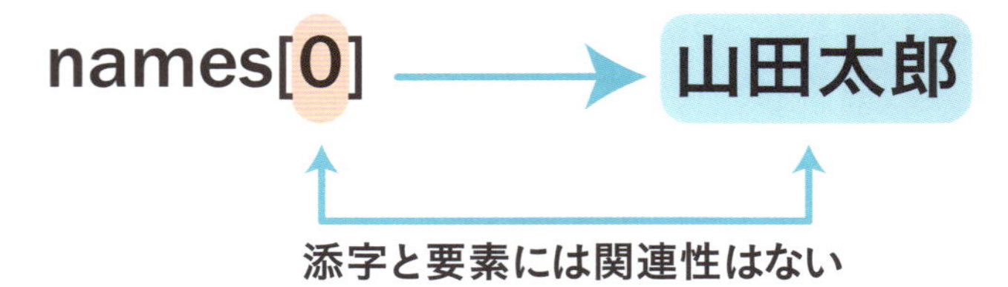

それに対して、連想配列の場合は、よりわかりやすいキーと値のペアでデータを管理できます。たとえば、会員番号をキーにして、名前を要素とするmembersという連想配列を作成できます。

連想配列は、**Objectオブジェクト**というオブジェクトとして扱います。このObjectオブジェクトは、JavaScriptにおける、すべてのオブジェクトのベースとなるオブジェクトです。new演算子とObjectコンストラクターを使用して、次のようにして生成します。

```
const members = new Object()
```

Objectコンストラクター

連想配列の基本的な使い方は、通常の配列の添字の代わりにキーを文字列として指定するだけです。たとえば、キーが「**A001**」の要素の値「**山田太郎**」を代入するには、次のようにします。

```
members["A001"] = "山田太郎";
```

また、キーが「**A002**」の要素の値に「**井上花子**」を代入するには、次のようにします。

```
members["A002"] = "井上花子";
```

これで、membersという連想配列は2つの要素を持つようになります。

キー	値
A001	山田太郎
A002	井上花子

体験 連想配列を使ってみよう

1 連想配列を生成する

エディターで「0704」フォルダーの「template4.html」を開いて、「sample4.html」といった名前で保存し、scriptエレメントにステートメントを入力します。まず空の連想配列を生成して変数colorsに代入し❶、要素に値を代入します❷。そのうちの1要素を表示します❸。

Tips

連想配列colorsでは、英語の色名をキーとし、日本語の色名を要素としています。

```
1  <!DOCTYPE html>
2  <html lang="ja">
3  <head>
4      <meta charset="utf-8">
5      <title>連想配列を使ってみよう</title>
6  </head>
7
8  <body>
9      <script>
10         const colors = new Object();
11         colors["white"] = "白色";
12         colors["red"] = "赤色";
13         colors["green"] = "緑色";
14         colors["yellow"] = "黄色";
15         console.log(colors["red"]);
16     </script>
17 </body>
18 </html>
```

```
<script>
    const colors = new Object();
    colors["white"] = "白色";
    colors["red"] = "赤色";
    colors["green"] = "緑色";
    colors["yellow"] = "黄色";
    console.log(colors["red"]);
</script>
```

❶ 入力する
❷ 入力する
❸ 入力する

2 プログラムを実行する

ファイルを上書き保存し、プログラムを実行します。キー「red」に対応する要素「赤色」が表示されます。

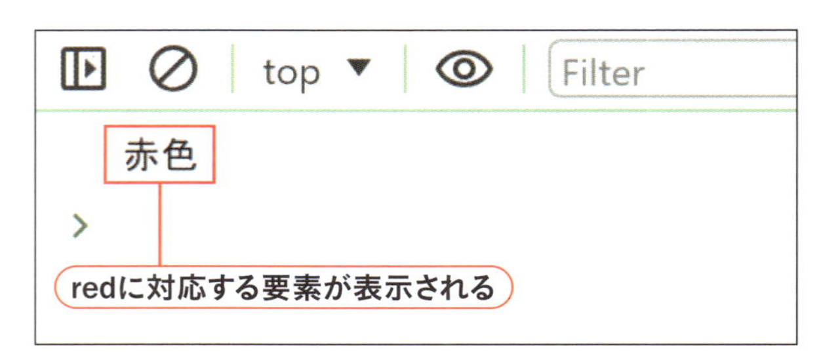

3 for～in文で要素数を表示する

連想配列の要素を順に処理するには、**for～in文**が便利です。キーに対応する要素を順に表示してみましょう。console.logメソッドをコメントにし❶、ステートメントを加えます❷。

```
1  <!DOCTYPE html>
2  <html lang="ja">
3  <head>
4      <meta charset="utf-8">
5      <title>連想配列を使ってみよう</title>
6  </head>
7
8  <body>
9      <script>
10         const colors = new Object();
11         colors["white"] = "白色";
12         colors["red"] = "赤色";
13         colors["green"] = "緑色";
14         colors["yellow"] = "黄色";
15         // console.log(colors["red"]);
16         for (let eigo in colors) {
17             console.log(eigo + " " + colors[eigo]);
18         }
19     </script>
20 </body>
21 </html>
```

```
<script>
    const colors = new Object();
    colors["white"] = "白色";
    colors["red"] = "赤色";
    colors["green"] = "緑色";
    colors["yellow"] = "黄色";
    // console.log(colors["red"]);
    for (let eigo in colors) {
        console.log(eigo + " " + colors[eigo]);
    }
</script>
```

❶ 修正する

❷ 入力する

4 プログラムを実行する

ファイルを上書き保存し、プログラムを実行します。連想配列colorsのキーと要素のペアがすべて表示されます。

連想配列の生成

<体験>では次のようにして、new演算子と**Objectコンストラクター**で連想配列を生成しました。

```
const colors = new Object();
```
Objectコンストラクターで生成

Arrayコンストラクターで配列を生成する場合と同様に、Objectコンストラクターに引数を指定しない場合には、空の連想配列が生成されます。要素を追加するたびに、要素数が増えていきます。なお、Arrayコンストラクターなど他のコンストラクターを使用して連想配列を生成することもできます。

```
const colors = new Array();
```
Arrayコンストラクターで連想配列を生成

ただし、連想配列ではlengthプロパティの値には意味がありません。また、Arrayオブジェクトに用意されているメソッドは全く使用できないので、注意してください。

リテラルによる連想配列の生成

配列と同じように、リテラルとして連想配列を生成することもできます。この場合の書式は、「**キー:"値"**」のペアをカンマで区切って並べ、全体を波括弧「{ }」で囲みます（角括弧「[ ]」ではない点に注意しましょう）。これをObjectリテラルと呼びます。

▼書式

```
{キー1:"値1", キー2:"値2", キー3:"値3", ....}
```

たとえば、<体験>の手順1でObjectコンストラクターを使って生成した連想配列を、Objectリテラルで生成するには次のようにします。

```
const colors = {white:"白色", red:"赤色", green:"緑色", yellow:"黄色"};
```

キーをプロパティとして使用する

「連想配列名[キー]」として要素を指定する代わりに、変数名とキーをピリオド「.」で接続する方法でも要素を指定できます。オブジェクトのプロパティのように利用できるわけです。

```
colors["yellow"] = "黄色";
```
連想配列形式で要素にアクセス

↓

```
colors.yellow = "黄色";
```
プロパティ形式で要素にアクセス

for〜in文の利用

配列では、すべての要素を順に処理するのにfor文を使用しましたが、連想配列では、その代わりに、**for〜in文**という連想配列のすべてのキーに順にアクセスする文を使うと便利です。for〜in文は、次のような書式になります。

```
for (let 変数 in 連想配列) {
    処理
}
```

for〜in文では、連想配列のすべてのキーが、順番に変数に格納されていきます。＜体験＞の手順3では、次のようにして連想配列colorsのキー（英語の色名）と、その値（日本語の色名）を表示しています。

キーが順に変数に代入される
連想配列を指定

```
for (let eigo in colors) {
    console.log(eigo + " " + colors[eigo]);
}
```
英語名　日本語名

この場合、連想配列colorsのキーである「white」「red」「green」「yellow」が、順に変数eigoに代入されていきます。

COLUMN JSONについて

テキストベースの軽量データフォーマットとしてここ数年注目されているのが、**JSON**(「ジェイソン」と発音)です。

JSONは、「**JavaScript Object Notation**」の略で、JavaScriptのオブジェクトの表記法をベースにしたデータフォーマットです。広く使用されているテキストベースのデータフォーマットにXMLがありますが、エレメントをタグで囲まなければならないXMLに比べて、JSONは記述がシンプルでデータ量も少なくなります。そのため、最近ではJavaScriptだけでなくRubyやJavaなどさまざまな言語でサポートされてきています。

実は、7-4で説明した次のような連想配列のリテラルもJSONの仲間です。ただし、連想配列のリテラルでは、キーはダブルクォーテーションで囲んでも囲まなくてもOKですが、JSONでは必ず囲む必要があります。

連想配列のリテラル

```
{white:"白色", red:"赤色", green:"緑色", yellow:"黄色"}
```

もしくは

```
{"white":"白色", "red":"赤色", "green":"緑色", "yellow":"黄色"}
```

JSON(キーをダブルクォーテーションで囲む)

```
{"white":"白色", "red":"赤色", "green":"緑色", "yellow":"黄色"}
```

なお、JSON(およびObjectオブジェクト)の値には、数値や文字列、さらには配列、連想配列などのオブジェクトも表記できます。たとえば、nameキーに文字列、priceキーに数値、colorsキーに配列を要素とするJSONの例は次のようになります。

```
{
    "name": "uniq-a",          ── 文字列
    "price": 2500,             ── 数値
    "colors": ["yellow", "black", "white"]   ── 配列
}
```

COLUMN JSON形式のテキストとオブジェクトの変換

JSON形式のテキストファイルはさまざまな局面で利用可能ですが、特に第11章で説明するAjaxにおけるデータの転送フォーマットとして人気が高まってきています。たとえば、Webサーバーではデータベースから取り出したデータをJSON形式で送信し、Webブラウザーではそれを JavaScriptで処理して表示するといった使い方です。
そのためには、JSON形式の文字列をJavaScriptのObjectオブジェクトに変換してあげる必要があります。それにはJSONオブジェクトのparseメソッドを使用します。

次に、JSON形式の文字列「jText」をJavaScriptのObjectオブジェクト「jObj」に変換する例を示します。

```
const jText = '{"name": "大津真", "age": 40, "hobby":["読書", "楽器"]}';
const jObj = JSON.parse(jText);
```

まとめ

- ▶キーで要素を指定する、連想配列
- ▶連想配列は、Objectコンストラクターで生成する
- ▶連想配列の要素を順に処理するには、for〜in文を使用する

第7章 練習問題

●問題1

次の文がそれぞれ正しいかどうかを○×で答えなさい。

① JavaScriptの配列は、Arrayオブジェクトである
② 配列の生成時に設定した要素数は変更できない
③ 配列の要素数は、lengthプロパティに格納されている
④ 配列の添字は、１からはじまる

●問題2

「みかん」「ばなな」「いちご」の３つの要素を持つ配列を生成し、変数fruitsに代入するステートメントとして、正しくないのはどれかを答えなさい。

① const fruits = new Array("みかん", "ばなな", "いちご");
② const fruits = ["みかん", "ばなな", "いちご"];
③ const fruits = ("みかん", "ばなな", "いちご");

ヒント 7-2

●問題3

次のプログラムは、連想配列membersのキーと値のペアをすべて表示するものである。プログラムの穴を埋めて完成させなさい。

```
[ ① ](let key [ ② ] members) {
    console.log(key + ": " + members[[ ③ ]]);
}
```

ヒント 7-4

DOMの基本

第8章 DOMの基本

ドキュメント内のエレメントにアクセスする ― DOMの概要と基本操作

完成ファイル | [0801] → [sample1e.html]

予習 DOMを理解する

HTMLドキュメントやXMLドキュメントのすべてのエレメントに、外部から階層構造でアクセスできるようにした仕組みのことを、**DOM**（Document Object Model）といいます。DOMは、W3Cという標準化団体で規定されており、JavaScriptにはHTMLドキュメントDOMを操作するためのメソッドやプロパティが用意されています。
DOMから見たHTMLの階層構造を、**DOMツリー**と呼びます。<div>〜</div>や<h1>〜</h1>など、DOMツリー内の各エレメントを**ノード**と呼びます。

DOMツリー

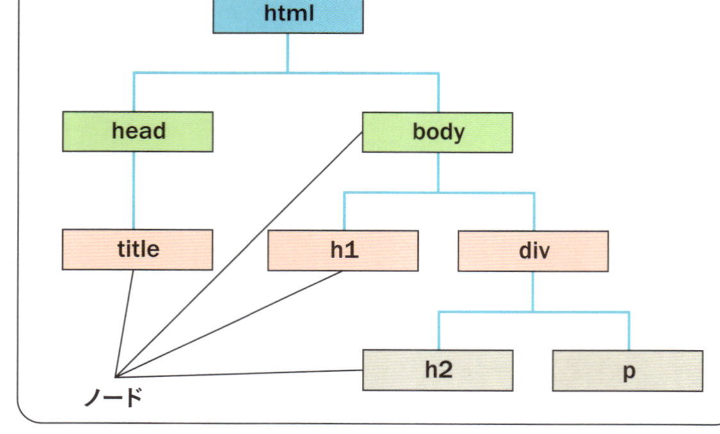

DOM操作メソッド

getElementById
getElementByTagName
createElement
appendChild
....

DOM操作プロパティ

innerText
innerHtml
....

この節では、DOMを操作してWebページを動的に変更する例として、おみくじプログラムを作ってみましょう。

1
2
3
4
5
6
7
8
9
10
11

体験 HTML版のおみくじプログラムを作る

1 作業用のファイルを用意する

エディターで「0801」フォルダーの「template1.html」を開いて「sample1.html」といった名前で保存します。bodyにはid属性が「msg」のh1エレメント❶と、id属性が「myArea」の空のdivエレメント❷が用意されています。head部分ではbodyエレメントの「text-align」(テキスト配置)を「center」(中央揃え)に❸、id属性が「myArea」の「background」(背景色)を「yellow」(黄色)に❹するスタイルシートを設定しています。

```
2   <html lang="ja">
3   <head>
4       <meta charset="utf-8">
5       <title>おみくじプログラム</title>
6       <style>
7           body {
8               text-align: center;
9           }
10          #myArea {
11              background: yellow;
12          }
13      </style>
14  </head>
15
16  <body>
17      <h1 id="msg">見出し</h1>
18      <div id="myArea">占い結果</div>
19      <script>
20      </script>
21  </body>
22  </html>
```

```
<head>
      <meta charset="utf-8">
      <title>おみくじプログラム</title>
      <style>
            body {
                  text-align: center;
            }
            #myArea {
                  background: yellow;
            }
      </style>
</head>

<body>
      <h1 id="msg">見出し</h1>
      <div id="myArea">占い結果</div>
      <script>
      </script>
</body>
```

❸ テキストを中央揃えに

❹ 背景を黄色に

❶ h1エレメント

❷ divエレメント

2 Webブラウザーで表示する

この状態で、Webブラウザーで読み込むと、単にHTMLの内容が表示されます。

3 見出し部分の文字列を変更する

scriptエレメントに、見出しを変更するステートメントを記述します。document.getElementByIdメソッドでid属性が「msg」のh1エレメントのノードを取得し❶、innerTextプロパティで文字列を設定します❷。

```
15
16  <body>
17      <h1 id="msg">見出し</h1>
18      <div id="myArea">占い結果</div>
19      <script>
20          const msg = document.getElementById("msg");
21          msg.innerText = "本日の運勢";
22      </script>
23  </body>
24  </html>
```

```
<script>
    const msg = document.getElementById("msg");
    msg.innerText = "本日の運勢";
</script>
```

❶入力する

❷入力する

4 プログラムを実行する

ファイルを上書き保存し、プログラムを実行します。見出し部分に「本日の運勢」が表示されます。

本日の運勢

占い結果

5 おみくじ用のHTMLテキストを配列に格納する

要素数が4の配列kujiを生成し❶、各要素におみくじのテキストを代入します❷。

Tips

配列kujiの要素に、単なるテキストではなく、HTMLのタグを記述している点に注目してください。

```
17      <h1 id="msg">見出し</h1>
18      <div id="myArea">占い結果</div>
19      <script>
20          const msg = document.getElementById("msg");
21          msg.innerText = "本日の運勢";
22
23          const kuji = new Array(4);
24          kuji[0] = "<h1 style='color:green'>大吉</h1>";
25          kuji[1] = "<h2>中吉</h2>";
26          kuji[2] = "<h3>小吉</h3>";
27          kuji[3] = "<h4 style='color:red'>凶</h4>";
28      </script>
29  </body>
30  </html>
```

```
<script>
    const msg = document.getElementById("msg");
    msg.innerText = "本日の運勢";

    cost kuji = new Array(4);
    kuji[0] = "<h1 style='color:green'>大吉</h1>";
    kuji[1] = "<h2>中吉</h2>";
    kuji[2] = "<h3>小吉</h3>";
    kuji[3] = "<h4 style='color:red'>凶</h4>";
</script>
```

❶入力する

❷入力する

6 おみくじの結果を表示する

配列kujiから要素をランダムに取り出して、id属性がmyAreaのdivエレメントに表示します❶。

```
16  <body>
17      <h1 id="msg">見出し</h1>
18      <div id="myArea">占い結果</div>
19      <script>
20          const msg = document.getElementById("msg");
21          msg.innerText = "本日の運勢";
22
23          const kuji = new Array(4);
24          kuji[0] = "<h1 style='color:green'>大吉</h1>";
25          kuji[1] = "<h2>中吉</h2>";
26          kuji[2] = "<h3>小吉</h3>";
27          kuji[3] = "<h4 style='color:red'>凶</h4>";
28          const myArea = document.getElementById("myArea");
29          const num = Math.floor(kuji.length * Math.random());
30          myArea.innerHTML = kuji[num];
31      </script>
32  </body>
```

```
<script>
    const msg = document.getElementById("msg");
    msg.innerText = "本日の運勢";

    const kuji = new Array(4);
    kuji[0] = "<h1 style='color:green'>大吉</h1>";
    kuji[1] = "<h2>中吉</h2>";
    kuji[2] = "<h3>小吉</h3>";
    kuji[3] = "<h4 style='color:red'>凶</h4>";
    const myArea = document.getElementById("myArea");
    const num = Math.floor(kuji.length * Math.random());
    myArea.innerHTML = kuji[num];
</script>
```

❶ 入力する

7 プログラムを実行する

ファイルを上書き保存し、プログラムを実行します。再読み込みするたびにid属性が「myArea」のdivエレメントに占いの結果がランダムに表示されます。

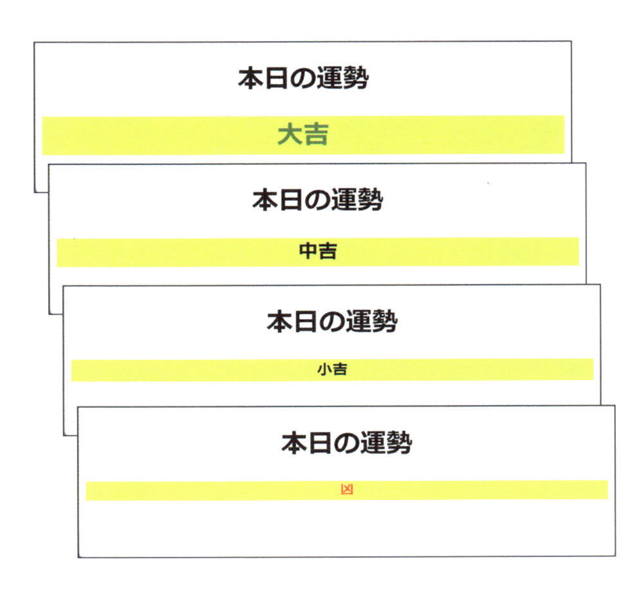

理解 DOM操作の基本メソッド

DOMツリー

DOMを使用すると、HTMLドキュメント内のすべての要素に、「html」を頂点とする階層構造でアクセスできます。この階層構造を、**DOMツリー**などと呼びます。また、DOMツリー内の個々の要素を**ノード**と呼びます。このとき、あるノードの、上にあるノードを親ノード、その下にあるノードを子ノードといいます。下図の場合bodyエレメントの親ノードはhtmlに、子ノードはpエレメントになります。

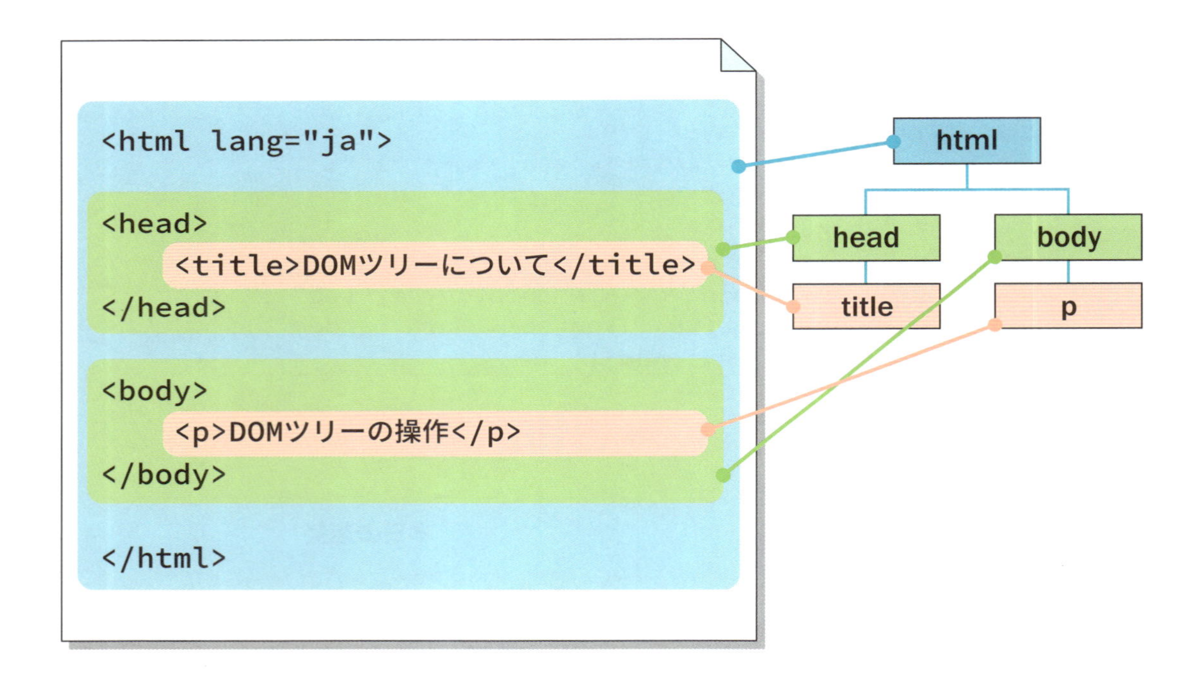

ノードを取得するgetElementByIdメソッド

プログラムでノードを取り出すには、documentオブジェクトに用意されている**getElementById メソッド**を使用すると簡単です。getElementByIdメソッドはエレメントのidを使用してノードを特定するため、HTMLタグにあらかじめid属性を設定しておく必要があります。引数には、HTMLタグで設定したid属性を指定します。

id属性がmyAreaのdivエレメント

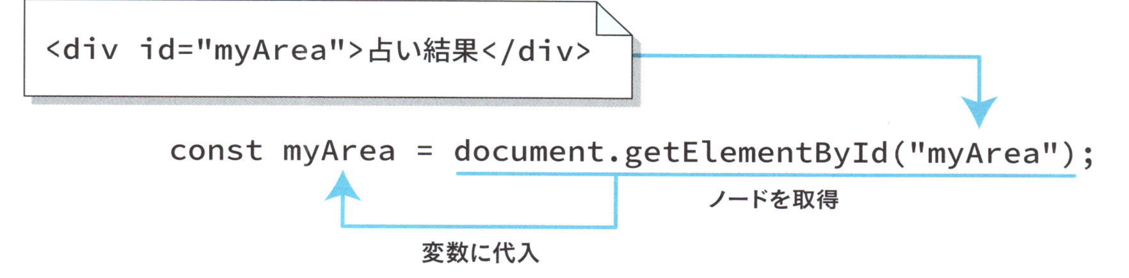

ノードにテキストを設定するinnerTextプロパティ

DOMの各ノードには、**innerText**というプロパティが用意されています。「inner」は日本語にすれば「内部」ですので、ノード内部のテキストを設定します。＜体験＞の手順3では、id属性がmsgのh1エレメントにテキストを設定しています。

```
const msg = document.getElementById("msg");
msg.innerText = "本日の運勢";
```

- id属性がmsgのノードを取り出して変数msgに代入
- ノードにテキストを設定

ノードにHTMLを設定するinnerHTMLプロパティ

ノードに、HTMLのタグを含む文字列を設定するには、innerTextの代わりに**innerHTML**プロパティを使用します。たとえば、id属性myAreaのノードのHTMLを「<h2>JavaScript入門</h2>」に変更するには、次のようにします。

```
const myArea = document.getElementById("myArea");
myArea.innerHTML = "<h2>JavaScript入門</h2>";
```

- id属性myAreaのノードを取り出して変数myAreaに代入
- ノードにHTMLを設定

配列から要素をランダムに取り出して表示する

＜体験＞の手順5では、配列kujiの要素に、占い結果をHTMLのタグで設定しています。

```
const kuji = new Array(4);
kuji[0] = "<h1 style='color:green'>大吉</h1>";
kuji[1] = "<h2>中吉</h2>";
kuji[2] = "<h3>小吉</h3>";
kuji[3] = "<h4 style='color:red'>凶</h4>";
```

innerHTMLプロパティを使用して要素を表示するため、「<h2>～</h2>」のようなシンプルなタグだけでなく、「style='color:green'」のようにスタイルシートの属性を設定することも可能です。
次の部分では、配列kujiから要素をランダムに取り出して、id属性がmyAreaのdivエレメントに表示しています。

❶ ランダム生成した整数を変数numに代入

```
const num = Math.floor(kuji.length * Math.random());
myArea.innerHTML = kuji[num];
```

❷ 変数numで要素を取り出してHTMLを設定

❶では、0から「要素数-1」までの整数をランダムに生成して、変数numに格納しています。この変数は、配列kujiの添字として使用します。詳しくは165ページのコラム「指定した範囲の乱数を発生させるには」を参照してください。
❷では、innerHTMLプロパティに配列kujiから取り出した要素を代入して、占い結果を更新しています。

COLUMN ダイアログボックスに複数行を表示する

ダイアログボックスを表示するalertメソッド、およびpromptメソッドについては、これまで何度も取り上げてきました。どちらもwindowオブジェクトのメソッドです。これらのメソッドで表示されるダイアログボックスに、複数の行を表示することもできます。そのためには、改行したい位置に、改行を表す「\n」という記号を挿入します。たとえば、「JavaScriptプログラミング入門」という文字列を3行に分けて表示するには、次のようにします。

```
let str = "JavaScript\nプログラミング\n入門";
alert(str);
```

ダイアログボックスには、次のように表示されます。

まとめ

- ▶DOMを使用すると、HTMLの任意の要素にアクセスできる
- ▶指定したIDのノードを取り出す、getElementByIdメソッド
- ▶ノードのテキストを取得するinnerTextプロパティ
- ▶ノードのHTMLを変更するinnerHTMLプロパティ

Webブラウザーのイベントを扱う ― イベントハンドラーとイベントリスナー

完成ファイル | [0802]→[sample2e.html]

予習 イベントとは何だろう？

JavaScriptに限らず、最近のGUIを使用したプログラミングではイベントの取り扱いが重要です。イベントとは、何らかの状態が起こったときに生まれるメッセージのようなものです。JavaScriptに用意されている**イベントハンドラー**という仕組みを使うと、このイベントを捕まえて、必要な処理を行うことができます。たとえば、ユーザーがWebページにあるボタンをクリックすると、「**click**」というイベントが発生します。**onclick**というイベントハンドラーを使用すると、clickイベントを捕まえることができます。これを利用すると、ユーザーが「計算」ボタンをクリックしたときに計算を実行する、といった処理が可能になります。

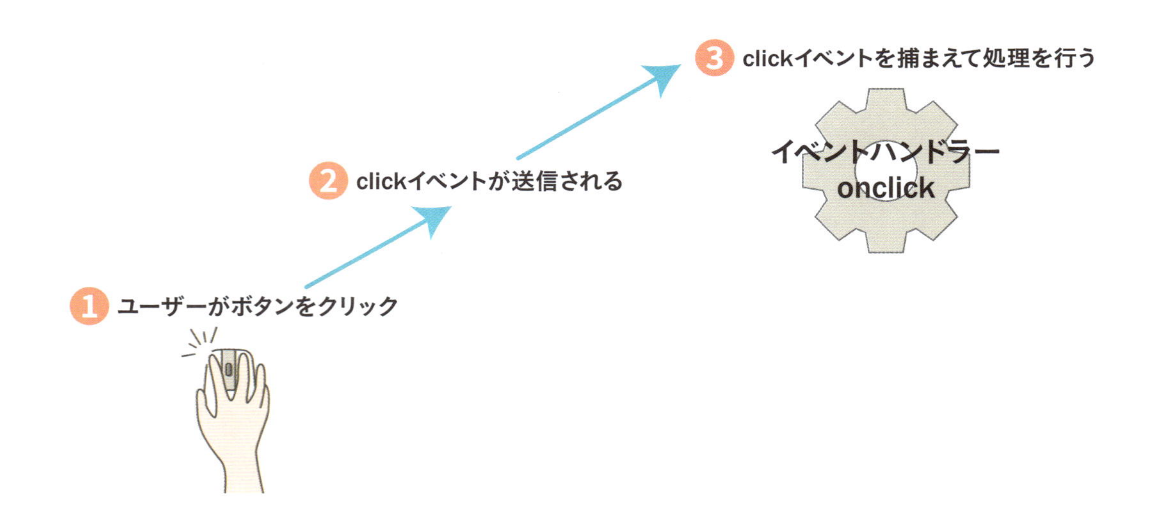

イベントの処理では、イベントを監視して、発生したら**リスナー関数**と呼ばれる関数を呼び出して処理を行う、**イベントリスナー**という仕組みを使うこともできます。両者の使い方を学んでいきましょう。

体験 イベントハンドラーとイベントリスナーを使ってみよう

1 作業用のファイルを用意する

エディターで「0802」フォルダーの「template2.html」を開いて「sample2.html」といった名前で保存します。bodyエレメントに、buttonエレメントで「ボタン1」❶「ボタン2」❷「ボタン3」❸の3つのボタンが配置されています。

```
7       </script>
8   </head>
9
10  <body>
11      <button type="button">ボタン1</button>
12      <button type="button" id="button2">ボタン2</button>
13      <button type="button" id="button3">ボタン3</button>
14      <script>
15      </script>
16  </body>
17  </html>
```

```
<body>
    <button type="button">ボタン1</button>                    ❶
    <button type="button" id="button2">ボタン2</button>       ❷
    <button type="button" id="button3">ボタン3</button>       ❸
</body>
```

2 HTMLタグでイベントハンドラーを定義する

headエレメントのscriptエレメントにfunc1関数を定義します❶。「ボタン1」の<button>タグの**onclick**属性で、func1を呼び出すようにします❷。

```
1   <!DOCTYPE html>
2   <html lang="ja">
3   <head>
4       <meta charset="utf-8">
5       <title>イベント処理のテスト</title>
6       <script>
7           function func1(str) {
8               alert(str + "がクリックされました");
9           }
10      </script>
11  </head>
12
13  <body>
14      <button type="button" onclick="func1('ボタン1');">ボタン1</button>
15      <button type="button" id="button2">ボタン2</button>
16      <button type="button" id="button3">ボタン3</button>
17      <script>
18      </script>
19  </body>
```

```
    <script>
        function func1(str) {
            alert(str + "がクリックされました");          ❶ 入力する
        }
    </script>
</head>

<body>
                                                            ❷ 修正する
    <button type="button" onclick="func1('ボタン1');">ボタン1</button>
    <button type="button" id="button2">ボタン2</button>
    <button type="button" id="button3">ボタン3</button>
</body>
```

3 プログラムを実行する

ファイルを上書き保存し、プログラムを実行します。「ボタン1」をクリックすると❶、ダイアログボックスに「ボタン1がクリックされました」と表示されます❷。

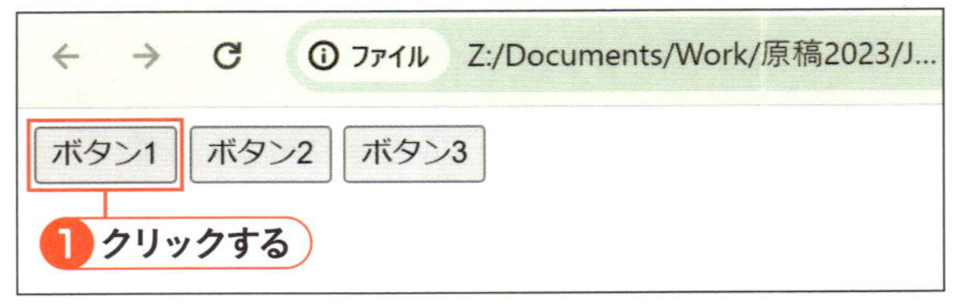

このページの内容
ボタン1がクリックされました
2 表示される
OK

4 onclickプロパティでイベントハンドラーを設定する

bodyエレメントのscriptエレメントにステートメントを追加します。getElementByIdメソッドでid属性がbutton2のボタンを取得し❶、onclickプロパティに「ボタン2がクリックされました」と表示するアロー関数を記述します❷。

```
8                alert(str + "がクリックされました");
9            }
10       </script>
11   </head>
12
13   <body>
14       <button type="button" onclick="func1('ボタン1');">ボタン1</button>
15       <button type="button" id="button2">ボタン2</button>
16       <button type="button" id="button3">ボタン3</button>
17       <script>
18           const btn2 = document.getElementById("button2");
19           btn2.onclick = () => { alert("ボタン2がクリックされました") };
20       </script>
21   </body>
22   </html>
```

```
<button type="button" onclick="func1('ボタン1');">ボタン1</button>
<button type="button" id="button2">ボタン2</button>
<button type="button" id="button3">ボタン3</button>
<script>
    const btn2 = document.getElementById("button2");
    btn2.onclick = () => { alert("ボタン2がクリックされました") };
</script>
```

❶ 入力する
❷ 入力する

5 プログラムを実行する

ファイルを上書き保存し、プログラムを実行します。「ボタン2」をクリックすると❶、ダイアログボックスに「ボタン2がクリックされました」と表示されます❷

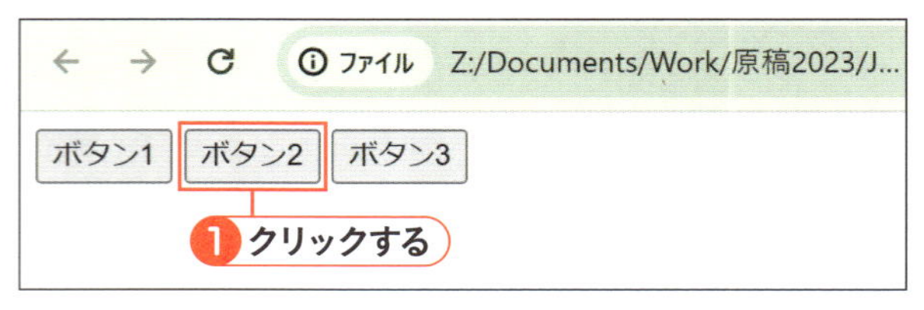

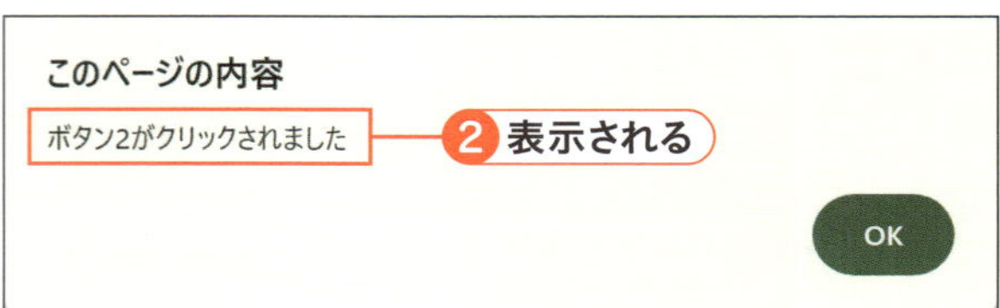

6 addEventListnerメソッドでイベントリスナーを登録する

bodyエレメントのscriptエレメントにステートメントを追加します。**getElementById**メソッドでid属性がbutton3のボタンを取得し❶、**addEventListner**メソッドで「ボタン3がクリックされました」と表示するアロー関数を記述します❷。

```
2   <html lang="ja">
3   <head>
4       <meta charset="utf-8">
5       <title>イベント処理のテスト</title>
6       <script>
7           function func1(str) {
8               alert(str + "がクリックされました");
9           }
10      </script>
11  </head>
12
13  <body>
14      <button type="button" onclick="func1('ボタン1');">ボタン1</button>
15      <button type="button" id="button2">ボタン2</button>
16      <button type="button" id="button3">ボタン3</button>
17      <script>
18          const btn2 = document.getElementById("button2");
19          btn2.onclick = () => { alert("ボタン2がクリックされました") };
20          const btn3 = document.getElementById("button3");
21          btn3.addEventListener("click", () => { alert("ボタン3がクリックされました") });
22      </script>
23  </body>
24  </html>
```

```
<button type="button" onclick="func1('ボタン1');">ボタン1</button>
<button type="button" id="button2">ボタン2</button>
<button type="button" id="button3">ボタン3</button>
<script>
    const btn2 = document.getElementById("button2");
    btn2.onclick = () => { alert("ボタン2がクリックされました") };
    const btn3 = document.getElementById("button3");
    btn3.addEventListener("click", () => { alert("ボタン3がクリックされました") });
</script>
```

❶ 入力する

❷ 入力する

7 プログラムを実行する

ファイルを上書き保存し、プログラムを実行します。「ボタン3」をクリックすると❶、ダイアログボックスに「ボタン3がクリックされました」と表示されます❷。

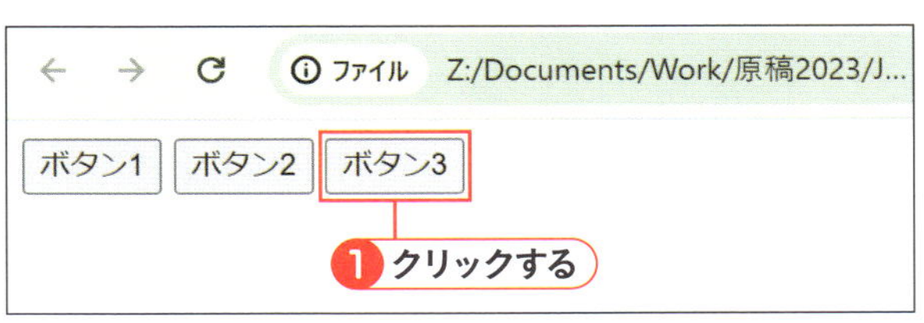

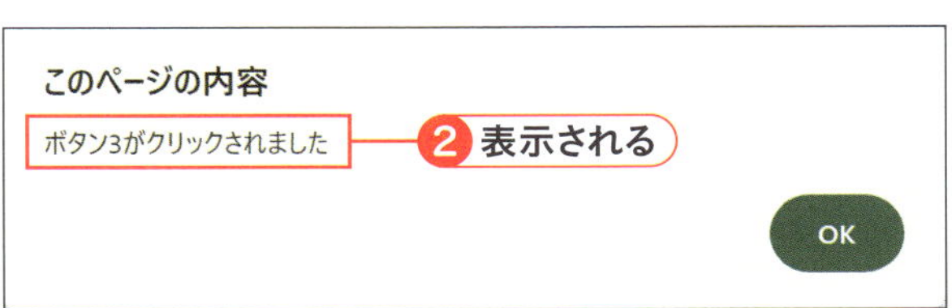

理解 イベント処理の種類

HTMLタグ内でイベントハンドラーを設定する

イベントハンドラーは、ボタンのクリックなどによって発生するイベントを捕まえて処理する機能です。JavaScriptでイベントハンドラーを設定する方法は、数種類用意されています。まずは、HTMLタグの属性として設定する方法について説明しましょう。書式は次のようになります。<体験>の手順2で記述した、ボタンの「click」イベントを捕まえる「onclick」イベントハンドラーを見てみましょう。func1関数を呼び出すステートメントを代入しています。

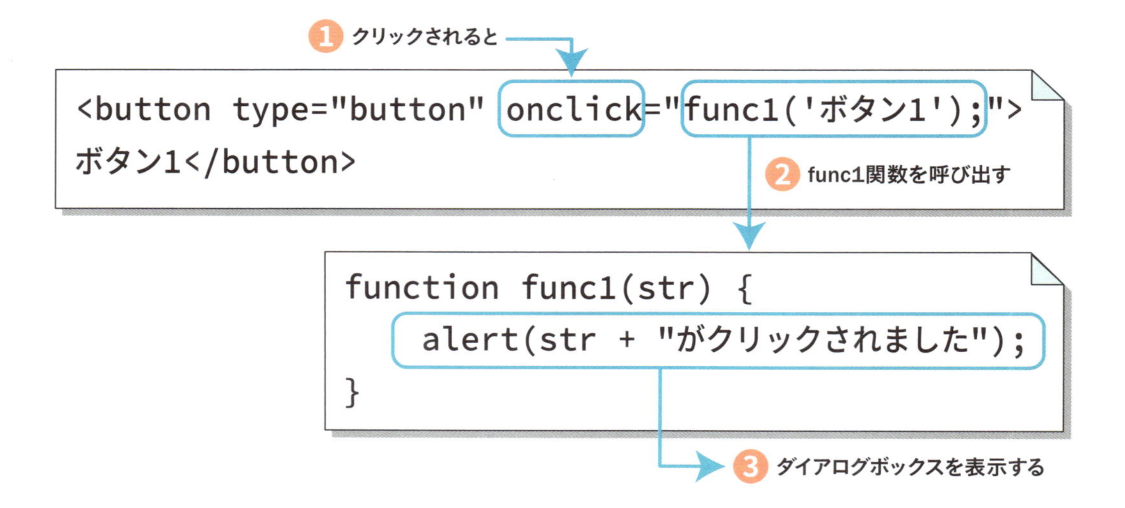

func1の引数「ボタン1」がシングルクオート「'」で囲まれている点に注意してください。HTMLタグ内ではステートメント全体をダブルクォート「"」で囲む必要があるため、その内部のクォートには「"」が使えず、代わりにシングルクオート「'」を使っています。

イベントハンドラーをプロパティとして設定する

イベントハンドラーは、オブジェクトのプロパティとして設定することもできます。その場合の書式は次のようになります。

▼書式

```
オブジェクト名.イベントハンドラー名 = 呼び出す関数;
```

あらかじめ定義済みの関数であれば関数名を記述しますが、関数式やアロー関数を代入しても構いません。<体験>の手順4では次のようにして、getElementByIdメソッドでid属性が「button2」のボタンのエレメントを取得し、onclickプロパティに**アロー関数**を代入しています。

button2のエレメントを取得

```
const btn2 = document.getElementById("button2");
btn2.onclick = () => { alert("ボタン2がクリックされました") };
```

onclickプロパティにアロー関数を代入

アロー関数ではなく、次のように**関数式**を代入しても構いません。

```
btn2.onclick = function(){ alert("ボタン2がクリックされました") }
```

onclickプロパティに関数式を代入

イベントリスナーを使用する

イベントハンドラーの代わりに、**イベントリスナー**という仕組みを利用することもできます。何らかの処理を待って呼び出される関数を**コールバック関数**といいますが、イベントリスナーは、指定したイベントの発生を待ち受けて処理を行う**リスナー関数**と呼ばれるコールバック関数です。イベントハンドラーと異なり、個々のイベントに対して複数のリスナー関数を設定できます。また、細かなオプションも設定可能です。
イベントリスナーを設定するには、次のような形式で**addEventListener**メソッドを使用します。

▼書式

```
エレメント.addEventListener("イベント名", リスナー関数);
```

最初の引数には、「click」のようなイベント名を指定します。「onclick」のようなイベントハンドラー名ではない点に注意してください。<体験>の手順6では、次のようにid属性が「button3」のボタンのエレメントを取得して、イベントリスナーを設定しています。

```
const btn3 = document.getElementById("button3");
btn3.addEventListener("click", () => { alert("ボタン3がクリックされました") });
```

button3のエレメントを取得

イベントリスナーを設定

マウス操作のイベント

マウス操作のイベントは、クリックだけでなく、いろいろなアクションに対応したものが用意されています。また、これらのイベントはbuttonだけでなく、divやh1、imageといったエレメントでも利用できます。次の表にマウス操作の基本的なイベントを示します。

マウス操作のイベント

イベント	発生するタイミング
click	オブジェクトがクリックした時
dblclick	マウスボタンをダブルクリックしたとき
mousedown	マウスボタンを押したとき(クリックの前半の動作)
mouseup	マウスボタンを離したとき(クリックの後半の動作)
onmousemove	マウスを動かしたとき
onmouseover	オブジェクトの中にマウスが入ったとき
onmouseout	オブジェクトからマウスが出たとき

COLUMN HTMLドキュメントのロードが完了したときに処理を行うには

DOMの操作を行うには、その要素がメモリに読み込まれている必要があります。そのため、本節の＜体験＞では、scriptエレメントを<button>タグの後に記述しています。

```
<button type="button" id="button2">ボタン2</button>
～
<script>
    const btn2 = document.getElementById("button2");
    btn2.onclick = function(){ alert("ボタン2がクリックされました") }
</script>
```

DOMを操作するスクリプトはHTML要素の後に記述する必要がある

一方、scriptエレメントをすべてheadエレメントに記述したい場合などでは、HTMLドキュメントのロードが完了した時点で処理を行う必要があります。
そのようなときは、windowオブジェクトに用意されている**onload**というイベントハンドラーを使用します。onloadイベントハンドラーは、HTMLドキュメントの読み込みが完了した時点で呼び出されます。

▼書式

```
window.onload = function() {
     ここにHTMLドキュメントのロード完了後の処理を記述
}
```

まとめ

- ▶イベントの処理行う関数を登録するイベントハンドラー
- ▶エレメントをクリックすると呼び出されるonclickイベントハンドラー
- ▶イベントを監視し関数を呼び出すイベントリスナー
- ▶リスナー関数の登録にはaddEventListenerメソッドを使用する

フォームの部品を利用する ― いろいろなGUI部品

完成ファイル | [0803] → [sample3e.html]

予習 GUI部品の取り扱い

HTMLのフォームは、JavaScriptから見れば**formオブジェクト**です。また、フォームのGUI部品であるプッシュボタンは**buttonオブジェクト**、ラジオボタンは**radioオブジェクト**、テキストフィールドは**textオブジェクト**です。フォームをうまく活用することにより、JavaScriptでさまざまなGUIプログラムが作成できます。

この節では、フォームのGUI部品をJavaScriptからコントロールする例として、3-5「ユーザーからの入力を受け取って計算する―入力ダイアログボックスの表示」で説明した、身長から標準体重を計算するプログラムのGUI版を作成してみましょう。

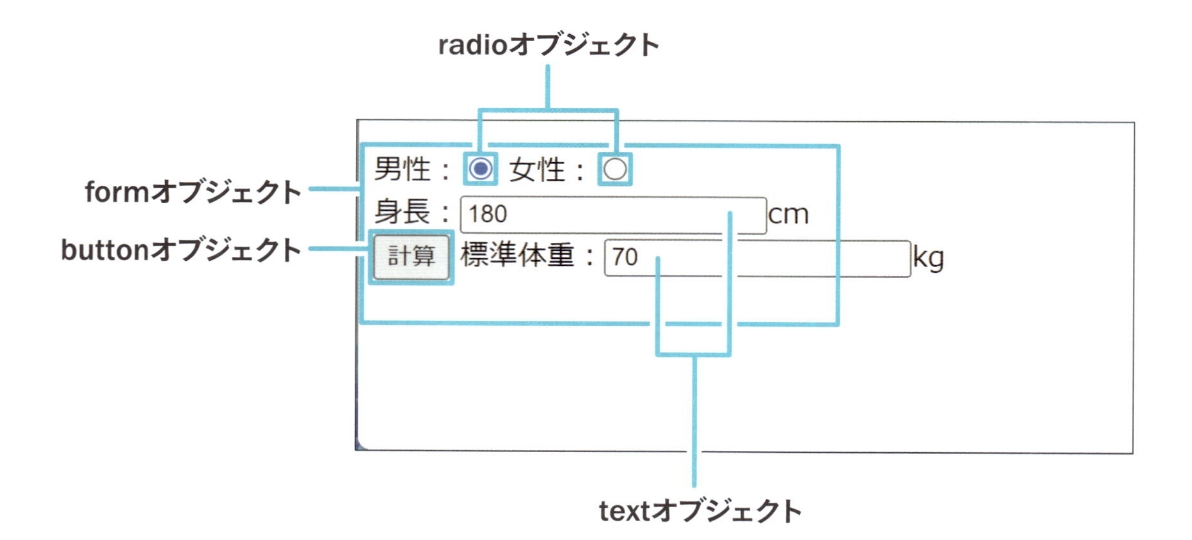

体験 標準体重を求めるGUIプログラムを作る

1 作業用のファイルを用意する

エディターで「0803」フォルダーの「template3.html」を開き、「sample3.html」といった名前で保存します。bodyエレメントには、あらかじめ「weightForm」という名前のフォームが用意されています❶。

```
1  <!DOCTYPE html>
2  <html lang="ja">
3  <head>
4      <meta charset="utf-8">
5      <title>フォームの利用</title>
6      <script>
7      </script>
8  </head>
9
10 <body>
11     <form name="weightForm"><p>
12         男性：<input type="radio" name="sex" checked>
13         女性：<input type="radio" name="sex" ><br>
14         身長：<input type="text" name="height">cm<br>
15         <button type="button" name="calc">計算</button>
16         標準体重：<input type="text" name="weight">kg
17     </p></form>
18 </body>
19 </html>
```

```
<form name="weightForm"><p>
    男性：<input type="radio" name="sex" checked>
    女性：<input type="radio" name="sex" ><br>
    身長：<input type="text" name="height">cm<br>
    <button type="button" name="calc">計算</button>
    標準体重：<input type="text" name="weight">kg
</p></form>
```

「sex」ラジオボタン
「height」テキストフィールド
「計算」ボタン
「weight」テキストフィールド
❶「weightForm」フォーム

2 ボタンのイベントハンドラーを設定する

headエレメントで**stdWeight関数**を定義します❶。ボタンの属性に**onclickイベントハンドラー**を設定し、stdWeight関数を呼び出すようにします❷。

```
1  <!DOCTYPE html>
2  <html lang="ja">
3  <head>
4      <meta charset="utf-8">
5      <title>フォームの利用</title>
6      <script>
7          function stdWeight(myForm) {
8              let height, weight;
9              height = Number(myForm.height.value);
10             weight = (height - 100) * 0.9;
11             myForm.weight.value = weight;
12         }
13     </script>
14 </head>
15
16 <body>
17     <form name="weightForm"><p>
18         男性：<input type="radio" name="sex" checked>
19         女性：<input type="radio" name="sex" ><br>
20         身長：<input type="text" name="height">cm<br>
21         <button type="button"
22             name="calc" onclick="stdWeight(this.form)">計算</button>
23         標準体重：<input type="text" name="weight">kg
24     </p></form>
25 </body>
26 </html>
```

Tips

stdWeight関数では、標準体重の計算に「(身長 − 100) × 0.9」という式を利用しています。

```
<head>
    <meta charset="utf-8">
    <title>フォームの利用</title>
    <script>
        function stdWeight(myForm) {
            let height, weight;
            height = Number(myForm.height.value);
            weight = (height - 100) * 0.9;
            myForm.weight.value = weight;
        }
    </script>
</head>

<body>
    <form name="weightForm"><p>
        男性：<input type="radio" name="sex" checked>
        女性：<input type="radio" name="sex" ><br>
        身長：<input type="text" name="height">cm<br>
        <button type="button"
            name="calc" onclick="stdWeight(this.form)">計算</button>
        標準体重：<input type="text" name="weight">kg
    </p></form>
</body>
```

❶ 入力する

❷ 修正する

3 プログラムを実行する

ファイルを上書き保存し、プログラムを実行します。身長を入力し❶、［計算］ボタンをクリックすると❷、標準体重が表示されます❸。この段階では［男性］［女性］ボタンを選択しても結果は同じです。

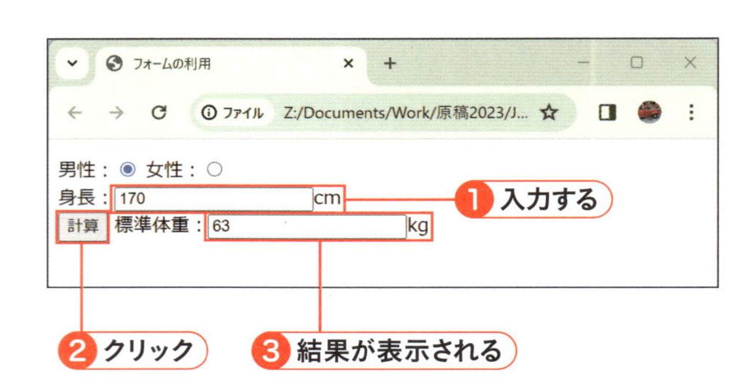

4 男性か女性かを判断する

次に、[男性][女性]ボタンのラジオボタンの状態によって、if文で計算式を変更するようにします❶。

Tips

男性の場合には「(身長 - 80) × 0.7」、女性の場合には「(身長 - 70) × 0.6」という計算式を利用しています。

```
1  <!DOCTYPE html>
2  <html lang="ja">
3  <head>
4      <meta charset="utf-8">
5      <title>フォームの利用</title>
6      <script>
7          function stdWeight(myForm) {
8              let height, weight;
9              height = Number(myForm.height.value);
10             if (myForm.sex[0].checked) {
11                 weight = (height - 80) * 0.7;
12             } else {
13                 weight = (height - 70) * 0.6;
14             }
15             myForm.weight.value = weight;
16         }
17     </script>
18 </head>
```

```
<script>
    function stdWeight(myForm) {
        let height, weight;
        height = Number(myForm.height.value);
        if (myForm.sex[0].checked) {
            weight = (height - 80) * 0.7;
        } else {
            weight = (height - 70) * 0.6;
        }
        myForm.weight.value = weight;
    }
</script>
```

❶修正する

5 プログラムを実行する

ファイルを上書き保存し、プログラムを実行します。男性と女性で結果が異なることを確認してください。

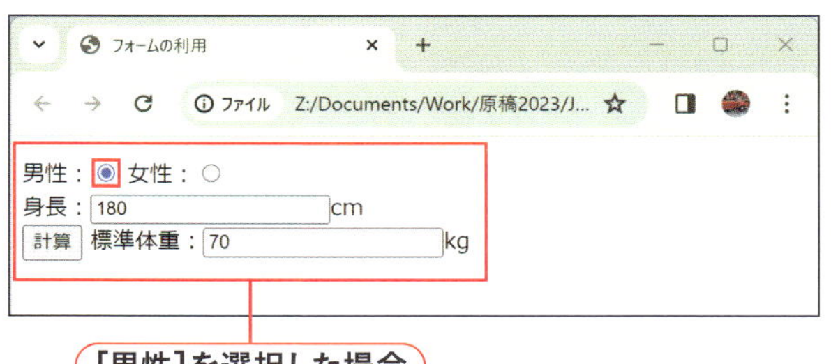

[男性]を選択した場合

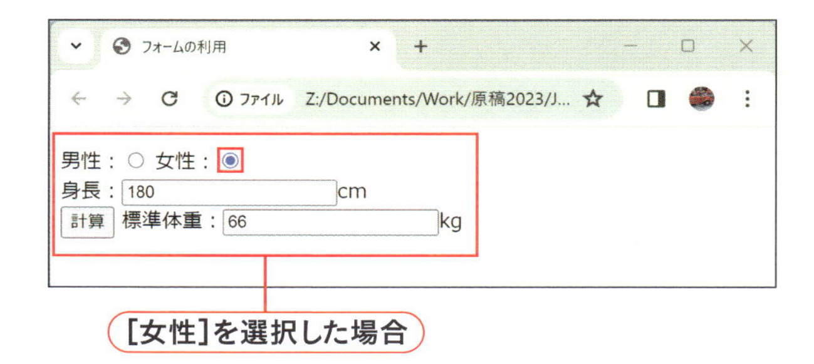

[女性]を選択した場合

フォームの部品のアクセス

Webブラウザーのオブジェクトの階層では、フォームのGUI部品はformオブジェクトの下の階層にあります。また、formオブジェクトはdocumentオブジェクトの下の階層です。
各要素はHTMLの**name属性**で指定した名前でアクセスできます。たとえば、myFormという名前のフォームの、heightという名前のテキストボックス（textオブジェクト）にある、**value**というプロパティには、次のようにしてアクセスします。

document.myForm.height.value

この**value**とは、テキストボックス内の文字列を表すプロパティです。valueプロパティを読み出せば、テキストボックスの文字列を取り出せます。また、値を代入すれば、テキストボックスに表示する文字列を変更できます。

自分自身を示すthisプロパティ

＜体験＞の手順2で記述した、ボタンのイベントハンドラーを見てみましょう。

```
<input type="button" value="計算" name="calc"
    onclick="stdWeight(this.form)">
```

stdWeight関数の引数に**this.form**と指定していますが、この**this**は何でしょうか？
フォームの部品には、自分自身を示す特殊なプロパティ**this**が用意されています。たとえば、ボタンのイベントハンドラーで記述した場合、「this」はボタン自身を表すことになります。さらに、そのボタンが属するformオブジェクトは「this.form」で参照できます。
それでは、なぜ引数に「this.form」を渡すのでしょう？実はそうすることにより、呼び出された関数は「フォームの各部品にフォームの階層からアクセスできる」ようになるからです。stdWeight関数の先頭では、次のように「myForm.height.value」という形式でテキストボックスの値にアクセスしています。もし、引数に「this.form」を渡さない場合、「document.myForm.height.value」のようにdocumentオブジェクトの階層から指定しなければならなくなり、プログラムが複雑になってしまいます。

```
function stdWeight(myForm) {
    let height, weight;
    height = Number(myForm.height.value);
```

this.formを引数で渡すと
formの階層から記述できる

```
function stdWeight() {
    let height, weight;
    height = Number(document.weightForm.height.value);
```

this.formを引数で渡さないと
documentの階層から記述する必要がある

また、この関数を他のプログラムで使い回したい場合でも、引数に「this.form」を受け取っておけば、フォームの名前を気にする必要がなくなるのです。

stdWeight関数について

以上の解説をもとに、手順2で記述したstdWeight関数を見てみましょう。

```
function stdWeight(myForm) {
    let height, weight;
    height = Number(myForm.height.value); ――❶
    weight = (height - 100) * 0.9; ――❷
    myForm.weight.value = weight; ――❸
}
```

❶では、身長のテキストボックス「height」のvalueプロパティから値を取り出し、Number関数で数値に変換してから変数heightに代入しています。❷では、標準体重を計算して変数weightに代入しています。❸では、標準体重のテキストボックス「weight」のvalueプロパティに、変数weightを代入しています。これで、標準体重が表示されます。

ラジオボタンを使う

フォームのラジオボタンは、JavaScriptでは**radioオブジェクト**として扱います。同一グループ（同じ「name」属性）のラジオボタンは、最初の要素の添字を0とする配列として扱います。

男性：<input type="radio" name="sex" checked>
女性：<input type="radio" name="sex" >

男性：◉ 女性：○

チェックが付いているかどうかは、**checkedプロパティ**で確認できます。選択されていればtrue、そうでなければfalseとなります。手順5では、次のようなif文で性別を判定し、計算式を切り替えています。

「男性」ボタンがオンかどうかをチェック

```
if (myForm.sex[0].checked) {
    weight = (height - 80) * 0.7;  ← 男性用の計算式を実行
} else {
    weight = (height - 70) * 0.6;  ← 女性用の計算式を実行
}
```

COLUMN 配列によるフォームのアクセス

この節では、フォームにname属性で設定した名前でアクセスしましたが、その他にdocumentオブジェクトの下の階層の**forms配列**としてアクセスすることもできます。また、フォーム内のそれぞれの要素には、elements配列としてもアクセスできます。
添字の番号は、HTMLドキュメント内に記述された順番になります。たとえば、HTMLドキュメント内にフォームが1つある場合、そのフォームはdocument.form[0]としてアクセスできます。そのフォーム内の最初の要素は、document.form[0].elements[0]となります。この節では、フォームにname属性で設定した名前でアクセスしましたが、その他にdocumentオブジェクトの下の階層のforms配列としてアクセスすることもできます。また、フォーム内のそれぞれの要素には、elements配列としてもアクセスできます。
添字の番号は、HTMLドキュメント内に記述された順番になります。たとえば、HTMLドキュメント 内にフォームが1つある場合、そのフォームはdocument.form[0]としてアクセスできます。そのフォーム内の最初の要素は、document.form[0].elements[0]となります。

HTMLのフォーム

```
…
<form name = "myForm"><p>
    <input type = "text" name = "name">
    <input type = "text" name = "age">
</p></form>
…
```

名前によるアクセス

```
document.myForm.name
document.myForm.age
```

配列によるアクセス

```
document.form[0].elements[0]
document.form[0].elements[1]
```

まとめ

- ▶フォームの部品を使うと、GUIプログラムが作成できる
- ▶textオブジェクトの文字列を設定／取得する、valueプロパティ
- ▶radioボタンがオンかどうかを判断する、checkedプロパティ

新規のウィンドウを開く — windowオブジェクト

完成ファイル | [0804] → [sample4e.html]

予習 プログラムで新しいウィンドウを開くには

windowオブジェクトは、Webブラウザーが自動的に生成するオブジェクトです。Webブラウザーで新たなウィンドウを開いてHTMLファイルをロードすると、それが個別のwindowオブジェクトとなるわけです。
また、JavaScriptから、直接windowオブジェクトを生成することもできます。つまり、プログラムを使って新たなウィンドウを開くことができます。

```
win = window.open("sample.html");
```

プログラムでウィンドウを開ける

プログラムからウィンドウを開くとき、ウィンドウサイズやスクロールバーの表示の有無なども設定できます。また、新たに開いたウィンドウには、イメージやボタンなど任意のエレメントを追加できます。

体験 windowオブジェクトを生成する

1 新規ウィンドウを開く

エディターで「0804」フォルダーの「template4.html」を開いて「sample4.html」といった名前で保存します。あらかじめid属性が「openBtn」のbuttonエレメントと空のscriptエレメントが用意されています。scriptエレメントにステートメントを記述します。ボタンのノードを取得し❶、onclickイベントハンドラーに新規ウィンドウを開くアロー関数を設定します❷。

```
2   <html lang="ja">
3
4   <head>
5       <meta charset="utf-8">
6       <title>ウィンドウを開く</title>
7   </head>
8
9   <body>
10      <button type="button" id="openBtn">開く</button>
11      <script>
12          const btn = document.getElementById("openBtn");
13          btn.onclick = () => {
14              const win = window.open("https://google.co.jp", "",
15                  "resizable=yes, width=1000, height=500");
16          }
17      </script>
18  </body>
19  </html>
```

Tips

❷では、Googleのサイトを幅幅1000ピクセル、高さ500ピクセルのサイズで表示するように設定しています。

```
<button type="button" id="openBtn">開く</button>
<script>
    const btn = document.getElementById("openBtn");
    btn.onclick = () => {
        const win = window.open("https://google.co.jp", "", "resizable=yes, width=1000, height=500");
    }
</script>
```

❶入力する

❷入力する

2 プログラムを実行する

ファイルを上書き保存し、プログラムを実行します。[開く] ボタンをクリックすると❶、新規ウィンドウがオープンしてGoogleのサイトが表示されます❷。

3 ウィンドウのHTMLをプログラムで生成する

既存のWebページを表示するのではなく、プログラムでHTMLドキュメントを書き出すこともできます。onclickイベントハンドラーを次のように変更します❶。

Tips
ここでは、imgオブジェクトとウィンドウを閉じるためのbuttonオブジェクトを配置しています。

```
7
8   <body>
9       <button type="button" id="openBtn">開く</button>
10      <script>
11          const btn = document.getElementById("openBtn");
12          btn.onclick = () => {
13              const newWin = window.open("", "", "width=300, height=280");
14              const myImg = document.createElement("img");
15              myImg.src = "images/photo2.jpg";
16              newWin.document.body.appendChild(myImg)
17              const btn = document.createElement("button");
18              btn.type = "button";
19              btn.innerText = "閉じる";
20              btn.onclick = () => { newWin.close() };
21              newWin.document.body.appendChild(btn);
22          }
23      </script>
24  </body>
25  </html>
```

```
const btn = document.getElementById("openBtn");
btn.onclick = () => {
    const newWin = window.open("", "", "width=300, height=280");
    const myImg = document.createElement("img");
    myImg.src = "images/photo2.jpg";
    newWin.document.body.appendChild(myImg)
    const btn = document.createElement("button");
    btn.type = "button";
    btn.innerText = "閉じる";
    btn.onclick = () => { newWin.close() };
    newWin.document.body.appendChild(btn);
}
```

❶修正する

4 プログラムを実行する

ファイルを上書き保存し、プログラムを実行します。[開く] ボタンをクリックすると、イメージと「閉じる」ボタンが表示されます。

Tips
サンプルでは、imagesフォルダーの下に、表示するイメージファイル「photo2.jpg」を配置しています。

理解 新規ウィンドウの生成について

既存のWebページをロードする

新規ウィンドウを作成するには、windowオブジェクトの**open**メソッドを使用します。その戻り値は、生成されたwindowオブジェクトになります。
最初の引数にはURLを指定します。2番目の引数にはウィンドウ名を指定しますが、通常は空の文字列「""」でかまいません。3番目の引数には、オプションをカンマで区切って指定します。
＜体験＞の手順1で記述したステートメントを見てみましょう。

```
const newWin = window.open("http://google.co.jp", "",
    "resizable=yes, width=1000, height=500");
```

サイズを変更可能にする
幅を1000ピクセルに
高さを500ピクセルに

この例では、オプションに「resizable=yes」を指定していますが、これでウィンドウサイズが変更できるようになります。「width」と「height」では、ウィンドウの幅と高さをピクセル数で指定します。

DOMツリーにエレメントを追加する

＜体験＞の手順3では、新たに開いたウィンドウの**DOM**ツリーに、イメージと「閉じる」ボタンを追加しています。
DOMツリーにノードを追加するには、まず、**createElement**メソッドを使用してエレメントを生成し、**appendChild**メソッドで親のエレメントに追加します。イメージの追加の例で見てみましょう。
まず、次のようにしてcreateElementメソッドの引数に「img」を設定してimgエレメントを生成します。

```
const myImg = document.createElement("img");
```

続いて、必要なプロパティを設定します。イメージの場合は、**src**プロパティに表示するイメージファイルのパスを設定します（イメージファイルはimagesフォルダーにphoto2.jpgとして保存してあります）。

```
myImg.src = "images/photo2.jpg";
```

最後に、**appendChild**メソッドを使用して親のノードに追加します。
新規ウィンドウにエレメントを追加する場合は、documentエレメントの下のbodyエレメントに追加します。その場合、トップ階層のウィンドウは「window」ではなく、openメソッドで生成したウィンドウである「newWin」とすることに注意してください。

```
newWin.document.body.appendChild(myImg);
```

ボタンの場合も同様です。typeプロパティを「button」にして、**innerText**プロパティでボタンに表示するテキストを設定します。

```
const btn = document.createElement("button");
btn.type = "button";
btn.innerText = "閉じる";
```

onclickプロパティでは、ボタンがクリックされたときに実行する関数を設定します。ここでは次のように、アロー関数で**close**メソッドを設定しています。closeメソッドは、文字どおりウィンドウを閉じるメソッドです。

```
btn.onclick = () => { newWin.close() };
```

最後に、**appendChild**メソッドでbodyエレメントに追加します。

```
newWin.document.body.appendChild(btn);
```

openメソッドのオプションについて

window.openメソッドの３番目の引数で指定可能な、主なオプションについてまとめておきます。

オプション	設定値	説明
menubar	yesまたはno	メニューバーを表示するかどうか
resizable	yesまたはno	ウィンドウサイズを可変にするかどうか
scrollbars	yesまたはno	スクロールバーを表示するかどうか
status	yesまたはno	ステータスバーを表示するかどうか
toolbar	yesまたはno	ツールバーを表示するかどうか
width	ピクセル値	ウィンドウの幅
height	ピクセル値	ウィンドウの高さ

- **新規ウィンドウを開くには、windowオブジェクトのopenメソッドを使用する**
- **DOMツリーにノードを追加するには、createElementメソッドを使用してエレメントを生成し、appendChildメソッドで親のエレメントに追加する**

5 OSを判別してメッセージを変更する ― navigatorオブジェクト

完成ファイル | [0805] → [sample5e.html]

予習 navigatorオブジェクトについて

本章では、ここまでDOMを基本にしたWebブラウザー上のオブジェクトの取り扱いについて説明してきました。HTMLファイルのDOMでは、Webブラウザーが開いているウィンドウを管理するwindowオブジェクトを頂点とする階層構造で、Webブラウザーのオブジェクトを操作できました。

一方、個々のウィンドウに依存しないオブジェクトとして、**navigator**オブジェクトがあります。navigatorオブジェクトには、Webブラウザーの名前やバージョンといった情報がプロパティとして用意されています。たとえば、userAgentプロパティには、OSやWebブラウザーの情報が格納されています。

navigatorオブジェクト

userAgent	使用ブラウザーの情報
vendor	ベンダー情報
language	言語情報
…	

この節では、navigatorオブジェクトを使って、Webページを開いた訪問者の使用OSに応じて異なるメッセージを表示してみましょう。

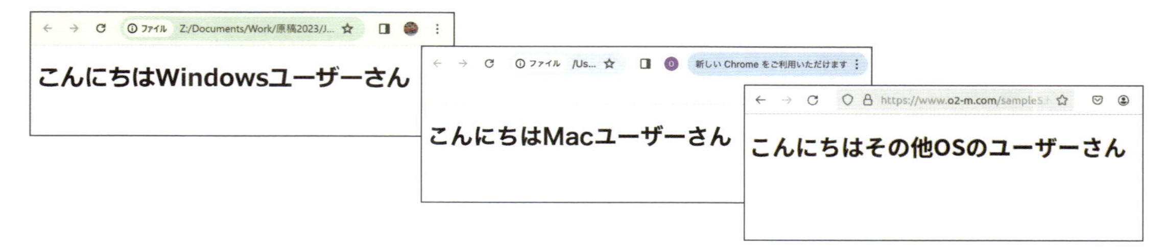

体験 OSによって異なるメッセージを表示する

1 navigatorオブジェクトのプロパティをすべて表示する

エディターで「0805」フォルダーの「template5.html」を開いて「sample5.html」といった名前で保存します。あらかじめ、メッセージ表示用にid属性が「msg」の空のdivエレメントが用意されています。まずは、navigatorオブジェクトのプロパティ一覧をコンソールに表示してみましょう。次のfor～in文を追加します❶。

```
1   <!DOCTYPE html>
2   <html lang="ja">
3   <head>
4       <meta charset="utf-8">
5       <title>navigatorオブジェクト</title>
6   </head>
7
8   <body>
9       <div id="msg"></div>
10      <script>
11          for (let prop in navigator) {
12              console.log(prop, ":", navigator[prop]);
13          }
14      </script>
15  </body>
16  </html>
17
```

```
<script>
    for (let prop in navigator) {
        console.log(prop, ":", navigator[prop]);
    }
</script>
```

❶入力する

2 プログラムを実行する

ファイルを上書き保存し、プログラムを実行します。navigatorオブジェクトに用意されている、すべてのプロパティの名前と値が表示されます。

```
No Issues  1
vendorSub :                              sample5.html:12
productSub : 20030107                    sample5.html:12
vendor : Google Inc.                     sample5.html:12
maxTouchPoints : 0                       sample5.html:12
scheduling : ▶ Scheduling                sample5.html:12
userActivation : ▶ UserActivation        sample5.html:12
doNotTrack : null                        sample5.html:12
geolocation : ▶ Geolocation              sample5.html:12
connection : ▶ NetworkInformation        sample5.html:12
plugins : ▶ PluginArray                  sample5.html:12
```

3 OSによってメッセージを変更する

手順1で記述したステートメントをコメントにして❶、document.getElementByIdメソッドでid属性が「msg」のdivエレメントを取得してmsgArea変数に代入します❷。userAgentプロパティをtoLowerCaseメソッドで小文字に変換して、変数usに代入します❸。if文で変数usの値を判別して、使用OSがWindowsかmacOSか、それ以外かに応じたメッセージを表示します❹。

```
6   </head>
7
8   <body>
9       <div id="msg"></div>
10      <script>
11          /*
12          for (let prop in navigator) {
13              console.log(prop, ":", navigator[prop]);
14          }
15          */
16          const msgArea = document.getElementById("msg");
17          const ua = navigator.userAgent.toLowerCase();
18          if (ua.indexOf("mac") >= 0) {
19              msgArea.innerHTML = "<h1>こんにちはMacユーザーさん</h1>";
20          } else if (ua.indexOf("windows") >= 0) {
21              msgArea.innerHTML = "<h1>こんにちはWindowsユーザーさん</h1>";
22          } else {
23              msgArea.innerHTML = "<h1>こんにちはその他OSのユーザーさん</h1>";
24          }
25      </script>
26  </body>
27  </html>
```

```
<script>
    /*
    for (let prop in navigator) {
        console.log(prop, ":", navigator[prop]);
    }
    */
    const msgArea = document.getElementById("msg");
    const ua = navigator.userAgent.toLowerCase();
    if (ua.indexOf("mac") >= 0) {
        msgArea.innerHTML = "<h1>こんにちはMacユーザーさん</h1>";
    } else if (ua.indexOf("windows") >= 0) {
        msgArea.innerHTML = "<h1>こんにちはWindowsユーザーさん</h1>";
    } else {
        msgArea.innerHTML = "<h1>こんにちはその他OSのユーザーさん</h1>";
    }
</script>
```

❶コメントにする
❷入力する
❸入力する
❹入力する

4 プログラムを実行する

ファイルを上書き保存し、プログラムを実行します。ユーザーが使っているOSに応じたメッセージが表示されます。

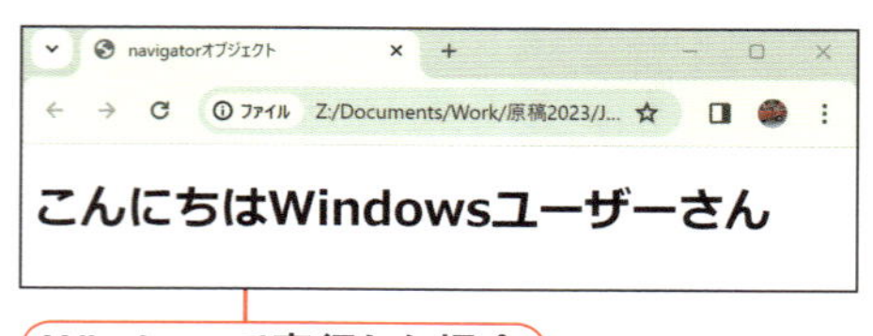

Windowsで実行した場合

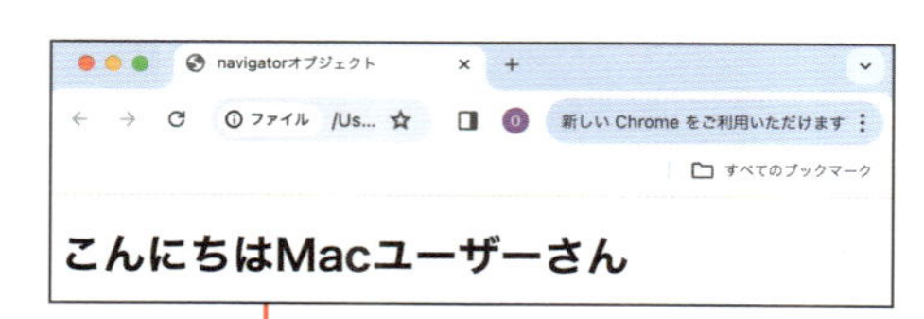

Macで実行した場合

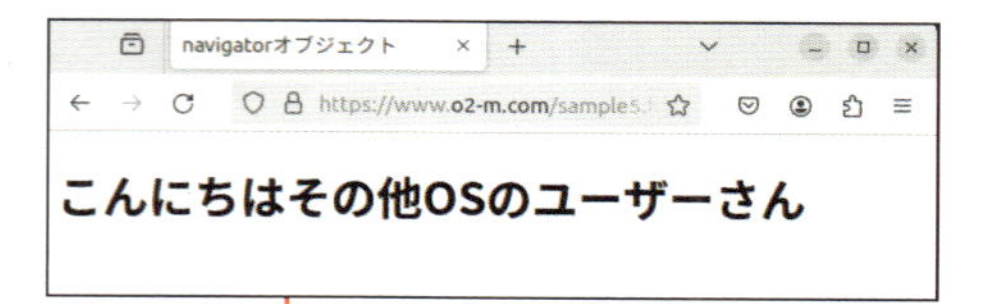

Linuxで実行した場合

理解 navigatorオブジェクトを利用する

navigatorオブジェクト

navigatorオブジェクトは、Webブラウザー自体の情報をプロパティとして格納するオブジェクトです。windowオブジェクトと同じく最上位の階層です。Webブラウザーで複数のウィンドウを開いている場合、windowオブジェクトはその数だけ生成されますが、navigatorオブジェクトは1つしか作られません。
navigatorオブジェクトのプロパティには、次のようにアクセスします。

▼書式

```
navigator.プロパティ名
```

また、オブジェクトのプロパティを、連想配列のキーとしてアクセスすることもできます。

```
navigator["プロパティ名"]
```

＜体験＞の手順1では、for～in文（199ページ）を利用して、navigatorオブジェクトのすべてのプロパティを順に表示しました。

navigatorオブジェクトのプロパティ名を順に変数propに代入

```
for (let prop in navigator) {
    console.log(prop, ":", navigator[prop]);
}
```

プロパティ名　　プロパティの値

userAgentプロパティ

navigatorオブジェクトのuserAgentプロパティは、Webブラウザーの情報を保持しているプロパティですが、これを使用するとWebブラウザーが動作しているコンピューターのOSがわかります。たとえば、Windowsの場合は、次のような文字列になります。

```
Mozilla/5.0 (Windows NT 10.0; Win64; x64) AppleWebKit/537
.36 (KHTML, like Gecko) Chrome/122.0.0.0 Safari/537.36
```

macOSの場合は、次のような文字列になります。

```
Mozilla/5.0 (Macintosh; Intel Mac OS X 10_15_7) AppleWebKit
/537.36 (KHTML, like Gecko) Chrome/122.0.0.0 Safari/537.36
```

したがって、userAgentプロパティに「win」が含まれればWindows、「mac」が含まれればmacOS、両方とも含まれなければそれ以外のOSと判断できます。
手順3では、まずuserAgentプロパティをtoLowerCaseメソッドで小文字に変換し、変数uaに代入します。

```
const ua = navigator.userAgent.toLowerCase();
```

次のif文で、変数uaに「mac」もしくは「win」が含まれているかを調べることでOSを判別し、それに応じたメッセージをid属性が「msg」のdivエレメントに表示しています。

```
if (ua.indexOf("mac") >= 0) {   ← macが含まれているかどうかを調べる
    msgArea.innerHTML = "<h1>こんにちはMacユーザーさん</h1>";
} else if (ua.indexOf("windows") >= 0) {   ← windowsが含まれているかを調べる
    msgArea.innerHTML = "<h1>こんにちはWindowsユーザーさん</h1>";
} else {
    msgArea.innerHTML = "<h1>こんにちはその他OSのユーザーさん</h1>";
}
```

indexOfメソッドは、文字列の中に引数で指定した文字列が含まれているかを調べるメソッドです。見つかった場合は、文字列の先頭を0とした整数値で位置を戻します。見つからなかった場合は「-1」を戻します。たとえば、変数uaの値に「mac」が含まれていた場合、「ua.indexOf("mac")」を実行すると戻り値は0以上になります。

COLUMN タイマーを使ってWebページに時間制限を設定する

タイマー(9-2「タイマーでエレメントの位置を変更する」参照）を使うと、Webページを閲覧中に指定した時間が経過したら、強制的に別のページに移動するといったことができます。
タイマーを使うには、setTimeoutメソッドから、Webページのアドレスを管理するlocationオブジェクトのreplaceメソッドを呼び出します。replaceメソッドは、現在のWebページの内容を引数で指定したアドレスのWebページに置き換えるメソッドです。
たとえば、表示してから10秒後にGoogleのページにジャンプさせるには、scriptエレメントに次のようなステートメントを記述しておきます。

```
window.onload = move;
function move(){
    setTimeout("location.replace('http://google.co.jp')",
        10 * 1000);
}
```

まとめ

- ▶navigatorオブジェクトを取得すると、Webブラウザーに関するさまざまな情報が得られる
- ▶StringオブジェクトのindexOfメソッドを使用すると、文字列内に引数で指定した文字列が含まれているかを調べられる

第8章 練習問題

◉問題1

次の文がそれぞれ正しいかどうかを◯×で答えなさい。

① getElementById メソッドは id 属性から HTML のエレメントを取得するメソッド
② DOM のノードの HTML を設定するには innerText プロパティを使用する
③ ユーザーがマウスをクリックすると click イベントが発生する
④ addEventListner メソッドを使用するとイベントに対するリスナー関数を登録できる

ヒント 8-1、8-2

◉問題2

次のプログラムは、id 属性が「myArea」の div エレメントに、h1 エレメントで「ようこそ JavaScript へ」を設定するものである。プログラムの穴を埋めて完成させなさい。

```
const myArea = document.[ ① ]([ ② ]);
myArea.[ ③ ] = "<h1>ようこそJavaScriptへ</h1>";
```

ヒント **innerHTML プロパティを使用すると、DOM のノードの HTML を設定できる。**

◉問題3

次のプログラムは、id 属性が「openGihyo」の button エレメントをクリックすると、新規のウィンドウを開いて技術評論社のサイト（https://gihyo.jp）を表示するものである。プログラムの穴を埋めて完成させなさい。

```
<button type="button" id="openGihyo">Google</button>
<script>
    const openBtn = document.getElementById("openGihyo");
    openBtn.[ ① ]("[ ② ]", ()=>{
        window.[ ③ ]("https://gihyo.jp");
    });
</script>
```

ヒント 8-2、8-4

DOMの活用

スタイルを動的に変更する ― スタイルシートの操作

完成ファイル ｜ [0901] → [sample1e.html]

予習 DOMでスタイルシートを操作するには

最近では、HTMLの見栄えを整えるのに**スタイルシート**が使用されることが多くなっています。美しいデザインのWebページのレイアウトには、ほとんどスタイルシートが活用されているといっても過言ではないでしょう。DOMを使用すると、**スタイルシートのプロパティ**をコントロールできます。たとえば、フォント、右寄せ／左寄せなどの配置、背景の色や画像をプログラムから瞬時に変更できます。

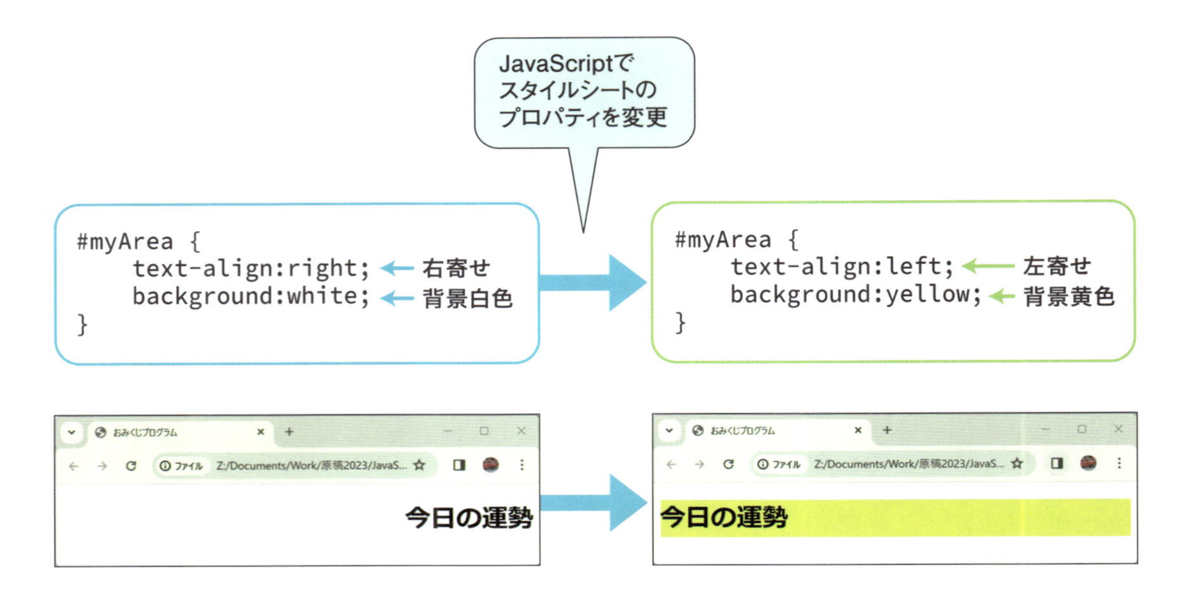

この節では、8-1で作成したおみくじプログラムを修正しながら、スタイルシートのプロパティの変更方法を説明しましょう。

体験 おみくじプログラムを改良する

1 作業用のファイルを用意する

エディターで「0901」フォルダーの「template1.html」を開いて「sample1.html」といった名前で保存します。このファイルは8-1で作成したおみくじプログラムを変更し、［占う］ボタンをクリックするとonclickイベントハンドラーに設定したアロー関数❶で結果を表示するようにしたものです。

```
10
11          #myArea {
12              background: yellow;
13          }
14      </style>
15  </head>
16  <body>
17      <h1>今日の運勢</h1>
18      <button type="button" id="uranau">占う</button>
19      <div id="myArea">
20          <h1>今日はどんな運勢でしょう？</h1>
21      </div>
22      <script>
23          const kuji = new Array(4);
24          kuji[0] = "<h1 style='color:green'>大吉</h1>";
25          kuji[1] = "<h2>中吉</h2>";
26          kuji[2] = "<h3>小吉</h3>";
27          kuji[3] = "<h4 style='color:red'>凶</h4>";
28
29          const uranauBtn = document.getElementById("uranau")
30          uranauBtn.onclick = () => {
31              const myArea = document.getElementById("myArea");
32              const num = Math.floor(kuji.length * Math.random());
33              myArea.innerHTML = kuji[num];
34          }
35      </script>
36  </body>
37  </html>
```

```
<body>
    <h1>今日の運勢</h1>
    <button type="button" id="uranau">占う</button>
    <div id="myArea">
        <h1>今日はどんな運勢でしょう？</h1>
    </div>
    <script>
        const kuji = new Array(4);
        kuji[0] = "<h1 style='color:green'>大吉</h1>";
        kuji[1] = "<h2>中吉</h2>";
        kuji[2] = "<h3>小吉</h3>";
        kuji[3] = "<h4 style='color:red'>凶</h4>";

        const uranauBtn = document.getElementById("uranau")
        uranauBtn.onclick = () => {
            const myArea = document.getElementById("myArea");
            const num = Math.floor(kuji.length * Math.random());
            myArea.innerHTML = kuji[num];
        }
    </script>
</body>
```

❶「占う」ボタンのonclickイベントハンドラー

2 テキスト左寄せと背景画像の表示

［占う］ボタンをクリックしたときに、おみくじを表示するdivエレメント「myArea」に背景画像を表示し、テキストを左寄せにします。次のようなステートメントをonclickイベントハンドラーに設定したアロー関数に加えます❶。

```
20            <h1>今日はどんな運勢でしょう？</h1>
21        </div>
22        <script>
23            const kuji = new Array(4);
24            kuji[0] = "<h1 style='color:green'>大吉</h1>";
25            kuji[1] = "<h2>中吉</h2>";
26            kuji[2] = "<h3>小吉</h3>";
27            kuji[3] = "<h4 style='color:red'>凶</h4>";
28
29            const uranauBtn = document.getElementById("uranau")
30            uranauBtn.onclick = () => {
31                const myArea = document.getElementById("myArea");
32                const num = Math.floor(kuji.length * Math.random());
33                myArea.innerHTML = kuji[num];
34                myArea.style.textAlign = "left";
35                myArea.style.backgroundImage = "url(images/back.jpg)";
36            }
37        </script>
38    </body>
39    </html>
```

```
<script>
    const kuji = new Array(4);
    kuji[0] = "<h1 style='color:green'>大吉</h1>";
    kuji[1] = "<h2>中吉</h2>";
    kuji[2] = "<h3>小吉</h3>";
    kuji[3] = "<h4 style='color:red'>凶</h4>";

    const uranauBtn = document.getElementById("uranau");
    uranauBtn.onclick = () => {
        const myArea = document.getElementById("myArea");
        const num = Math.floor(kuji.length * Math.random());
        myArea.innerHTML = kuji[num];
        myArea.style.textAlign = "left";
        myArea.style.backgroundImage = "url(images/back.jpg)";
    }
</script>
```

❶ 入力する

3 プログラムを実行する

ファイルを上書き保存し、プログラムを実行します（背景画像「back.jpg」はimagesフォルダーに保存しておきます）。［占う］ボタンをクリックすると❶、おみくじの結果が左寄せになり❷、後ろに背景画像が表示されます❸。

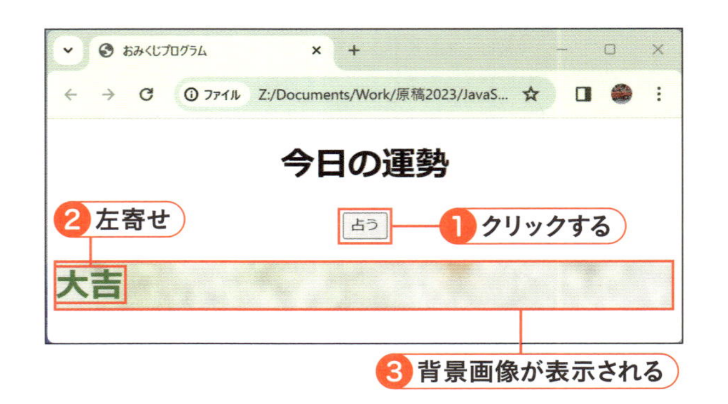

4 エレメントの表示／非表示を切り替えるボタンを追加する

次に、おみくじ用のdivエレメントの表示／非表示を切り替えるボタンを追加しましょう。次のようなid属性が「showBtn」のbuttonエレメントを追加します❶。

```
11            #myArea {
12                background: yellow;
13            }
14        </style>
15    </head>
16    <body>
17        <h1>今日の運勢</h1>
18        <button type="button" id="uranau">占う</button>
19        <button type="button" id="showBtn">隠す</button>
20        <div id="myArea">
21            <h1>今日はどんな運勢でしょう？</h1>
22        </div>
23        <script>
```

```
<body>
    <h1>今日の運勢</h1>
    <button type="button" id="uranau">占う</button>
    <button type="button" id="showBtn">隠す</button>
    <div id="myArea">
        <h1>今日はどんな運勢でしょう？</h1>
    </div>
```

❶入力する

5 占い表示エリアの表示/非表示を定切り替える

手順4で追加したボタンのonclickイベントハンドラーをアロー関数で定義します❶。エレメントの表示／非表示を設定するスタイルシートのvisibilityプロパティの値に応じて、占い表示エリアの表示／非表示、およびボタンのテキストの「隠す」「表示する」を切り替えます。

```
38
39            const shBtn = document.getElementById("showBtn");
40            shBtn.onclick = () => {
41                const myArea = document.getElementById("myArea");
42                if (myArea.style.visibility == "hidden") {
43                    myArea.style.visibility = "visible";
44                    shBtn.innerText = "隠す";
45                } else {
46                    myArea.style.visibility = "hidden";
47                    shBtn.innerText = "表示する";
48                }
49            }
50        </script>
51    </body>
52    </html>
```

```
    const shBtn = document.getElementById("showBtn");
    shBtn.onclick = () => {
        const myArea = document.getElementById("myArea");
        if (myArea.style.visibility == "hidden") {
            myArea.style.visibility = "visible";
            shBtn.innerText = "隠す";
        } else {
            myArea.style.visibility = "hidden";
            shBtn.innerText = "表示する";
        }
    }
</script>
```

visibilityプロパティが「hidden」かを判断

❶入力する

visibilityプロパティが「hidden」でない場合の処理

visibilityプロパティが「hidden」の場合の処理

6 プログラムを実行する

ファイルを上書き保存し、プログラムを実行します。追加された［隠す］ボタンをクリックします❶。

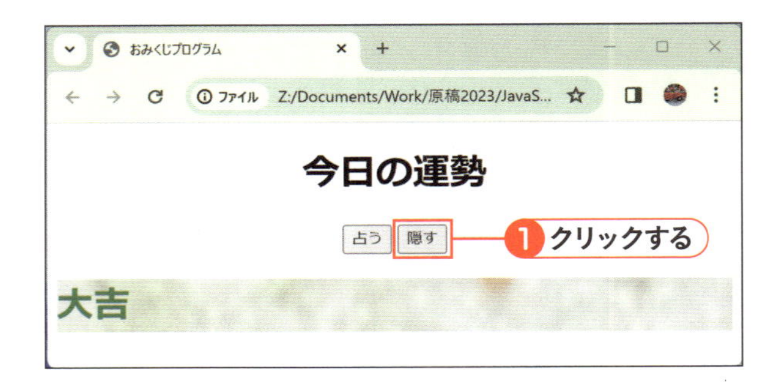

7 実行結果を確認する

おみくじの表示エリアが消え、ボタンのラベルが「隠す」から「表示する」に変わります。「表示する」ボタンをクリックすると、表示エリアが再び表示されます。また、ボタンのラベルが「隠す」に戻ります。

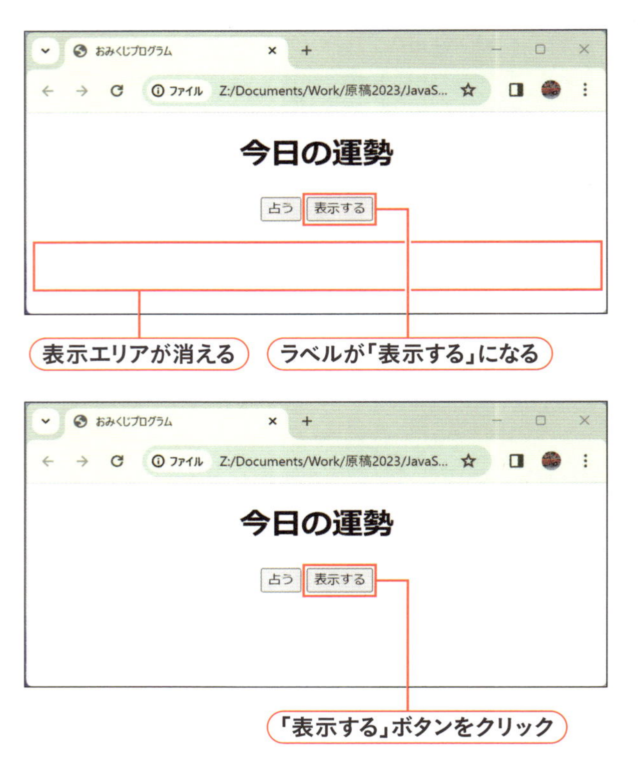

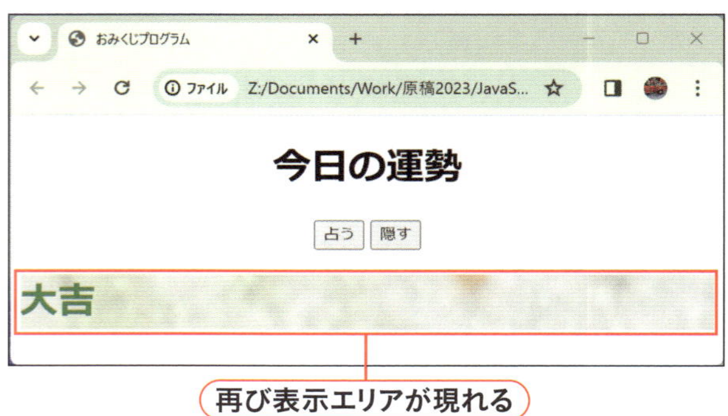

理解 スタイルシートの設定について

styleプロパティ

DOMでは、スタイルシートのプロパティは、各ノードのstyleプロパティの下に個別に格納されています。
たとえば、＜体験＞のプログラムのように、IDが「myArea」のdivエレメントのノードを取得してあるとします。

```
const myArea = document.getElementById("myArea");
```

テキストの配置を設定するtextAlignプロパティを、「left」（左寄せ）に設定するには、次のようにします。

```
myArea.style.textAlign = "left";
```

スタイルシートでは、テキストの配置を設定するプロパティは「text-align」ですが、DOMでは「textAlign」と、ハイフン「-」なし、かつ「align」の「a」を大文字にしている点に注意してください。

スタイルシートによる設定

```
#myArea {
    text-align:left;
}
```

DOMによる設定

```
myArea.style.textAlign = "left";
```

また、スタイルシートでは、エレメントの背景画像を次のように指定します。

```
background-image:url(イメージファイルのパス);
```

それに対して、DOMではbackgroundImageとハイフン「-」なしで、「image」の「I」を大文字にします。手順1では、次のようにして「images/back.jpg」を背景画像に設定しています。

```
myArea.style.backgroundImage = "url(images/back.jpg)";
```

visibilityプロパティ

スタイルシートvisibilityプロパティは、エレメントの表示／非表示を切り替えるプロパティです。hiddenを代入すれば非表示になり、visibleを代入すれば表示されます。

```
myArea.style.visibility = "hidden";   ← エレメントを隠す
```

```
myArea.style.visibility = "visible";   ← エレメントを表示する
```

表示エリアの表示／非表示

以上の解説をもとに、手順5で「隠す」「表示する」ボタンのonclickイベントハンドラーに設定した、表示エリアの表示／非表示を切り替えるアロー関数を見てみましょう。

```
shBtn.onclick = () => {
    const myArea = document.getElementById("myArea");   ❶
    if (myArea.style.visibility == "hidden") {   ❷
        myArea.style.visibility = "visible";   ❸
        shBtn.innerText = "隠す";
    } else {
        myArea.style.visibility = "hidden";   ❹
        shBtn.innerText = "表示する";   ❺
    }
}
```

❶で、getElementByIdメソッドで表示エリアのノードを取得し、変数myAreaに代入しています。

❷のif文では、visibilityプロパティの値に応じて処理を切り替えています。「hidden」つまり非表示であれば、❸でvisibilityプロパティに「visible」を代入して表示しています。また、❹でボタンのラベルを「隠す」に設定しています。

❷のif文の条件が成り立たなけば、表示エリアが表示されている状態のため、❹でvisibilityプロパティに「hidden」を代入して非表示にしています。また、❺でボタンのラベルを「表示する」に設定しています。

スタイルシートの主なプロパティ

次の表に、DOMで設定可能なスタイルシートの基本的なプロパティをまとめておきます。

プロパティ	説明
backgroundColor	背景色
backgroundImage	背景画像
borderWidth	枠の太さ
borderColor	枠の色
color	文字色
fontFamily	フォント名
fontSize	文字のサイズ
fontWeight	文字の太さ
height	コンテンツの高さ

プロパティ	説明
left	左端の座標
lineHeight	行の高さ
margin	マージン
padding	パディング
position	要素の配置方法
textAlign	テキストの配置
top	上端の座標
visibility	表示／非表示
width	コンテンツの幅

まとめ

- ▶スタイルシートのプロパティは、各ノードの「style.プロパティ名」で設定する
- ▶テキストの配置を設定する、textAlignプロパティ
- ▶背景画像を設定する、backgroundImageプロパティ
- ▶表示・非表示を切り替える、visibilityプロパティ

タイマーでエレメントの位置を変更する
— DOMを使用したアニメーション①

完成ファイル | [0902]→[sample2e.html]

予習 エレメントの位置決めとタイマーについて

エレメントの位置決めについて

スタイルシートでは、**エレメントの表示位置**をtop(上端)、left(左端) といったプロパティで設定できます。このとき、エレメントの配置位置を指定する**positionプロパティ**は、デフォルトの設定値であるstatic以外に設定しておく必要があります。たとえば、absoluteに設定した場合は、ウィンドウの左上隅（divエレメントなどが入れ子になっている場合は親のエレメント）を基準とする座標で指定できます。

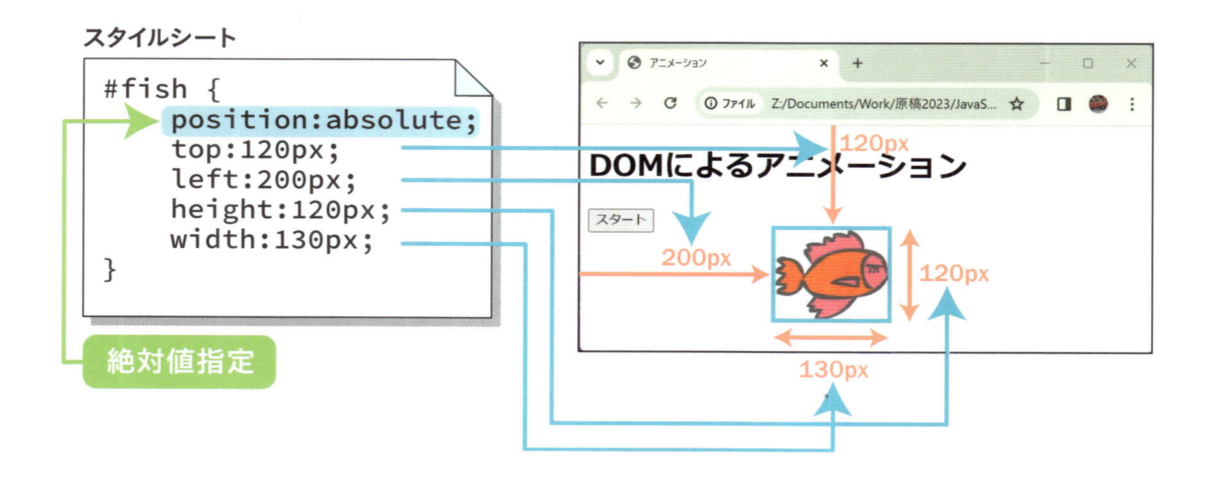

DOMを使用すると、プログラムでスタイルシートのtopやleftといったプロパティの値を設定することにより、エレメントの表示位置を変更できます。

タイマー機能について

プログラムでは、指定した時間が経過した後に何らかの処理をしたい、あるいは一定時間ごとに処理を繰り返したい、ということがよくあります。JavaScriptには、そのような場合に便利な**タイマー**という機能が用意されています。
タイマーというと、身近な所では「キッチンタイマー」などを思い浮かべるかもしれませんが、それと同じようなイメージで、一定時間経過後に指定した処理を行うことができます。利用するには、windowオブジェクトに用意されている**setTimeoutメソッド**を使います。また、**setIntervalメソッド**を使うと、指定した時間ごとに処理を繰り返すことができます。

ここでは、Webブラウザー上を車が動いていくアニメーションの作成を通じて、タイマーの使い方とエレメントの表示位置を変更する方法を学びます。

体験 タイマーによるアニメーションを行う

1 作業用のファイルを用意する

エディターで「0902」フォルダーの「template2.html」を開いて「sample2.html」といった名前で保存しておきます。bodyエレメントにはid属性が「sBtn」に設定された「スタート」ボタンが用意されています❶。id属性が「fish」のdivエレメントには、魚のイメージ（images/fish.jpg）が配置されています❷。

```
5      <title>アニメーション</title>
6      <style>
7      </style>
8      <script>
9      </script>
10 </head>
11
12 <body>
13     <h1>DOMによるアニメーション</h1>
14     <button type="button" id="sBtn"">スタート</button>
15     <img id="fish" src="images/fish1.jpg" alt="金魚">
16     <script>
17     </script>
18 </body>
19 </html>
```

```
<body>
    <h1>DOMによるアニメーション</h1>
    <button type="button" id="sBtn"">スタート</button>
    <img id="fish" src="images/fish1.jpg" alt="金魚">
    <script>
    </script>
</body>
```

❶ ❷

Tips

魚のイメージは、「images」フォルダーに「fish.jpg」として保存されています。

2 3秒後にダイアログボックスを表示する

headエレメントに用意されているscriptエレメントに、タイマーを使用してWebページがロードされてから3秒後にダイアログボックスを表示するステートメントを記述します❶。

```
2  <html lang="ja">
3  <head>
4      <meta charset="utf-8">
5      <title>アニメーション</title>
6      <style>
7      </style>
8      <script>
9          const timerId1 = setTimeout(() => {
10             alert("3秒経過");
11         }, 3000);
12     </script>
13 </head>
```

```
<head>
    <meta charset="utf-8">
    <title>アニメーション</title>
    <style>
    </style>
    <script>
        const timerId1 = setTimeout(() => {
            alert("3秒経過");
        }, 3000);
    </script>
</head>
```

❶ 入力する

3 プログラムを実行する

ファイルを上書き保存し、プログラムを実行します。Webページを開いてから3秒後に、ダイアログボックスに「3秒経過」と表示されます。

このページの内容

3秒経過

OK

4 スタイルシートを設定する

手順2のスクリプトをコメントアウトします❶。headエレメントに用意されている空のstyleエレメントに、id属性が「fish」のイメージの初期位置と、幅／高さを設定するスタイルシートのルールを記述します❷。

```
1  <!DOCTYPE html>
2  <html lang="ja">
3  <head>
4      <meta charset="utf-8">
5      <title>アニメーション</title>
6      <style>
7          #fish {
8              position:absolute;
9              top:150px;
10             left:0px;
11             height:120px;
12             width:130px;
13         }
14     </style>
15     <script>
16         /*
17          const timerId1 = setTimeout(() => {
18             alert("3秒経過");
19         }, 3000);
20         */
21     </script>
22 </head>
```

```
<head>
    <meta charset="utf-8">
    <title>アニメーション</title>
    <style>
        #fish {
            position:absolute;   ← 位置を絶対位置で指定する
            top:150px;           ← 上端
            left:0px;            ← 左端
            height:120px;        ← 高さ
            width:130px;         ← 幅
        }                        ← ❷入力する
    </style>
    <script>
        /*
         const timerId1 = setTimeout(() => {
            alert("3秒経過");
        }, 3000);
        */                       ← ❶コメントにする
    </script>
```

5 move関数を定義する

魚のイメージを5ピクセル右に移動させるmove関数を定義します❶。また、必要な変数を設定します❷。

```
21        </script>
22    </head>
23
24    <body>
25        <h1>DOMによるアニメーション</h1>
26        <button type="button" id="sBtn"">スタート</button>
27        <img id="fish" src="images/fish1.jpg" alt="金魚">
28        <script>
29            const INTERVAL = 10;
30            let x = 0;
31            let animating = false;
32            let timerId2;
33
34            function move() {
35                const fish = document.getElementById("fish");
36                x = x + 5;
37                fish.style.left = x + "px";
38                if (x > 500) {
39                    x = 0;
40                }
41            }
42        </script>
43    </body>
44    </html>
```

```
<script>
    const INTERVAL = 10;
    let x = 0;
    let animating = false;
    let timerId2;

    function move() {
        const fish = document.getElementById("fish");
        x = x + 5;
        fish.style.left = x + "px";
        if (x > 500) {
            x = 0;
        }
    }
</script>
```

6 イベントハンドラーを設定する

「スタート」ボタンのイベントハンドラーにアロー関数を設定し、setIntervalメソッドを使用してmove関数を繰り返し呼び出すようにします❶。

```
27        <img id="fish" src="images/fish1.jpg" alt="金魚">
28        <script>
29            const INTERVAL = 10;
30            let x = 0;
31            let animating = false;
32            let timerId2;
33
34            function move() {
35                const fish = document.getElementById("fish");
36                x = x + 5;
37                fish.style.left = x + "px";
38                if (x > 500) {
39                    x = 0;
40                }
41            }
42
43            const sBtn = document.getElementById("sBtn");
44            sBtn.onclick = () => {
45                timerId2 = setInterval(move, INTERVAL);
46            }
47        </script>
48    </body>
```

```
<script>
    const INTERVAL = 10;
    let x = 0;
    let animating = false;
    let timerId2;

    function move() {
        const fish = document.getElementById("fish");
        x = x + 5;
        fish.style.left = x + "px";
        if (x > 500) {
            x = 0;
        }
    }

    const sBtn = document.getElementById("sBtn");
    sBtn.onclick = () => {
        timerId2 = setInterval(move, INTERVAL);
    }
</script>
```

❶入力する

7 プログラムを実行する

[スタート] ボタンをクリックすると、魚のイメージが5ピクセルずつ右に動いていきます。500ピクセル以上進むと左端に戻ります。

DOMによるアニメーション

スタート

クリック

8 停止ボタンを作る

ボタンをクリックすると、アニメーションが停止するようにしましょう。「スタート」ボタンのonclickイベントハンドラーの関数を変更します❶。

```
41            }
42
43            const sBtn = document.getElementById("sBtn");
44            sBtn.onclick = () => {
45                if (animating) {
46                    clearTimeout(timerId2);
47                    document.getElementById("sBtn").innerText = "スタート";
48                } else {
49                    document.getElementById("sBtn").innerText = "ストップ";
50                    timerId2 = setInterval(move, INTERVAL);
51                }
52                animating = !animating;
53            }
54        </script>
55    </body>
56    </html>
```

❶ 修正する

```
const sBtn = document.getElementById("sBtn");
sBtn.onclick = () => {
    if (animating) {
        clearTimeout(timerId2);
        document.getElementById("sBtn").innerText = "スタート";
    } else {
        document.getElementById("sBtn").innerText = "ストップ";
        timerId2 = setInterval(move, INTERVAL);
    }
    animating = !animating;
}
```

Tips

if文ではアニメーションが実行中かどうかを変数animatingの値で調べ、実行中であれば、clearTimeoutメソッドでタイマーを停止してボタンのラベルを「スタート」にしています。実行中でなければ、ボタンのラベルを「ストップ」に設定してsetIntervalメソッドを呼び出しています。

9 プログラムを実行する

ファイルを上書き保存し、プログラムを実行します。ボタンをクリックするたびにアニメーションの開始／停止が切り替わります。アニメーション実行中は、「スタート」ボタンが「ストップ」ボタンに変わります。

理解 タイマーの利用とアニメーションの実行について

タイマーを起動するsetTimeout/setIntervalメソッド

setTimeoutメソッドは、2番目の引数で指定した時間後に最初の引数で指定した処理を実行するwindowオブジェクトのメソッドです。次のような書式で使います。

▼書式

```
変数 = window.setTimeout(関数, 時間(msec));
```

指定した時間後に行う処理は、最初の引数でコールバック関数として指定します。戻り値は**タイマーID**と呼ばれる、タイマーを識別する値になります。また、これまで同様にwindowは省略可能です。
＜体験＞の手順2では、次のようにアロー関数で3秒（3000msec）後にダイアログボックスを表示するalertメソッドを呼び出していました。

```
const timerId1 = setTimeout(() => {
    alert("3秒経過");
}, 3000);
```

なお、指定した時間後に呼び出す処理が少ない場合、次のように、関数の代わりに**ステートメントを文字列として記述**することもできます。

```
const timerId1 = setTimeout("alert('3秒経過')", 3000);
```

処理を文字列として記述

指定した時間ごとに処理を繰り返したい場合は、**setIntervalメソッド**を使用します。

▼書式

```
変数 = setInterval(関数, 時間(msec));
```

タイマーを停止する

setTimeout／setIntervalメソッドで起動したタイマーを途中で停止するには、setTimeout／setIntervalメソッドの戻り値である**タイマーID**を引数にして、**clearTimeoutメソッド**を実行します。

```
clearTimeout(timerId1);
```

タイマーID

左端からの位置を設定するleftプロパティ

スタイルシートの**leftプロパティ**に値を代入すると、エレメントのウィンドウの左端からの位置をピクセル数で指定できます。このとき、値の末尾には単位「**px**」が必要な点に注意してください。たとえば、fishというノードの左端の座標を50ピクセルにするには、次のようにします。

```
fish.style.left = "50px";
```

単位を表す「px」を記述

move関数の処理

＜体験＞の手順5で定義したmove関数を見てみましょう。この関数では、魚のイメージの座標を5ピクセルずつ右に動かすという処理を行っています。

```
function move() {
    const fish = document.getElementById("fish");
    x = x + 5;                       ❶
    fish.style.left = x + "px";      ❷
    if (x > 500) {                   ❸
        x = 0;
    }
}
```

魚のイメージの左端座標は変数xに入っています。❶でその値を5増加させ、❷でleftプロパティに再度代入することでイメージを右に5ピクセル進めています。❸のif文では、現在位置が500ピクセルを超えているかを判断し、そうであれば変数xを「0」に戻しています。

setIntervalメソッドでアニメーションを開始する

＜体験＞の手順6では、setIntervalメソッドを使用して、変数INTERVALで設定した間隔ごとにmove関数を繰り返し呼び出すようにしてアニメーションを開始し、タイマーIDを変数timerId2に代入しています。

```
timerId2 = setInterval(move, INTERVAL);
```

clearTimeoutメソッドでアニメーションを停止する

＜体験＞の手順8では、clearTimeoutメソッドでタイマーIDがtimerId2のタイマーを停止し、アニメーションを停止させています。

```
clearTimeout(timerId2);
```

- ▶指定した時間後に処理を行う、setTimeoutメソッド
- ▶指定した時間ごとに処理を行う、setIntervalメソッド
- ▶タイマーを停止する、clearTimeoutメソッド
- ▶エレメントの左端の座標を設定する、style.leftプロパティ

Web Animations APIを利用する — DOMを使用したアニメーション②

完成ファイル | [0903] → [sample3e.html]

予習 Web Animations APIのアニメーション機能

Web Animations APIは、Web技術の標準化団体W3Cで定義されているアニメーションの標準仕様です。最近のWebブラウザーではJavaScriptを介して、Web Animations APIの機能にアクセスできます。**CSSのアニメーション機能**を使用しても同じようなことが行えますが、Web Animations APIの方がより高機能で使い方もシンプルです。
アニメーション機能を利用するには、まず**document.getElementByIdメソッド**などでDOMのノードを取得し、それに対して**animateメソッド**を実行します。

① ノードを取得

```
const element = document.getElementById("id属性");
```

② アニメーションを実行

```
element.animate(キーフレームの設定, タイミングの設定);
```

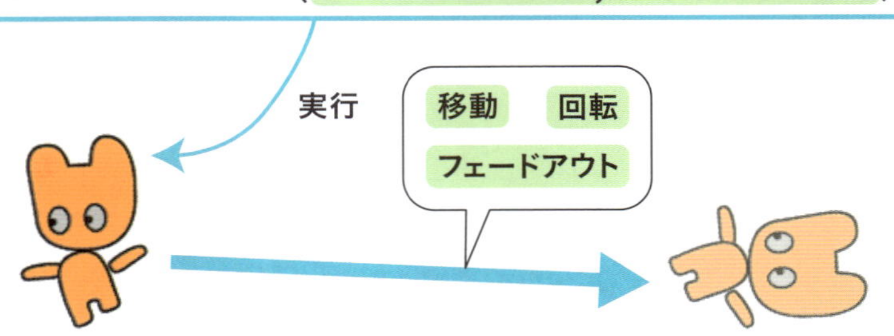

ここでは、Web Animation APIを使用したアニメーションの例として、エレメントのフェードイン／フェードアウト、および移動を行ってみましょう。

体験 Web Animations APIでアニメーションを行う

1 作業用のファイルを用意する

エディターで「0903」フォルダーの「template3.html」を開いて「sample3.html」といった名前で保存しておきます。bodyエレメントには、id属性が「myimg」のキャラクターのイメージ（images/character.png）❶と、id属性が「photo」のdivエレメントに写真のイメージ（images/photo3.png）❷の2つのimgエレメントが配置されています。なお、写真イメージは、スタイルシートのopacity（非透明度）を「0」に設定して、表示されないようにしています❸。

また、id属性が「FiBtn」の「フェードイン」ボタン❹、id属性が「FoBtn」の「フェードアウト」ボタン❺が配置されています。

```
<!DOCTYPE html>
<html lang="ja">
<head>
    <meta charset="utf-8">
    <title>Web Animations API</title>
    <style>
        #photo {
            opacity: 0;                          ❸
        }
    </style>
</head>

<body>
    <div>
    <img src=" images/character.png" id="myimg" alt="character">   ❶
    </div>
    <button type="button" id="FiBtn">フェードイン</button>           ❹
    <button type="button" id="FoBtn">フェードアウト</button>         ❺
    <div id="photo">
        <img src="images/photo3.jpg " alt="photo">                  ❷
    </div>
    <script>
    </script>
</body>
</html>
```

Tips
写真イメージファイル
はimagesフォルダー
に保存されています。

2 プログラムを実行する

ファイルを上書き保存し、プログラムを実行します。この状態では写真イメージはopacityが「0」のため表示されません。

3 フェードインさせる

「フェードイン」ボタンで写真をフェードインさせるプログラムを記述します。getElementByIdメソッドで写真のイメージと「フェードイン」ボタンのノードを取得し、それぞれ変数photo❶と変数fiBtn❷に代入します。変数keyframesに連想配列を代入し❸、変数timingOptsにdurationとfillの連想配列を代入します❹。ボタンのonclickイベントハンドラーにアロー関数を設定し、animateメソッドを実行します❺。

```
18        <button type="button" id="FoBtn">フェードアウト</button>
19        <div id="photo">
20            <img src="images/photo3.jpg " alt="photo">
21        </div>
22        <script>
23            const photo = document.getElementById("photo");
24            const fiBtn = document.getElementById("FiBtn");
25            const keyframes = {
26                opacity: [0, 1]
27            };
28            const timingOpts = {
29                duration: 1000,
30                fill: "forwards"
31            }
32            fiBtn.onclick = () => {
33                photo.animate(keyframes, timingOpts);
34            }
35        </script>
36    </body>
37    </html>
```

```
<script>
    const photo = document.getElementById("photo");
    const fiBtn = document.getElementById("FiBtn");
    const keyframes = {
        opacity: [0, 1]
    };
    const timingOpts = {
        duration: 1000,
        fill: "forwards"
    }
    fiBtn.onclick = () => {
        photo.animate(keyframes, timingOpts);
    }
</script>
```

❶ 入力する
❷ 入力する
❸ 入力する
❹ 入力する
❺ 入力する

4 プログラムを実行する

ファイルを上書き保存し、プログラムを実行します。「フェードイン」ボタンをクリックすると写真のイメージがフェードインします。

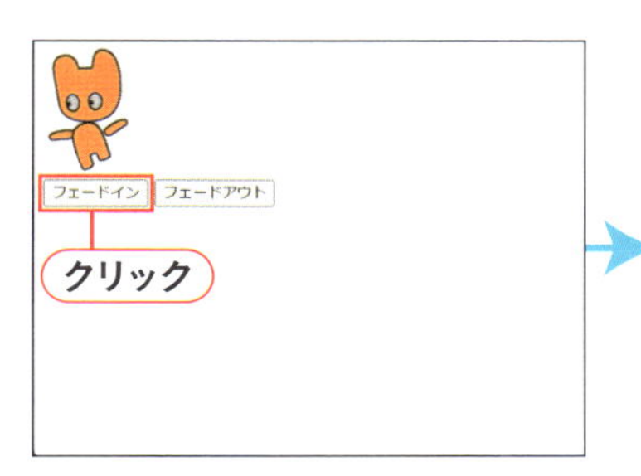

5 移動のアニメーションを行う

手順4の変数keyframesに移動のアニメーションを行う**translate**を追加します。フェードインしながら移動するように設定しています❶。

Tips

エレメントの相対位置指定の場合、エレメントのデフォルトの位置が座標の原点(0, 0)となります。右方向がX座標、下方向がY座標です。また、エレメントの位置は左上端で指定します。

```
22        <script>
23            const photo = document.getElementById("photo");
24            const fiBtn = document.getElementById("FiBtn");
25            const keyframes = {
26                opacity: [0, 1],
27                translate: [0, "150px 150px"]
28            };
29            const timingOpts = {
30                duration: 1000,
31                fill: "forwards"
32            }
33            fiBtn.onclick = () => {
34                photo.animate(keyframes, timingOpts);
35            }
36        </script>
37    </body>
```

```
<script>
    const photo = document.getElementById("photo");
    const fiBtn = document.getElementById("FiBtn");
    const keyframes = {
        opacity: [0, 1],
        translate: [0, "150px 150px"]
    };
    const timingOpts = {
        duration: 1000,
        fill: "forwards"
    }
    fiBtn.onclick = () => {
        photo.animate(keyframes, timingOpts);
    }
</script>
```

❶ 修正する

6 プログラムを実行する

ファイルを上書き保存し、プログラムを実行します。「フェードイン」ボタンをクリックすると、写真のイメージがフェードインしながら座標(0, 0)から座標(150, 150)まで移動します。

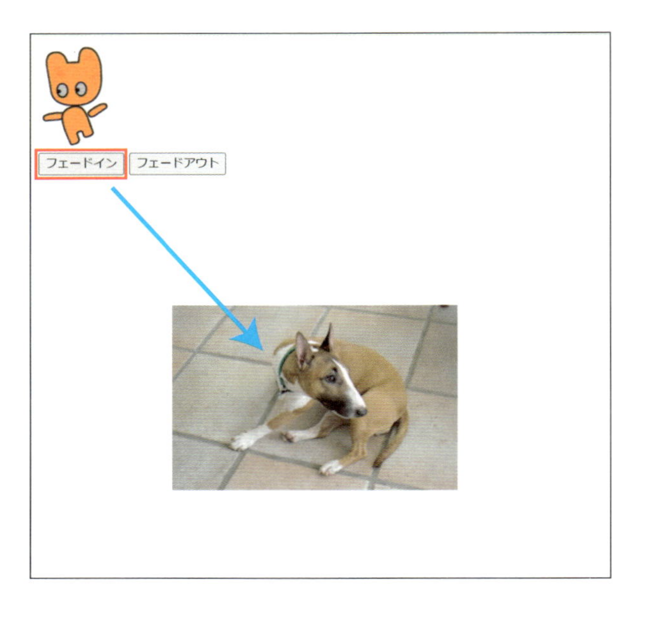

7 フェードアウトさせる

「フェードアウト」ボタンをクリックしたときにフェードアウトさせるステートメントを追加します❶。「フェードイン」ボタンと異なり、animateメソッドの引数にアロー関数で直接代入しています。

```
16      </div>
17      <button type="button" id="FiBtn">フェードイン</button>
18      <button type="button" id="FoBtn">フェードアウト</button>
19      <div id="photo">
20          <img src="images/photo3.jpg " alt="photo">
21      </div>
22      <script>
23          const photo = document.getElementById("photo");
24          const fiBtn = document.getElementById("FiBtn");
25          const keyframes = {
26              opacity: [0, 1],
27              translate: [0, "150px 150px"]
28          };
29          const timingOpts = {
30              duration: 1000,
31              fill: "forwards"
32          }
33          fiBtn.onclick = () => {
34              photo.animate(keyframes, timingOpts);
35          }
36
37          const foBtn = document.getElementById("FoBtn");
38          foBtn.onclick = () => {
39              photo.animate({ opacity: [1, 0] }, {
40                  duration: 1000,
41                  fill: "forwards"
42              })
43          }
44      </script>
45  </body>
46  </html>
```

```
<script>
    const photo = document.getElementById("photo");
    const fiBtn = document.getElementById("FiBtn");
    const keyframes = {
        opacity: [0, 1],
        translate: [0, "150px 150px"]
    };
    const timingOpts = {
        duration: 1000,
        fill: "forwards"
    }
    fiBtn.onclick = () => {
        photo.animate(keyframes, timingOpts);
    }

    const foBtn = document.getElementById("FoBtn");
    foBtn.onclick = () => {
        photo.animate({ opacity: [1, 0] }, {
            duration: 1000,
            fill: "forwards"
        })
    }
</script>
```

1 入力する

8 プログラムを実行する

ファイルを上書き保存し、プログラムを実行します。「フェードアウト」ボタンをクリックすると写真のイメージがフェードアウトします。

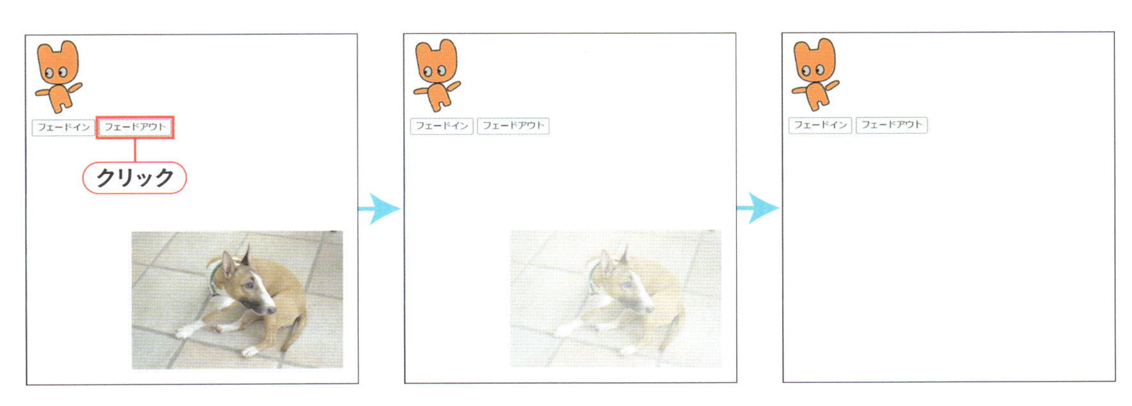

9 キャラクターをダブルクリックした位置に移動する

次に、キャラクターのイメージをダブルクリックした位置に移動するアニメーションを追加しましょう❶。

```
36
37        const foBtn = document.getElementById("FoBtn");
38        foBtn.onclick = () => {
39            photo.animate({ opacity: [1, 0] }, {
40                duration: 10000,
41                fill: "forwards"
42            })
43        }
44
45        let x = 0; y = 0;
46        let newX, newY;
47        const imgWidth = 80;
48        const imgHeight = 120;
49        const myimg = document.getElementById("myimg");
50        document.addEventListener("dblclick", (event) => {
51            newX = event.clientX - imgWidth / 2;
52            newY = event.clientY - imgHeight / 2;
53            myimg.animate({
54                translate: [`${x}px ${y}px`, `${newX}px ${newY}px`]
55            }, {
56                duration: 1000,
57                easing: "ease",
58                fill: "forwards"
59            })
60            x = newX;
61            y = newY;
62        })
63    </script>
64 </body>
```

```
    const foBtn = document.getElementById("FoBtn");
    foBtn.onclick = () => {
        photo.animate({ opacity: [1, 0] }, {
            duration: 10000,
            fill: "forwards"
        })
    }

    let x = 0; y = 0;
    let newX, newY;
    const imgWidth = 80;
    const imgHeight = 120;
    const myimg = document.getElementById("myimg");
    document.addEventListener("dblclick", (event) => {
        newX = event.clientX - imgWidth / 2;
        newY = event.clientY - imgHeight / 2;
        myimg.animate({
            translate: [`${x}px ${y}px`, `${newX}px ${newY}px`]
        }, {
            duration: 1000,
            easing: "ease",
            fill: "forwards"
        })
        x = newX;
        y = newY;
    })
</script>
```

❶ 入力する

10 プログラムを実行する

ファイルを上書き保存し、プログラムを実行します。Webブラウザー上をダブルクリックすると、キャラクターがその位置に移動します。「easing」というオプションを指定しているため、最初はゆっくり、次第に加速し、最後は減速しながら移動します。

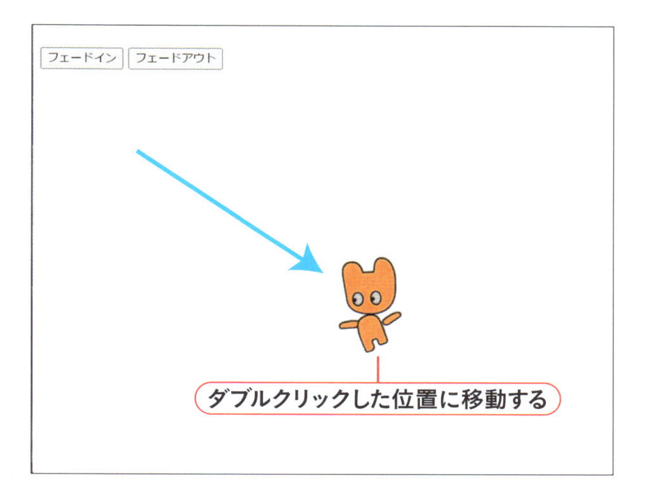

COLUMN W3C

W3C(ダブリュースリーシー) は「World Wide Web Consortium」の略で、Webで使用されるさまざまな技術の標準化を推進するために設立された、非営利の標準化団体です。HTMLや DOMなど、さまざまな規格を勧告しています。Google ChromeやFirefoxなど、最近のWebブラウザーはW3Cの勧告に従うことを目指しているため、以前と比べてWebブラウザーごとの挙動の違いは少なくなっています。

COLUMN タイマーを使ってWebページに時間制限を設定する

タイマーを使うと、Webページを閲覧中に指定した時間が経過したら、強制的に別のページに移動するといったことができます。そのためには、setTimeoutメソッドから、Webページのアドレスを管理する**locationオブジェクト**の**replaceメソッド**を呼び出します。replaceメソッドは、現在のWebページの内容を引数で指定したアドレスのWebページに置き換えるメソッドです。
たとえば、Webページを表示してから10秒後にGoogleのページにジャンプさせるには、scriptエレメントに次のようなステートメントを記述します。

```
window.onload = () => {
    setTimeout("location.replace('https://google.co.jp')",10 * 1000);
}
```

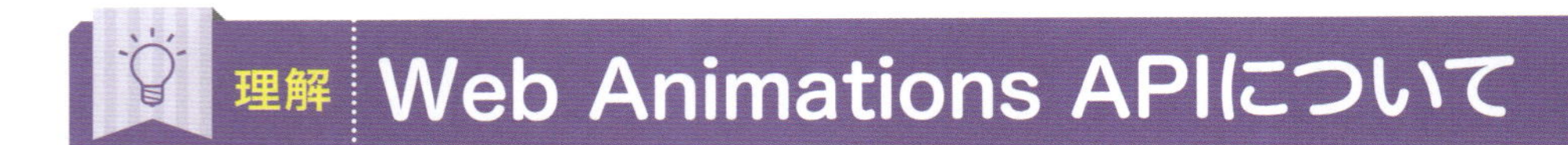

animateメソッド

Web Animations APIにはアニメーションのためのメソッドがいくつか用意されていますが、ここではシンプルなanimateメソッドを使用する方法について説明します。
animateメソッドは、DOMのgetElementByIdメソッドなどで取得したエレメントに対して次のように実行します。

▼書式

```
element.animate(キーフレームの設定, タイミングの設定);)
```

＜体験＞の手順3では、まず写真のdivエレメントと「フェードイン」ボタンをgetElementByIdメソッドで取得しています。

```
const photo = document.getElementById("photo");
const fiBtn = document.getElementById("FiBtn");
```

- `const photo = …` ― 写真のdivエレメント
- `const fiBtn = …` ― 「フェードイン」ボタン

animateメソッドの2つの引数は、キーと値のペアの連想配列形式で設定します。アニメーションの変化点をキーフレームといいますが、手順5ではキーフレームの設定を次のように変数keyframesに代入しています。

```
const keyframes = {
    opacity: [0, 1],
    translate: [0, "150px 150px"]
};
```

- `opacity: [0, 1],` ― 透明度のキーフレーム
- `translate: [0, "150px 150px"]` ― 座標のキーフレーム

opacityは、エレメントの非透明度を0～1の値として管理するプロパティです。「0」で透明、「1」で非透明になります。上記のようにキーフレームの値を配列形式で「[0, 1]」と指定すると、0(透明) から1(非透明) へと変化します。
translateは、エレメントの位置や大きさを変化させるプロパティです。ここでは原点「0」か

ら、X=150ピクセル、Y=150ピクセルの位置へと移動しています。座標を指定する場合、全体をダブルクォーテーション「"」で囲んだ文字列とし、値の末尾に単位「px」を追加します。また、値はスペースで区切ります。
タイミングの設定は、次のように変数timingOptsに代入しています。

```
const timingOpts = {
    duration: 1000,    ― 実行時間(ミリ秒)
    fill: "forwards"   ― 最後の位置で停止する
}
```

durationはアニメーションの時間で、ミリ秒単位で指定します。また、fillを「forwards」にすると、アニメーションの終了後の状態を保持します。これを指定しない場合、初期状態(ここでは非透明度が0)の状態に戻ります。
「フェードイン」ボタンのonclickイベントハンドラーでは、keyframesとtimingOptsの2つの変数をanimateメソッドの引数にすることで、ボタンをクリックするとアニメーションを開始しています。

```
fiBtn.onclick = () => {
    photo.animate(keyframes, timingOpts);   ― アニメーションを開始する
}
```

「フェードアウト」ボタンのイベントハンドラー

アニメーションのためキーフレームやタイミングオプションが少ない場合には、animateコマンドの引数に直接設定しても構いません。「フェードアウト」ボタンのonclickイベントハンドラーでは、引数に直接設定しています。

```
foBtn.onclick = () => {
    photo.animate({ opacity: [1, 0] }, {
        duration: 1000,
        fill: "forwards"
    })
}
```

ダブルクリックした位置にイメージを移動する

＜体験＞の手順10では、ダブルクリックした位置にキャラクターのイメージを移動する処理を記述しています。このイベント処理は、イベントハンドラーではなく**イベントリスナー**（217ページ参照）を使用しています。その理由は、イベントリスナーを使用すると、コールバック関数の**引数にイベントオブジェクトを受けとり**、**座標などの情報を簡単に取り出せる**からです。たとえば、イベントオブジェクトを引数eventとして渡した場合、X座標はevent.clientX、Y座標はevent.clientYとして取得できます。

▼書式

```
エレメント.addEventListener("イベント" (event) = {
    x = event.clientX;  ── X座標
    y = event.clientY;  ── Y座標
    ~
})
```

＜体験＞の手順10のプログラムの、最初の変数の設定部分を見てみましょう。

```
let x = 0; y = 0; ──❶
let newX, newY; ──❷
const imgWidth = 80; ──❸
const imgHeight = 120;
const myimg = document.getElementById("myimg"); ──❹
```

❶でイメージの現在位置の座標を管理する変数xと変数yを、❷で移動先の座標を管理する変数newXと変数newYを用意しています。❸がイメージの幅を管理する変数imgWidthと高さを管理する変数imgHeightです。❹でgetElementByIdメソッドでイメージのエレメントを取得し、変数myimgに代入しています。
次の部分が、ダブルクリックのイベント「dblclick」のためのイベントリスナーです。

```
document.addEventListener("dblclick", (event) => {    ❶
    newX = event.clientX - imgWidth / 2;
    newY = event.clientY - imgHeight / 2;              ❷
    myimg.animate({                                    ❸
        translate: [`${x}px ${y}px`, `${newX}px ${newY}px`]  ❹
    }, {
        duration: 1000,
        easing: "ease",                                ❺
        fill: "forwards"
    })
    x = newX;
    y = newY;                                          ❻
})
```

❶でdocumentオブジェクトに対してdblclickのイベントリスナーを登録しています。こうするとWebブラウザーのウィンドウ内をダブルクリックしたときのイベントを監視できます。アロー関数の引数には**イベントオブジェクト**をeventとして渡しています。
❷でダブルクリック位置の座標（event.clientX, event.clientY)を変数newX、newYに代入しています。このとき、イメージの座標は左上を起点にするため、それぞれイメージの幅と高さの半分を引くことで、ダブルクリック位置がイメージの中心になるように調整しています。❸でanimateメソッドを呼び出してアニメーションを開始しています。❹のtranslateのキーフレームで座標を使用して、アニメーションの開始位置と終了位置を指定しています（「`」(バッククォート）を使った表記については後述します)。
❺の**easing**は、アニメーションで多用される**加速度**を設定する値です。次の表で、設定可能な値を紹介します。いろいろな値を試してみるとよいでしょう。

easingの設定値

ease	ゆっくりはじまり急激に加速し終わりに向かって減速する
ease-in	ゆっくりはじまり加速して停止
ease-out	急速にはじまり、終わりに向かって徐々に遅くなる
ease-in-out	ゆっくりはじまり、加速し、終わりに向かって減速する(「ease」より最初の加速が急激でない)

❻で、ダブルクリックした位置を新たに変数x、yに設定しています。
以上で、ダブルクリックした位置まで、イメージがeasingの設定に応じた動きで移動しています。

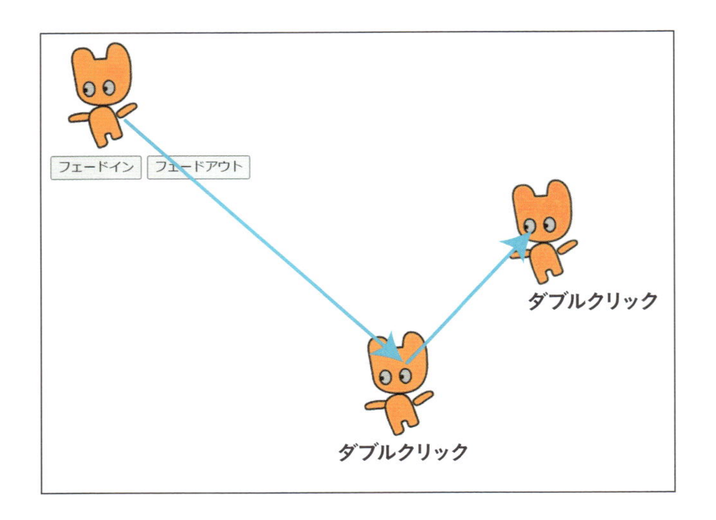

変数の文字列への埋め込みについて（テンプレートリテラル）

「+」演算子を使用することで、**変数と文字列を連結した文字列**を生成できます。

```
let year = 2025;
let msg = "今年は" + year + "年です";
```

変数msgは「今年は2025年」になる

同じことは、「`」（バッククォート）の**変数埋め込み機能**を使用することでも行えます。それにはまず、文字列全体を「`」（バッククォート）で囲み、文字列の中に「**${変数名}**」の形で変数名を記述します。この記述方法を、「**テンプレートリテラル**」といいます。上記の例は、次のように記述できます。

```
let year = 2025;
let msg =`今年は${year}年です`;
```

変数msgは「今年は2025年」になる

埋め込む変数が複数ある場合は、+演算子を使用するよりもスッキリと記述できるでしょう。前述のanimateメソッドのキーフレームの設定では、**translateプロパティ**を次のように設定して変数を埋め込んでいます。

```
translate: [`${x}px ${y}px`, `${newX}px ${newY}px`]
```

これを「+」演算子で記述すると、次のように煩雑になり、全体を把握しづらくなります。

```
translate: [x + "px " + y + "px", newX + "px " + newY + "px"]
```

COLUMN Webページのロード時にアニメーションを行う

Web Animations APIを使用して、Webページのロード時にオープニングアニメーションを行うには、windowオブジェクトのonloadイベントハンドラーにanimateメソッドを実行する関数を設定します。たとえば、次の例ではWebページがロードされるとbodyエレメントの背景色（background）を黒（black）から黄色（yellow）に3秒かけて変更します。

```
window.onload = () => {
    document.body.animate(
        {
            background: ["black", "yellow"],
        },
        {
            fill: "forwards",
            duration: 3000
        }
    );
}
```

まとめ

- ▶アニメーションを実行するanimateメソッド
- ▶アニメーションの変化点はキーフレームで設定する
- ▶非透明度を設定するopacityプロパティ
- ▶エレメントを位置や大きさを変化させるtranslateプロパティ

第9章 練習問題

●問題1

次の文がそれぞれ正しいかどうかを、○×で答えなさい。

① Webブラウザーにいったん表示されたテキストは、DOMを使っても変更できない
② innerHTMLプロパティを使用すると、ノードのHTMLを変更できる
③ getElementByIdメソッドは、windowオブジェクトのメソッドである
④ エレメントを非表示にするには、style.visibilityプロパティに「false」を代入する

ヒント 9-1

●問題2

次のプログラムは、id属性が「myArea」のdivエレメントをクリックするごとに、背景色を赤、黄色、グレーからランダムに変更するものである。プログラムの穴を埋めて完成させなさい。

```
<!DOCTYPE html>
<html lang="ja">
<head>
    <meta charset="utf-8">
    <title>ex2</title>
</head>
<body>
    <div id="myArea">
        <h1>スタイルシートの制御</h1>
    </div>
    <script>
        const colors = new [ ① ](3);
        colors[0] = "red";
        colors[1] = "yellow";
        colors[2] = "gray";
        const myArea = document.[ ② ]("myArea");
        myArea.onclick = () => {
            const num = [ ③ ](colors.length * Math.random());
            myArea.style.[ ④ ] = colors[num];
        }
    </script>
</body>
</html>
```

ヒント 9-2

オブジェクト指向プログラミング

オリジナルのオブジェクトを定義する ― クラスの基本

完成ファイル | [1001] → [sample1e.html]

予習 クラスについて

ES2015(ES6) 以降のJavaScriptでは、JavaやPythonなどと同様に、**「クラス」(class)** という機能を使用してオリジナルのオブジェクトを作成することができるようになりました。
クラスとは、**オブジェクトの設計図**のようなものです。クラスからオブジェクトを生成するには、Dateオブジェクトなど JavaScriptの組み込みオブジェクトと同じように**new演算子**を使用します。
ここでは、シンプルなクラスの例として、名前と身長をそれぞれ「name」「height」という名前のプロパティで管理する、Personクラスを作成してみましょう。メソッドとしては、標準体重を求めるstdWeightメソッドを用意します。

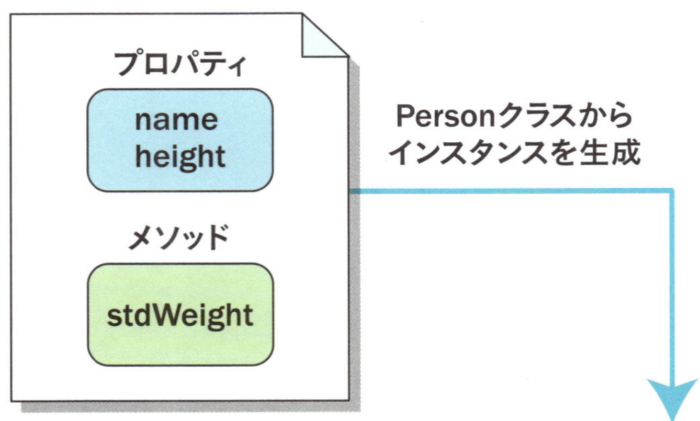


```
const myFriend = new Person("山田太郎", 180);
```

体験 Personクラスを定義する

1 Personクラスを定義する

エディターで「1001」フォルダーの「template1.html」を開いて「sample1.html」といった名前で保存しておきます。あらかじめ用意されている空のscriptエレメントに、Personクラスを定義します❶

```
8    <body>
9        <script>
10           class Person {
11               constructor(name, height) {
12                   this.name = name;
13                   this.height = height;
14               }
15           }
16       </script>
17   </body>
```

```
<script>
    class Person {
        constructor(name, height) {
            this.name = name;
            this.height = height;
        }
    }
</script>
```

❶入力する

2 Personクラスのインスタンスを生成する

scriptエレメントに、要素数が3の配列friendsを用意します❶。Personオブジェクトのインスタンスを3つ生成し、配列の要素に順に格納します❷。

Tips

Personコンストラクターの最初の引数には名前を、2番目の引数には身長を入力します。

```
8    <body>
9        <script>
10           class Person {
11               constructor(name, height) {
12                   this.name = name;
13                   this.height = height;
14               }
15           }
16           const friends = new Array(3);
17           friends[0] = new Person("山田太郎", 160);
18           friends[1] = new Person("田中花子", 165);
19           friends[2] = new Person("猫山一郎", 180);
20       </script>
21   </body>
```

```
<script>
    class Person {
        constructor(name, height) {
            this.name = name;
            this.height = height;
        }
    }
    const friends = new Array(3);
    friends[0] = new Person("山田太郎", 160);
    friends[1] = new Person("田中花子", 165);
    friends[2] = new Person("猫山一郎", 180);
</script>
```

❶入力する

❷入力する

3 Personオブジェクトのプロパティを表示する

for文を使用して、配列friendsのすべての要素に対して、Personオブジェクトのプロパティを表示します❶。

Tips

console.logメソッドでは、「`」(バッククォート)で文字列全体を囲み、内部で「${変数名}」の形で変数名を記述して埋め込んでいます(272ページ「変数の文字列への埋め込みについて(テンプレートリテラル)」参照)。

```
3   <head>
4       <meta charset="utf-8">
5       <title>クラスのテスト</title>
6   </head>
7
8   <body>
9       <script>
10          class Person {
11              constructor(name, height) {
12                  this.name = name;
13                  this.height = height;
14              }
15          }
16          const friends = new Array(3);
17          friends[0] = new Person("山田太郎", 160);
18          friends[1] = new Person("田中花子", 165);
19          friends[2] = new Person("猫山一郎", 180);
20          for (let i = 0; i <= friends.length - 1; i++) {
21              console.log(`${friends[i].name}: ${friends[i].height}cm`);
22          }
23      </script>
24  </body>
25  </html>
```

```
<script>
    class Person {
        constructor(name, height) {
            this.name = name;
            this.height = height;
        }
    }
    const friends = new Array(3);
    friends[0] = new Person("山田太郎", 160);
    friends[1] = new Person("田中花子", 165);
    friends[2] = new Person("猫山一郎", 180);
    for (let i = 0; i <= friends.length - 1; i++) {
        console.log(`${friends[i].name}: ${friends[i].height}cm`);
    }
</script>
```

❶入力する

4 プログラムを実行する

ファイルを上書き保存し、プログラムを実行します。Personオブジェクトの各インスタンスの名前(nameプロパティ)と身長(heightプロパティ)がすべて表示されます。

5 メソッドを追加する

Personクラスに、標準体重を計算するstdWeightメソッドを追加します❶。

```
1  <!DOCTYPE html>
2  <html lang="ja">
3  <head>
4      <meta charset="utf-8">
5      <title>クラスのテスト</title>
6  </head>
7  
8  <body>
9      <script>
10         class Person {
11             constructor(name, height) {
12                 this.name = name;
13                 this.height = height;
14             }
15             stdWeight() {
16                 return (this.height - 100) * 0.9;
17             }
18         }
19         const friends = new Array(3);
20         friends[0] = new Person("山田太郎", 160);
21         friends[1] = new Person("田中花子", 165);
22         friends[2] = new Person("猫山一郎", 180);
23         for (let i = 0; i <= friends.length - 1; i++) {
24             console.log(`${friends[i].name}: ${friends[i].height}cm`);
25         }
26     </script>
27 </body>
28 </html>
```

```
<script>
        class Person {
            constructor(name, height) {
                this.name = name;
                this.height = height;
            }
            stdWeight() {
                return (this.height - 100) * 0.9;
            }
        }
    const friends = new Array(3);
    friends[0] = new Person("山田太郎", 160);
    friends[1] = new Person("田中花子", 165);
    friends[2] = new Person("猫山一郎", 180);
    for (let i = 0; i <= friends.length - 1; i++) {
        console.log(`${friends[i].name}: ${friends[i].height}cm`);
    }
</script>
```

❶入力する

Tips

標準体重の計算には、3-5「ユーザーの入力を受け取って計算する」で紹介した次の式を使用しています。

(身長 − 100) × 0.9

6 標準体重を表示する

for文の処理を変更し、名前と身長に加えて標準体重を追加表示します。console.logメソッドの最後にstdWeightメソッドの結果を埋め込みます❶。

```
1  <!DOCTYPE html>
2  <html lang="ja">
3  <head>
4      <meta charset="utf-8">
5      <title>クラスのテスト</title>
6  </head>
7
8  <body>
9      <script>
10         class Person {
11             constructor(name, height) {
12                 this.name = name;
13                 this.height = height;
14             }
15             stdWeight() {
16                 return (this.height - 100) * 0.9;
17             }
18         }
19         const friends = new Array(3);
20         friends[0] = new Person("山田太郎", 160);
21         friends[1] = new Person("田中花子", 165);
22         friends[2] = new Person("猫山一郎", 180);
23         for (let i = 0; i <= friends.length - 1; i++) {
24             console.log(`${friends[i].name}: ${friends[i].height}cm -> ${friends[i].stdWeight()}kg`);
25         }
26     </script>
27 </body>
28 </html>
```

```
<script>
    class Person {
        constructor(name, height) {
            this.name = name;
            this.height = height;
        }
        stdWeight() {
            return (this.height - 100) * 0.9;
        }
    }
    const friends = new Array(3);
    friends[0] = new Person("山田太郎", 160);
    friends[1] = new Person("田中花子", 165);
    friends[2] = new Person("猫山一郎", 180);
    for (let i = 0; i <= friends.length - 1; i++) {
        console.log(`${friends[i].name}: ${friends[i].height}cm -> ${friends[i].stdWeight()}kg`);
    }
</script>
```

❶ 修正する

7 プログラムを実行する

ファイルを上書き保存し、プログラムを実行します。配列friendsの各要素に対して名前、身長、標準体重が表示されます。

理解 オブジェクトの雛形であるクラスの利用

クラスの定義

JavaScriptでは、クラスは**classキーワード**で定義します。次に基本的なクラスの書式を示します。

▼書式

```
class クラス名 {
    constructor(引数1, 引数2, ...){
        処理
    }

    メソッド1(引数1, 引数2, ...) {
        処理
    }

    メソッド2(引数1, 引数2, ...) {
        処理
    }
    ～
}
```

一般的にクラス名は、1つまたは複数の英単語にし、**頭文字は大文字**にします。

<体験>では、次のようにPersonクラスを定義していました。

```
class Person {
    constructor(name, height) {
        this.name = name;
        this.height = height;
    }
    stdWeight() {
        return (this.height - 100) * 0.9;
    }
}
```

コンストラクターの定義

stdWeightメソッドの定義

コンストラクターについて

「**コンストラクター**」はオブジェクトの生成に使用する特別な関数です。**new演算子**でインスタンスを生成するときに呼び出されます。コンストラクターは、**constructorキーワード**を使用して定義します。次にPersonクラスのコンストラクターを示します。

```
constructor(name, height) {
    this.name = name;          ❶ 名前をnameプロパティに設定
    this.height = height;      身長をheightプロパティに設定
}
```

このコンストラクターでは、名前（name）と身長（height）を引数として受け取っています。コンストラクターの内部では、それらの値を、それぞれnameプロパティ、heightプロパティに初期値として設定しています。

❶の左辺が「this.name」である点に注目してください。**this**はこれまでも何度か登場していますが、**自分自身**を示す特別な値です。この場合、thisはPersonオブジェクトの**インスタンス**を意味します。コンストラクターの内部では、次のように記述することで、その**インスタンスのプロパティ**を表します。

▼書式

```
this.プロパティ名
```

つまり、「this.name」は、コンストラクターが生成するインスタンスのnameプロパティを表します。

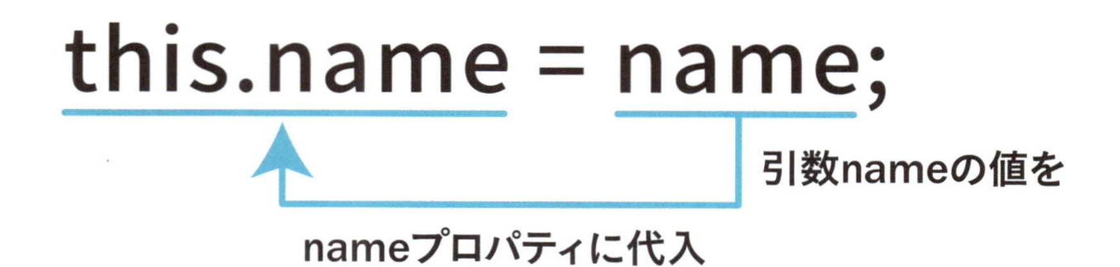

インスタンスの生成

Dateオブジェクトなどと同じく、クラスからインスタンスを生成する場合も、**new演算子**と**コンストラクター**を使って行います。
たとえば、名前が「山田太郎」、身長が「160cm」のPersonオブジェクトのインスタンスを生成し、変数taroに代入するには、次のようにします。

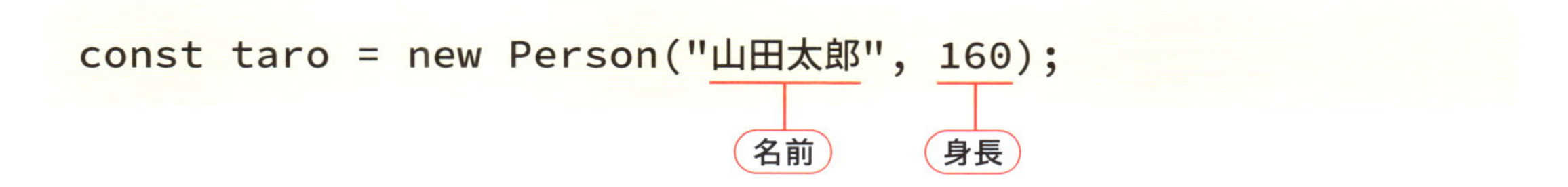

プロパティにアクセスする

インスタンスを生成した後は、そこに用意されている**プロパティ**へ自由にアクセスできます。
個々のプロパティは、通常のオブジェクトと同様に「**変数名.プロパティ名**」で指定します。

```
taro.height = 170;
console.log(taro.name);
```

heightプロパティ(身長)を170に変更
nameプロパティ(名前)を表示

なお、プロパティは、プロパティ名をキーとした**連想配列**のようにアクセスすることもできます（2-5のコラム「プロパティの別の書式」参照）。

▼書式

```
変数名["プロパティ名"]
```

したがって、次の2つのステートメントは、どちらもheightプロパティの値を180に設定します。

```
taro.height = 180;
taro["height"] = 180;
```

プロパティ形式でアクセス
連想配列形式でアクセス

ユーザー定義オブジェクトを配列で管理する

<体験>では、オブジェクトのインスタンスを**配列**に格納しました。そうすることにより、インスタンスの数が増えた場合に管理しやすくなります。手順2では、次のようにしてPersonオブジェクトのインスタンスを3つ生成し、配列friendsの要素に格納しています。

```
const friends = new Array(3);  ──── ❶
friends[0] = new Person("山田太郎", 160);
friends[1] = new Person("田中花子", 165);  ── ❷
friends[2] = new Person("猫山一郎", 180);
```

❶で、Arrayコンストラクターを使用して要素数3の配列friendsを作成しています。❷では、右辺でnew演算子とPersonコンストラクターを使用してPersonオブジェクトのインスタンスを生成し、配列friendsの要素に順に格納しています。

<体験>の手順3では、配列の各要素に格納されたインスタンスにアクセスするために、次のようなfor文を使用しています。配列の要素数は**lengthプロパティ**に格納されているので、添字の範囲を「0」から「lengthプロパティの値-1」にして、for文の制御変数iを変化させています。

```
for (let i = 0; i <= friends.length - 1; i++) {
    console.log(`${friends[i].name}: ${friends[i].height}cm`);
}
```

nameプロパティ

heightプロパティ

要素の数だけ処理を繰り返す

こうしておけば、後からインスタンスの数が増えたとしても、この部分を変更する必要はなくなるわけです。

メソッドの定義

<体験>の手順5では、Personクラスで標準体重を計算するstdWeightメソッドを定義しています。

```
class Person {
    ～略～
    stdWeight() {
        return (this.height - 100) * 0.9;
    }
}
```

stdWeiightメソッドの定義

メソッドはクラスに紐づけられた関数ですが、通常の関数と異なりfunctionキーワードが不要な点に注意してください。また、プロパティには「this.プロパティ名」でアクセスします。ここではheightプロパティ（this.height）から標準体重を計算し、return文で戻しています。

メソッドを呼び出す

クラスで定義したメソッドは、インスタンスから自由に呼び出すことができます。
＜体験＞の手順5では、console.logメソッドの引数の中で、stdWeightメソッドを呼び出しています。

```
console.log(`${friends[i].name}: ${friends[i].height}cm
-> ${friends[i].stdWeight()}kg`);
```

stdWeightメソッドを呼び出す

まとめ

- ▶クラスは、classキーワードで定義する
- ▶コンストラクターは、インスタンスを生成するための関数
- ▶クラスの内部では、プロパティに「this.プロパティ名」でアクセスする
- ▶メソッドの定義には、functionキーワードは不要

COLUMN ES2022におけるクラスのフィールド

クラス全体で使用する変数（プロパティ）やメソッドを保存する領域を、**フィールド**と呼びます。**ES2022以降**のJavaScriptでは、フィールドの取り扱いがより便利になりました。

フィールドで変数を宣言する

これまでJavaScriptでは、コンストラクターの引数で初期化する必要のないフィールド変数も、コンストラクター内で初期化する必要がありました。ES2022では、次のように**コンストラクター外で変数の初期化**が行えるようになりました。

```
class Person {
    point = 0;        ——変数pointを0に初期化
    constructor(name, height) {
        this.name = name;
        this.height = height;
    }
    ～
}
```

これで変数pointは、インスタンスのプロパティとして扱うことができます。

```
const taro = new Person("山田太郎", 160);
taro.point = 100;     ——pointプロパティに100を代入
```

プライベートな変数

ES2022では、変数名の先頭に「**#**」を付けるとクラス内部で**プライベートな変数**となり、クラスの外部からアクセスできなくなります。

```
class Person {
    #point = 0;       ——変数#pointはプライベート
    ～
}
```

```
const taro = new Person("山田太郎", 160);
taro.#point = 100;
```
エラーになる

クラス変数

クラスの変数は、インスタンスごとに固有の**インスタンス変数**と、クラス単位で使用できる**クラス変数（スタティック変数）**に大別されます。クラス変数はインスタンスを生成せずに「クラス名.変数名」でアクセスできます。たとえば、組み込み込みオブジェクトであるMathのPIプロパティ（「Mathオブジェクトのプロパティ」（165ページ））などはクラス変数です。

これまではユーザー定義クラスでクラス変数を扱えませんでしたが、ES2022では**staticキーワード**を使用してフィールドで変数を宣言することにより、クラス変数を扱えるようになりました。

```
class Person {
    static company = "技術評論社";
    ～
}
```
クラス変数companyを宣言

```
console.log(Person.company);
```
クラス変数には「クラス名.変数名」でアクセスできる

2 既存のクラスを元に新しいクラスを作成する ― クラスの継承

完成ファイル | [1002] → [sample2e.html]

予習 継承について

オブジェクト指向の重要な概念に、**クラスの「継承」**があります。継承とは既存のクラスを引き継いて機能を追加した新たなクラスを定義することです。このとき、もとになるクラスを「**スーパークラス**」、それを継承したクラスを「**サブクラス**」と呼びます。
サブクラスでは、スーパークラスのプロパティやメソッドをそのまま使用できます。また、スーパークラスにはない新たなプロパティやメソッドを追加することができます。

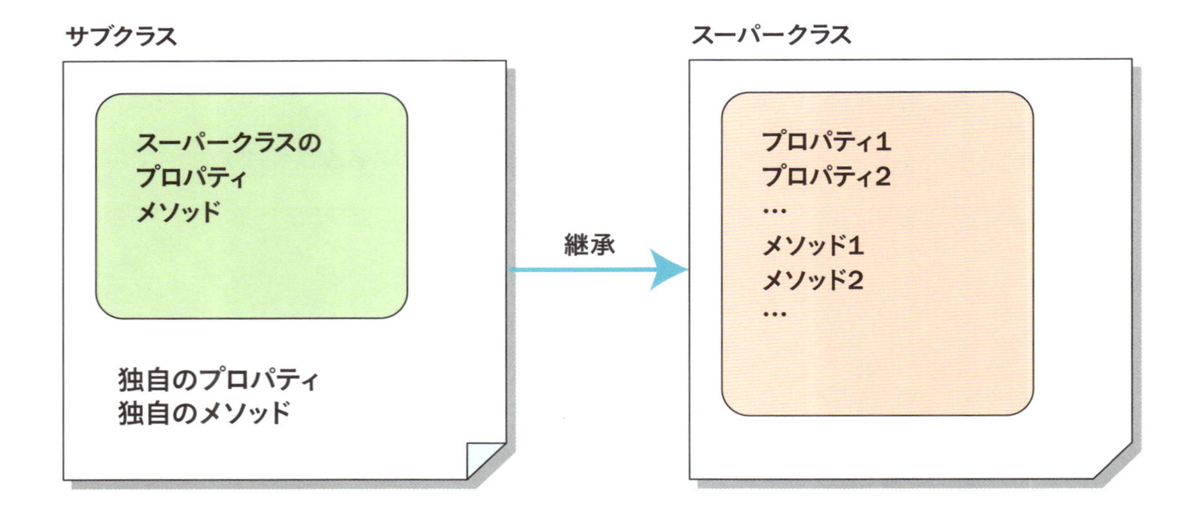

ここでは、前節で作成したPersonクラスを継承するNewPersonクラスを作成し、メソッドを追加してみましょう。また、スーパークラスのメソッドをサブクラスで再定義する「**オーバーライド**」についても説明します。

体験 NewPersonクラスを定義する

1 作業用のファイルを用意する

エディターで「1002」フォルダーの「template2.html」を開いて「sample2.html」といった名前で保存しておきます。あらかじめscriptエレメントに前節で説明したPersonクラスの定義が記述されています❶。

```
1  <!DOCTYPE html>
2  <html lang="ja">
3  <head>
4      <meta charset="utf-8">
5      <title>クラスのテスト</title>
6  </head>
7
8  <body>
9      <script>
10         class Person {
11             constructor(name, height) {
12                 this.name = name;
13                 this.height = height;
14             }
15             stdWeight() {
16                 return (this.height - 100) * 0.9;
17             }
18         }
19     </script>
20 </body>
21 </html>
```

```
<body>
    <script>
        class Person {
            constructor(name, height) {
                this.name = name;
                this.height = height;
            }
            stdWeight() {
                return (this.height - 100) * 0.9;
            }
        }
    </script>
</body>
```

❶

2 NewPersonクラスを作成する

Personクラスを継承する、NewPersonクラスを記述します❶。この状態ではNewPersonクラスの中身は空です。続いて、NewPersonクラスのインスタンスを生成して変数manに代入し、Personクラスから継承したプロパティやメソッドを使用します❷。

Tips

サブクラスであるNewPersonクラスでは、スーパークラスであるPersonクラスのプロパティやメソッドが利用できます。

```
1  <!DOCTYPE html>
2  <html lang="ja">
3  <head>
4      <meta charset="utf-8">
5      <title>クラスのテスト</title>
6  </head>
7
8  <body>
9      <script>
10         class Person {
11             constructor(name, height) {
12                 this.name = name;
13                 this.height = height;
14             }
15             stdWeight() {
16                 return (this.height - 100) * 0.9;
17             }
18         }
19         class NewPerson extends Person {
20         }
21         const man = new NewPerson("大谷翔太", 180);
22         console.log(`${man.name}: ${man.height}cm -> ${man.stdWeight()}kg`);
23     </script>
24 </body>
```

```
<script>
    class Person {
        constructor(name, height) {
            this.name = name;
            this.height = height;
        }
        stdWeight() {
            return (this.height - 100) * 0.9;
        }
    }
    class NewPerson extends Person {
    }
    const man = new NewPerson("大谷翔太", 180);
    console.log(`${man.name}: ${man.height}cm -> ${man.stdWeight()}kg`);
</script>
```

❶入力する

❷入力する

3 プログラムを実行する

ファイルを上書き保存し、プログラムを実行します。NewPersonクラスでPersonクラスのnameプロパティや、heightプロパティ、およびstdWeightメソッドが利用できることを確認します。

4 サブクラスにメソッドを追加する

NewPersonクラスに引数として渡された体重（weight）の値を使い、if文を使用して太りすぎや痩せすぎを判定するcheckWeightメソッドを定義します❶。NewPersonクラスのインスタンスmanから、任意の体重を引数にcheckWeightメソッドを呼び出します❷。

```
6   </head>
7
8   <body>
9       <script>
10          class Person {
11              constructor(name, height) {
12                  this.name = name;
13                  this.height = height;
14              }
15              stdWeight() {
16                  return (this.height - 100) * 0.9;
17              }
18          }
19          class NewPerson extends Person {
20              checkWeight(weight) {
21                  let bmi = weight / ((this.height / 100) ** 2);
22                  if (bmi < 16) {
23                      console.log(`${weight}kgは痩せすぎです`);
24                  } else if (bmi > 25){
25                      console.log(`${weight}kgは太りすぎです`);
26                  } else {
27                      console.log(`${weight}kgは普通体重です`);
28                  }
29              }
30          }
31          const man = new NewPerson("大谷翔太", 180);
32          console.log(`${man.name}: ${man.height}cm -> ${man.stdWeight()}kg`);
33          man.checkWeight(80);
34      </script>
35  </body>
36  </html>
```

```
<script>
    class Person {
        constructor(name, height) {
            this.name = name;
            this.height = height;
        }
        stdWeight() {
            return (this.height - 100) * 0.9;
        }
    }
    class NewPerson extends Person {
        checkWeight(weight) {
            let bmi = weight / ((this.height / 100) ** 2);
            if (bmi < 16) {
                console.log(`${weight}kgは痩せすぎです`);
            } else if (bmi > 25){
                console.log(`${weight}kgは太りすぎです`);
            } else {
                console.log(`${weight}kgは普通体重です`);
            }
        }
    }
    const man = new NewPerson("大谷翔太", 180);
    console.log(`${man.name}: ${man.height}cm -> ${man.stdWeight()}kg`);
    man.checkWeight(80);
</script>
```

❶ 入力する

❷ 入力する

5 プログラムを実行する

ファイルを上書き保存し、プログラムを実行します。checkWeightメソッドの引数として渡した体重に応じた結果が表示されます。

手順4の❷のcheckWeightメソッドの引数に「80」を渡した場合には「標準体重です」

「90」を渡した場合には「太りすぎです」

「50」を渡した場合には「痩せすぎです」と表示されます

6 stdWeightメソッドをオーバーライドする

NewPersonクラスでPersonクラスのstdWeightメソッドをオーバーライドします❶。オーバーライドしたstdWeightメソッドを呼び出します❷。

```
6   </head>
7
8   <body>
9     <script>
10        class Person {
11            constructor(name, height) {
12                this.name = name;
13                this.height = height;
14            }
15            stdWeight() {
16                return (this.height - 100) * 0.9;
17            }
18        }
19        class NewPerson extends Person {
20            checkWeight(weight) {
21                let bmi = weight / ((this.height / 100) ** 2);
22                if (bmi < 16) {
23                    console.log(`${weight}kgは痩せすぎです`);
24                } else if (bmi > 25){
25                    console.log(`${weight}kgは太りすぎです`);
26                } else {
27                    console.log(`${weight}kgは普通体重です`);
28                }
29            }
30            stdWeight() {
31                return ((this.height / 100) ** 2) * 22
32            }
33        }
34        const man = new NewPerson("大谷翔太", 180);
35        console.log(`${man.name}: ${man.height}cm -> ${man.stdWeight()}kg`);
36        man.checkWeight(80);
37    </script>
38  </body>
39  </html>
```

Tips

オーバーライドしたstdWeightメソッドでは、標準体重を次の計算式で求めています。

標準体重 = (身長÷100)^2×22

```
<script>
    class Person {
        constructor(name, height) {
            this.name = name;
            this.height = height;
        }
        stdWeight() {
            return (this.height - 100) * 0.9;
        }
    }
    class NewPerson extends Person {
        checkWeight(weight) {
            let bmi = weight / ((this.height / 100) ** 2);
            if (bmi < 16) {
                console.log(`${weight}kgは痩せすぎです`);
            } else if (bmi > 25){
                console.log(`${weight}kgは太りすぎです`);
            } else {
                console.log(`${weight}kgは普通体重です`);
            }
        }
        stdWeight() {
            return ((this.height / 100) ** 2) * 22
        }
    }
    const man = new NewPerson("大谷翔太", 180);
    console.log(`${man.name}: ${man.height}cm -> ${man.stdWeight()}kg`);
    man.checkWeight(80);
</script>
```

❶ 入力する

❷ 入力する

7 プログラムを実行する

ファイルを上書き保存し、プログラムを実行します。オーバーライドしたstdWeightメソッドが正しく呼び出されることを確認します。

```
top ▼  Filter

大谷翔太: 180cm -> 71.28kg
80kgは普通体重です
>
```

PersonクラスのstdWeightメソッドでは結果が71kgだったのが、オーバーライドしたstdWeightメソッドでは71.28kgになる

理解 クラスの継承について

既存のクラスの機能をそのまま**継承**して、新しいクラスを定義することができます。このとき、もとのクラスを**スーパークラス**、それを継承したクラスを**サブクラス**と呼びます。既存のクラスを継承するための書式は、**extendsキーワード**を使用して次のように書きます。

▼書式

```
class サブクラス名 extends スーパークラス名 {
    メソッドの定義
}
```

＜体験＞手順3では、Personクラスのサブクラスとして NewPersonクラスを定義しています。メソッドとしては、次のcheckWeightメソッドを用意しています。

```
checkWeight(weight) {
    let bmi = weight / ((this.height / 100) ** 2);   ❶
    if (bmi < 16) {
        console.log(`${weight}kgは痩せすぎです`);
    } else if (bmi > 25){
        console.log(`${weight}kgは太りすぎです`);    ❷
    } else {
        console.log(`${weight}kgは普通体重です`);
    }
}
```

❶では、heightプロパティと引数として渡されたweight（体重）から、**BMI（Body Mass Index: ボスマス指数）**という肥満度を表す値を計算し、変数bmiに代入しています。なお、「******」は**べき乗**を表す演算子です。

```
let bmi = weight / ((this.height / 100) ** 2)
```

❷のif文では、変数bmiの値をif文で判断し、16未満の場合には「痩せすぎです」、25より大

きい場合には「太りすぎです」、それ以外は「普通体重です」と表示しています。

メソッドのオーバーライド

クラスを継承する際、スーパークラスで定義されているメソッドを、サブクラスで**同じメソッド名と同じ引数で再定義**することができます。これを、メソッドの「**オーバーライド**」と呼びます。オーバーライドにより、スーパークラスのメソッドの処理内容を、サブクラスで変更することができるわけです。
＜体験＞の手順6では、標準体重を求めるstdWeightメソッドの処理を、BMIを使った計算式にアップデートしています。

■スーパークラスのstdWeightメソッド（身長の単位はセンチメートル）

標準体重 = (身長 - 100) × 0.9

```
stdWeight() {
    return (this.height - 100) * 0.9;
}
```

■オーバーライドしたstdWeightメソッド（身長の単位はメートル）

標準体重 = 身長×身長×22

```
stdWeight() {
    return ((this.height / 100) ** 2) * 22
}
```

まとめ

- ▶extendsキーワードでクラスを継承する
- ▶継承元のクラスをスーパークラス、継承したクラスをサブクラスと呼ぶ
- ▶スーパークラスのメソッドを同じ名前、同じ引数で再定義するオーバーライド
- ▶「**」はべき乗を表す演算子

第10章 練習問題

◉問題1

次のプログラムは、おもちゃのロボットを定義するRobotクラスを記述しています。プロパティとしてはname（名前）とcolor（色）を、メソッドとしては「コンニチハ。私の名前は○○です」と表示するsayHelloを持っています。次に、Robotクラスのインスタンスを生成し、sayHelloメソッドを呼び出しています。穴を埋めて完成させなさい。

```
[  ①  ] Robot {
    [  ②  ](name, color) {
        this.name = name;
        [  ③  ] = color;
    }
    sayHello() {
        console.log(`コンニチハ。私の名前は${this.name}です`);
    }
}
const r1 = [  ④  ] Robot("アトム", "yellow");
r1.sayHello();
```

ヒント 10-1

◉問題2

次のプログラムは、問題1で作成したRobotクラスを継承するBetterRobotクラスです。新たに「さようなら」と表示するsayGoodbyeメソッドを定義しています。穴を埋めて完成させなさい。

```
class BetterRobot [  ①  ] Robot {
    [  ②  ]() {
        console.log("さようなら")
    }
}
```

ヒント 10-2

はじめての非同期処理

非同期処理とは — Promiseの基本

完成ファイル | [1101] → [sample1e.html]

予習 非同期処理について

プログラムにおける処理の流れは、「**同期処理**」と「**非同期処理**」に大別できます。同期処理はプログラムの処理を1つずつ順に実行していく方式です、現在のステートメントの処理が完了するまで次のステートメントには進めません。

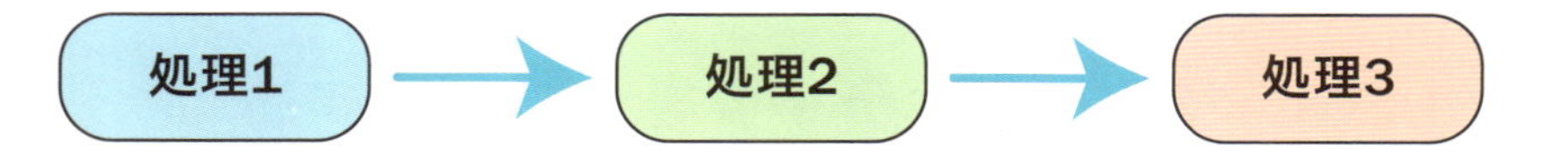

それに対して非同期処理は、**現在の処理の完了を待たずに次の処理に進む**方式です。JavaScriptでもっともシンプルな非同期処理の機能が「**タイマー**」です（9-2参照）。タイマーを使用して指定した時間後に関数を実行するメソッドにsetTimeoutがありますが、setTimeoutメソッドを実行した時点では何もせずに次のステートメントに処理が進み、**指定した時間後にコールバック関数の処理が実行**されます。

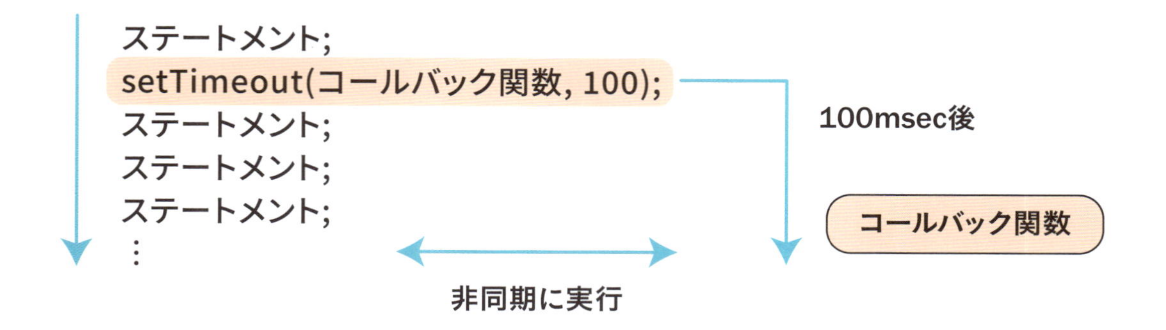

プログラムにおける処理の流れの単位を**スレッド**と呼びますが、JavaScriptは基本的に同時に1つの処理しか行えない**シングルスレッド**の言語です。そのため、実際はメインの処理とコールバック関数が同時に実行されているわけではありません。上記のコールバック関数が処理を行っている間、メインの処理は待ち状態になっています。

非同期処理を扱いやすくするPromise

非同期処理は、次節で説明するJavaScriptとWebサーバーとの間でデータのやりとりを行う**非同期通信の処理を行う際**によく利用されます。
非同期処理の完了を通知する手法の1つに、**コールバック関数**があります。処理が完了した時に実行する関数をコールバック関数として登録して、処理完了後にそれを呼び出して後処理を行うというものです。ただし、コールバックによる処理を多用すると、プログラムのネスト（階層）が深くなり、**コールバック地獄**（313ページのコラム「コールバック地獄」参照）などと呼ばれる問題が発生してしまいます。
そこで、ES2015(ES6) 以降のJavaScriptでは、非同期処理を扱いやすくするために**Promise**という機能が用意されました。Promiseを使用すると、非同期処理が成功した場合は**thenメソッド**を、失敗した場合は**catchメソッド**を呼び出すことで、後処理を簡潔に記述できます。

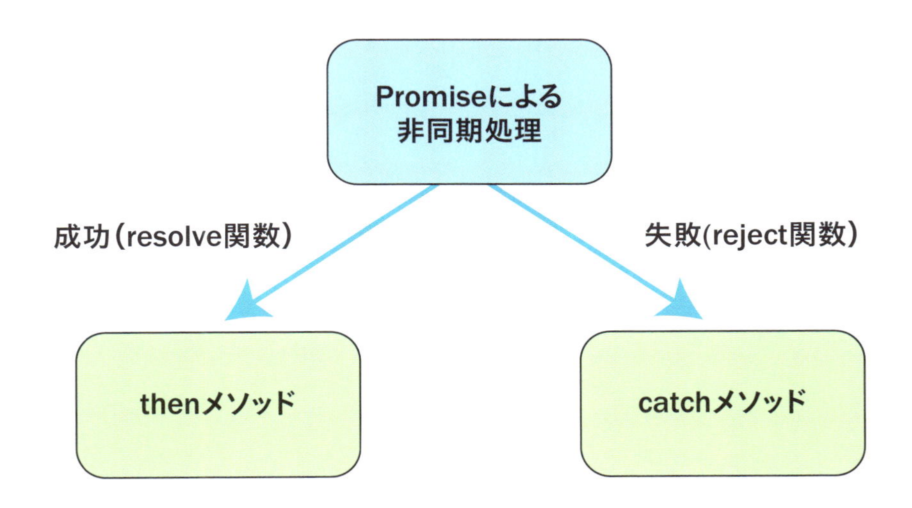

Webサーバーと非同期通信でやりとりする方法については次の節で説明することにして、この節ではタイマーを使用した非同期処理のサンプルを通して、Promiseの基本的な使い方を説明します。

体験 Promiseを使ってみよう

1 setTimeoutメソッドで非同期処理を実行する

エディターで「1101」フォルダーの「template1.html」を開いて「sample1.html」といった名前で保存しておきます。あらかじめ用意されている空のscriptエレメントに、次のステートメントを記述します❶。

```
1  <!DOCTYPE html>
2  <html lang="ja">
3  <head>
4      <meta charset="utf-8">
5      <title>Promiseの基礎</title>
6  </head>
7
8  <body>
9      <script>
10         console.log("処理1");
11         const t1 = setTimeout(() => {
12             console.log("処理2");
13         }, 100);
14         console.log("処理3");
15     </script>
16 </body>
17 </html>
```

```
<script>
    console.log("処理1");
    const t1 = setTimeout(() => {
        console.log("処理2");
    }, 100);
    console.log("処理3");
</script>
```

❶入力する

2 プログラムを実行する

ファイルを上書き保存し、プログラムを実行します。タイマーを利用して「処理2」を表示するステートメントは100msec後に実行されるため、コンソールには「処理1」→「処理3」→「処理2」の順に表示されます。

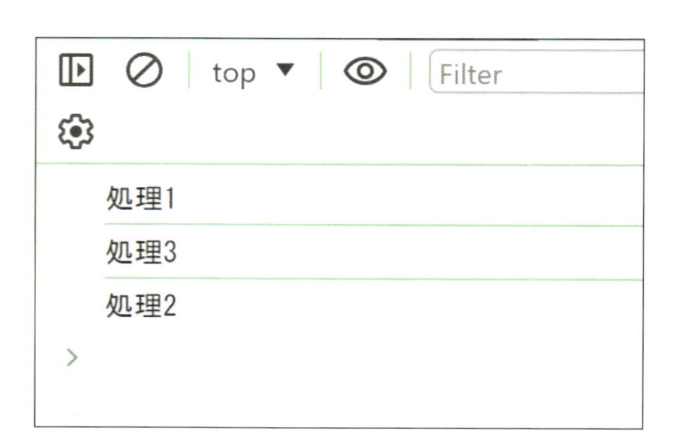

3 Promiseオブジェクトを生成する

手順1の処理を変更し、Promiseを使用して「処理1」「処理2」「OK 処理3」と表示するようにします。まず手順1の2番目以降のステートメントをコメントにし❶、続いて、Promiseを使ったステートメントを記述します❷。Promiseオブジェクトのコールバック関数でresolve関数が実行されると❸、thenメソッドが実行されます❹。

```
1  <!DOCTYPE html>
2  <html lang="ja">
3  <head>
4      <meta charset="utf-8">
5      <title>Promiseの基礎</title>
6  </head>
7
8  <body>
9      <script>
10         console.log("処理1");
11         // const t1 = setTimeout(() => {
12         //     console.log("処理2");
13         // }, 100);
14         // console.log("処理3");
15         const promise = new Promise((resolve, reject) => {
16             const t1 = setTimeout(() => {
17                 console.log("処理2");
18                 resolve("OK");
19             }, 100);
20         });
21         promise.then((data) => {
22             console.log(data + " 処理3");
23         })
24     </script>
25 </body>
26 </html>
```

```
console.log("処理1");
// const t1 = setTimeout(() => {
//     console.log("処理2");
// }, 100);
// console.log("処理3");
const promise = new Promise((resolve, reject) => {
    const t1 = setTimeout(() => {
        console.log("処理2");
        resolve("OK");
    }, 100);
});
promise.then((data) => {
    console.log(data + " 処理3");
});
```

❶コメントにする

❷入力する

❸

❹

4 プログラムを実行する

ファイルを上書き保存し、プログラムを実行します。コンソールには「処理1」「処理2」「OK 処理3」の順に表示されます。

top ▼ Filter

処理1

処理2

OK 処理3

5 エラーを発生する

resolve関数をコメントにし❶、reject関数を加えます❷。thenメソッドにcatchメソッドを接続し、エラーが発生したときの処理を記述します❸。

```
8   <body>
9       <script>
10          console.log("処理1");
11          // const t1 = setTimeout(() => {
12          //     console.log("処理2");
13          // }, 100);
14          // console.log("処理3");
15          const promise = new Promise((resolve, reject) => {
16              const t1 = setTimeout(() => {
17                  console.log("処理2");
18                  // resolve("OK");
19                  reject("NG");
20              }, 100);
21          });
22          promise.then((data) => {
23              console.log(data + " 処理3");
24          }).catch((data) => {
25              console.log(data + " 処理3");
26          });
27      </script>
28  </body>
```

```
console.log("処理1");
// const t1 = setTimeout(() => {
//     console.log("処理2");
// }, 100);
// console.log("処理3");
const promise = new Promise((resolve, reject) => {
    const t1 = setTimeout(() => {
        console.log("処理2");
        // resolve("OK");
        reject("NG");
    }, 100);
});
promise.then((data) => {
    console.log(data + " 処理3");
}).catch((data) => {
    console.log(data + " 処理3");
});
```

❶ コメントにする
❷ 入力する
❸ 入力する

6 プログラムを実行する

ファイルを上書き保存し、プログラムを実行します。コンソールには「処理1」「処理2」「NG 処理3」の順に表示されます。

理解 Promiseオブジェクトを理解する

Promiseオブジェクトを生成する

Promiseオブジェクトの生成は次のようにします。

▼書式

```
変数 = new Promise(コールバック関数);
```

コールバック関数にはresolveとrejectの2つの引数を渡せます。どちらも関数ですが、実際には名前は任意です。コールバック関数の内部では、処理が成功した場合はresolve関数を、失敗した場合はreject関数を呼び出します。それらの関数の引数には、後述するthenメソッド/catchメソッドに渡すデータを指定できます。

▼書式

```
変数 = new Promise((resolve, reject) => {
    ～
    resolve(値) ――― 処理が成功した場合に呼び出す
    ～
    reject(値) ――― 処理が失敗した場合に呼び出す
})
```

thenメソッドとcatchメソッド

Promiseオブジェクトのコールバック関数内でresolve関数が呼び出されるとthenメソッドが、reject関数が呼び出されるとcatchメソッドが実行されます。どちらも引数にコールバック関数を指定します。

▼書式

```
変数.then((data) => {
    処理が成功した場合の処理
}).catch((data) => {
    処理が失敗した場合の処理
})
```

体験のプログラムの処理を理解する

以上の説明をもとに、<体験>の手順5のプログラムを見てみましょう。

```
const promise = new Promise((resolve, reject) => { ――❶
    const t1 = setTimeout(() => { ――❷
        console.log("処理2");
        //resolve("OK"); ――❸
        reject("NG"); ――❹
    }, 100);
});
promise.then((data) => { ――❺
    console.log(data + " 処理3");
}).catch((data) => { ――❻
    console.log(data + " 処理3");
});
```

❶で**Promiseオブジェクト**を生成しています。内部のコールバック関数では、❷でsetTimeoutメソッドを実行して100msec後にconsole.logメソッドで「処理2」と表示し、resolve関数❸もしくはreject関数❹を呼び出しています。
resolve関数を実行すると**処理が成功した**とみなされ、❺の**thenメソッド**が呼び出されます。
reject関数を実行すると**エラー**とみなされ、❻の**catchメソッド**が呼び出されます。
なお前述の例では、変数promiseに格納されたPromiseオブジェクトに対してthenメソッドとcatchメソッドを記述していますが、次のように**Promiseオブジェクトを生成する際**にthenメソッドとcatchメソッドを記述しても構いません。

```
const promise = new Promise((resolve, reject) => {
    const t1 = setTimeout(() => {
        ～略～
    }, 100);
}).then((data) => {
    console.log(data + " 処理3");
}).catch((data) => {
    console.log(data + " 処理3");
});
```

非同期処理でのPromiseの活用

以上の説明で、Promiseオブジェクトの処理の流れが理解できたと思います。本書では触れませんが、実際のプログラミングでは、Promiseオブジェクトを**順番に実行**したり、あるいは**同時に複数実行**したりといったことが行われます。

処理を順に実行する例

```
プロミスオブジェクト
     .then(処理)
     .then(処理)
     .then(処理)
     ....
```

処理を同時に実行する例

```
Promise([
     処理1,
     処理2,
     処理3
]);
```

- ▶複数の処理を並行して行う非同期処理
- ▶従来の非同期処理ではコールバック関数を利用
- ▶非同期処理をわかりやすく記述するPromiseオブジェクト
- ▶Promiseの処理が成功するとresolve関数を呼び出し、thenメソッドを処理する
- ▶Promiseの処理が失敗するとreject関数を呼び出し、catchメソッドを処理する

サーバーとデータをやりとりする — Fetch APIの利用

完成ファイル | [1102] → [sample2e.html]

予習 非同期通信について

ネットワークを介した通信は、**プロトコル**と呼ばれる取り決めに従って行われています。Webサーバーと Web ブラウザーの間の通信では、**HTTP (Hyper Text Transfer Protocol)** というプロトコルが使用されます。

JavaScript では、HTTP を利用して「**非同期通信**」が行えます。非同期通信の反対の意味を持つ通信方式は「**同期通信**」です。この2つの違いは、前節で説明した同期処理/非同期処理と同じようなイメージで考えるとよいでしょう。

同期通信の場合、ブラウザーから Web サーバーに**リクエスト**を送ると、その**応答が戻ってくるまで他の処理ができません**。

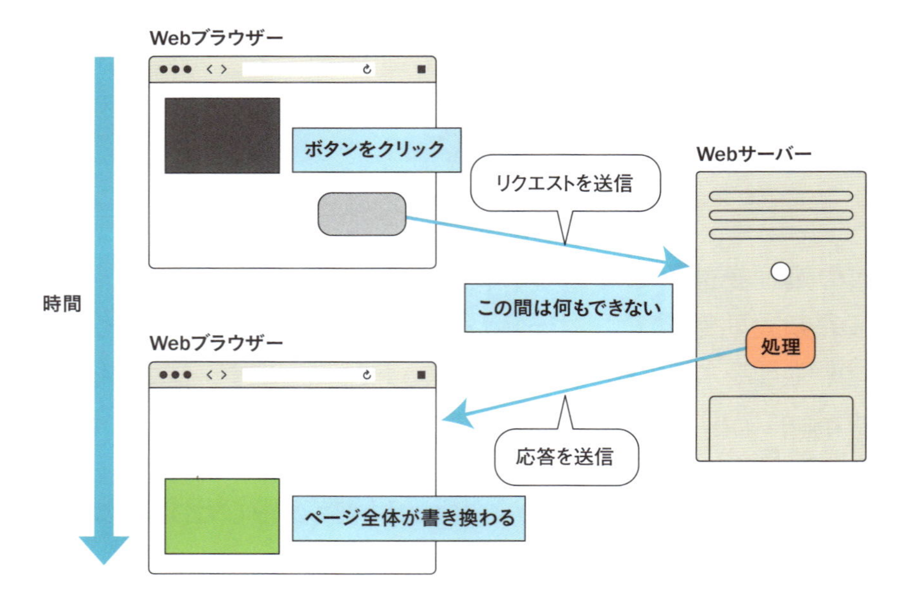

それに対して非同期通信では、応答を待つ必要がなく、**応答が戻ってくるまでの間は別の処理が行えます**。たとえば、「Google Map」の場合、利用者が地図のスクロールや拡大などの操作をしている間にも、Webサーバーから地図データを読み込んで更新する処理を行っています。

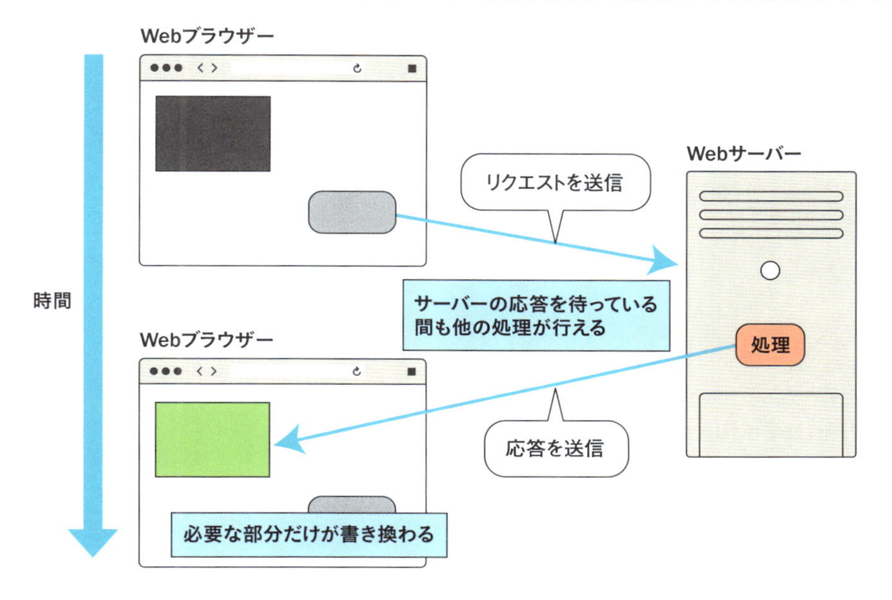

クロスドメイン制約

JavaScriptを活用すると、Webサーバーとの間で自由に通信が行えます。ただし、すべてのWebサーバーとの間で通信を許すと、サーバー上の情報を盗むことを目的とした悪意あるプログラムが作成される恐れがあります。そのため、セキュリティ上の配慮から、**HTMLファイルがロードされたサーバー以外とは非同期通信ができない**ようになっています。これを**クロスドメイン制約**と呼びます。

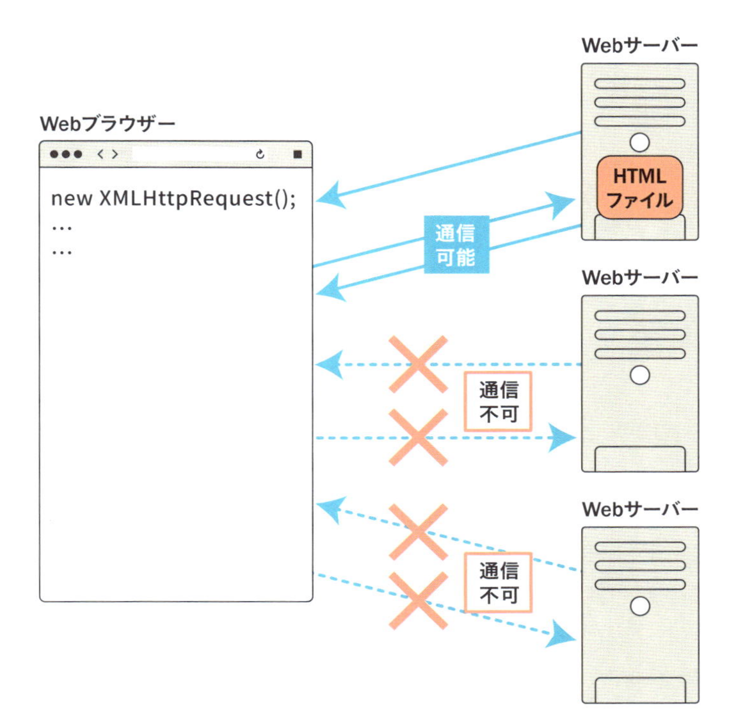

Fetch APIについて

HTTPプロトコルを使用してWebブラウザーとWebサーバーの間で通信を行う場合、まず、Webブラウザーが**HTTPリクエスト**というメッセージをWebサーバーに送ります。たとえば、Webブラウザーのアドレスに「http://www.example.com/index.html」を指定すると、Webブラウザーはドメイン名が「www.example.com」というWebサーバーに対して、「index.html」を取得したいというHTTPリクエストを送ります。Webサーバー側では、その**レスポンス（応答）**として「index.html」を送ります。

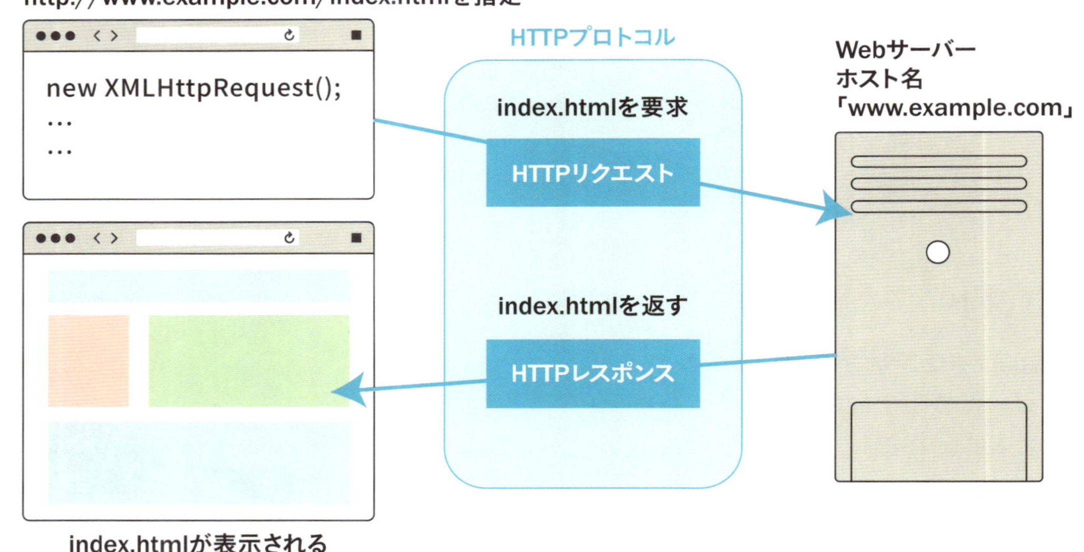

WebブラウザとWebサーバーはHTTPを使用してやりとりを行う

旧式のWebブラウザーでは、HTTPリクエストはWebブラウザーが必要に応じて送信するもので、プログラム内で自由に制御することはできませんでした。それに対して、現在のWebブラウザーでは、JavaScriptのプログラムから**HTTPリクエストを直接送る**ことができます。
これによって、プログラムの途中でも、必要に応じてデータをWebサーバーからロードすることが可能になります。さらに、**ロードされたデータをDOMを利用して処理**することにより、Webブラウザー上の任意の位置に瞬時に表示できるわけです。
JavaScriptを使用したHTTPによる非同期通信では、「**XMLHttpRequest**」という機能が使われてきました。しかし最近では、よりシンプルで扱いやすい「**Fetch API**」を使用することが増えています。Fetch APIは、HTTP通信の結果を、前節で解説した**Promiseオブジェクト**として返します。したがって、**thenメソッド**を使用して結果を処理することが可能になります。

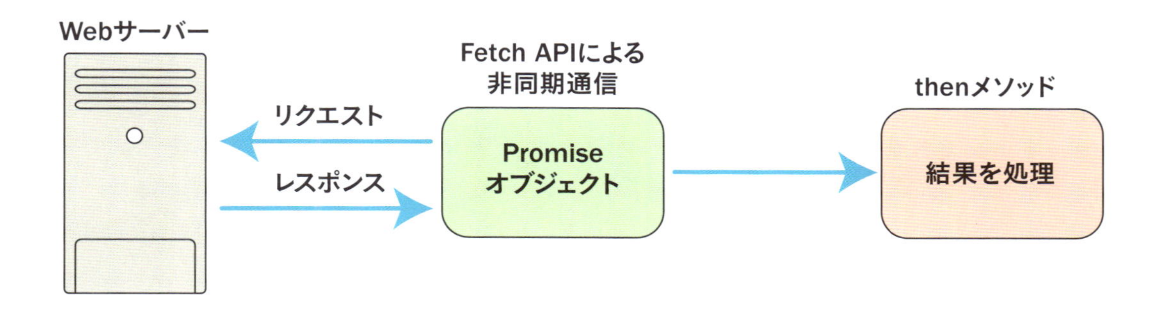

この節では、Fetch APIを使用してWebサーバーのデータを取得する方法について説明します。その後で、**async/await機能**を使用したPromiseデータを便利に扱う方法について説明します。サンプルとしては、ボタンをクリックするとWebサーバーにHTTPリクエスト送信し、Webサーバーからテキストファイルをロードするシンプルなプログラムを紹介します。受信したテキストファイルの内容は、DOMの**innerHTMLプロパティ**を使用して、Webブラウザーに表示します。

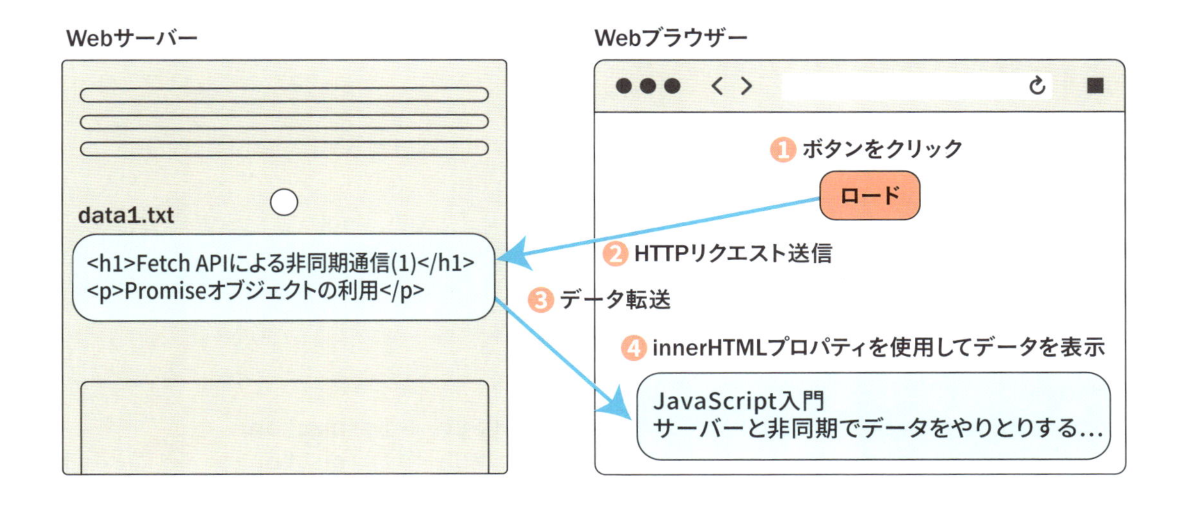

なお、本書の＜体験＞を実行するには、Webサーバーが必要になります。エディターにVSCodeを利用している場合は、拡張機能の簡易Webサーバー「**Live Server**」（33ページのコラム「Live Serverで編集中のHTMLファイルをWebブラウザーに表示する」を参照）を利用することもできます。

体験 Fetch APIを使用する

1 作業用のファイルを用意する

エディターで「1102」フォルダーの「template2.html」を開いて「sample2.html」といった名前で保存しておきます。あらかじめ、id属性がloadBtn1とloadBtn2の2つのボタン❶と、id属性がmyAreaのdivエレメント❷が用意されています。また、bodyとmyAreaにはスタイルシート❸が設定されています。

```
1  <!DOCTYPE html>
2  <html lang="ja">
3  <head>
4      <meta charset="utf-8">
5      <title>Fetch APIのテスト</title>
6      <style type="text/css">
7          body {
8              text-align: center;
9          }
10         #myArea {
11             background: yellow;
12         }
13     </style>
14 </head>
15
16 <body>
17     <button type="button" id="loadBtn1">ロード1</button>
18     <button type="button" id="loadBtn2">ロード2</button>
19     <div id="myArea">
20     </div>
21     <script>
22     </script>
23 </body>
24 </html>
```

```
<head>
    <meta charset="utf-8">
    <title>Fetch APIのテスト</title>
    <style type="text/css">
        body {
            text-align: center;
        }
        #myArea {
            background: yellow;
        }
    </style>          ❸
</head>

<body>
    <button type="button" id="loadBtn1">ロード1</button>
    <button type="button" id="loadBtn2">ロード2</button>   ❶
    <div id="myArea">
    </div>            ❷
    <script>
    </script>
</body>
```

2 データファイルを用意する

ファイル名を「data1.txt」と「data2.txt」にした、データ転送のテストに使用する2つのテキストファイルを用意します。各テキストファイルには、テスト用のHTMLのタグを記述しています。

```
data1.txt ×
samples > Chap11 > 1102 > data1.txt
1  <h1>Fetch APIによる非同期通信(1)</h1>
2  <p>Promiseオブジェクトの利用</p>
```

data1.txt

```
<h1>Fetch APIによる非同期通信(1)</h1>
<p>Promiseオブジェクトの利用</p>
```

```
data2.txt ×
samples > Chap11 > 1102 > data2.txt
1  <h1>Fetch APIによる非同期通信(2)</h1>
2  <p>async/awaitの利用</p>
```

data2.txt

```
<h1>Fetch APIによる非同期通信(2)</h1>
<p>async/awaitの利用</p>
```

3 Fetch APIを使用してdata1.txtを読み込む

getElementByIdメソッドで、id属性がloadBtn1のボタンを取得して変数btn1に代入します❶。btn1のonclickイベントハンドラーでfetch関数を使用してdata1.txtからデータを読み込み、id属性myAreaに表示します❷。

```
18          <button type="button" id="loadBtn2">ロード2</button>
19          <div id="myArea">
20          </div>
21      <script>
22          const btn1 = document.getElementById("loadBtn1");
23          btn1.onclick = () => {
24              fetch("data1.txt")
25                  .then(response => {
26                      return response.text();
27                  }).then(data => {
28                      document.getElementById("myArea").innerHTML = data;
29                  });
30          };
31      </script>
32  </body>
33  </html>
```

```
<script>
    const btn1 = document.getElementById("loadBtn1");
    btn1.onclick = () => {
        fetch("data1.txt")
            .then(response => {
                return response.text();
            }).then(data => {
                document.getElementById("myArea").innerHTML = data;
            });
    };
</script>
```

❶ 入力する

❷ 入力する

4 プログラムを実行する

ファイルを上書き保存し、プログラムを実行します。「ロード1」ボタンをクリックすると、id属性がmyAreaのdivエレメントにdata1.xtから読み込んだ内容が表示されます。

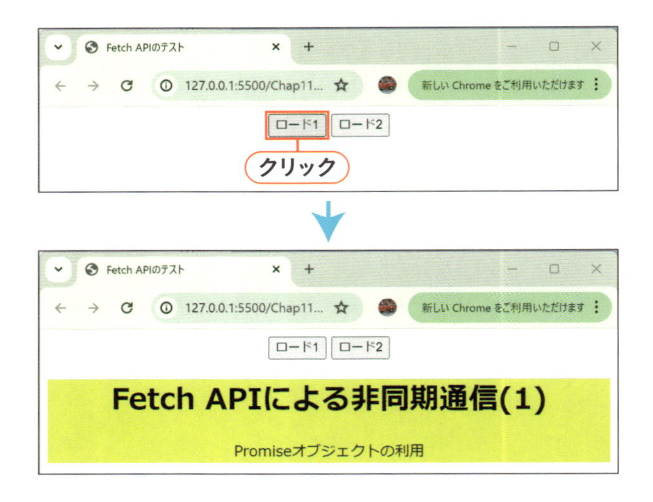

5 async/awaitを利用する

getElementByIdメソッドでid属性がloadBtn2のボタンを取得し、変数btn2に代入します❶。btn2のonclickイベントハンドラーでasync/awaitとfetch関数を組み合わせてdata2.txtからデータを読み込み、id属性myAreaに表示します❷。


```
20        </div>
21        <script>
22            const btn1 = document.getElementById("loadBtn1");
23            btn1.onclick = () => {
24                fetch("data1.txt")
25                    .then(response => {
26                        return response.text();
27                    }).then(data => {
28                        document.getElementById("myArea").innerHTML = data;
29                    });
30            };
31            const btn2 = document.getElementById("loadBtn2");
32            btn2.onclick = async () => {
33                const aRes = await fetch("data2.txt");
34                const data = await aRes.text();
35                document.getElementById("myArea").innerHTML = data;
36            };
37        </script>
38    </body>
```


```
<script>
    const btn1 = document.getElementById("loadBtn1");
    btn1.onclick = () => {
        fetch("data1.txt")
            .then(response => {
                return response.text();
            }).then(data => {
                document.getElementById("myArea").innerHTML = data;
            });
    };
    const btn2 = document.getElementById("loadBtn2");
    btn2.onclick = async () => {
        const aRes = await fetch("data2.txt");
        const data = await aRes.text();
        document.getElementById("myArea").innerHTML = data;
    };
</script>
```

❶ 入力する

❷ 入力する

6 プログラムを実行する

ファイルを上書き保存し、プログラムを実行します。「ロード2」ボタンをクリックすると、id属性がmyAreaのdivエレメントにdata2.xtから読み込んだ内容が表示されます。

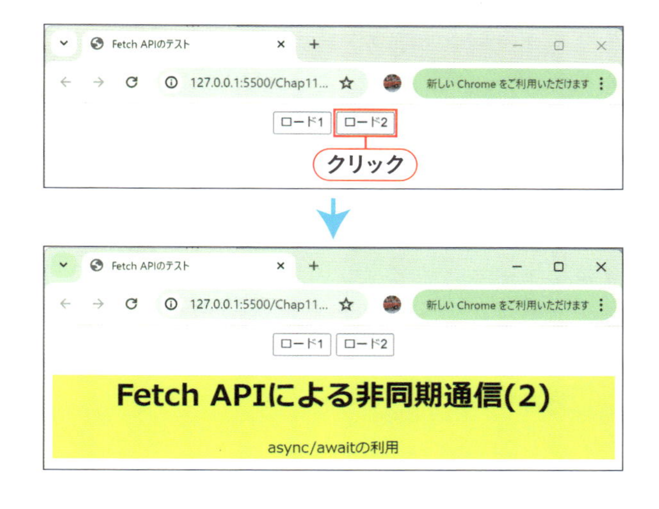

COLUMN コールバック地獄

JavaScriptのプログラムで非同期処理を多用すると、あるコールバック関数で処理を行った後に、別のコールバック関数を呼び出し、さらに別のコールバック関数を呼び出すという、**コールバック関数の数珠繋ぎ状態**になりがちです。これを「**コールバック地獄**」などと呼び、プログラマーの間で忌み嫌われています。

たとえば、Webサーバーからファイルを取得してコールバック関数で処理を行うgetFileという関数があるとします。これを使用してfile1、file2、file3、file4を順に取得して処理を行うプログラムのイメージは、次のようになります。処理が増える度にプログラムのネストが深くなるため、流れが把握しづらくなり、デバッグやエラーの処理、さらにはプログラムの変更も難しくなります。

```
getFile("file1", () => {
    ～
    getFile("file2", () => {
        ～
        getFile("file3", () => {
            ～
            getFile("file4", () => {
                ～
            })
        })
    })
})
```

理解 Fetch APIとasync/awaitの使い方

Fetch APIについて

Fetch APIを使用して本格的にWebブラウザーとやりとりをするには、**HTTPプロトコル**に関する知識が必要ですが、ここでは基本的なデータの取得に絞って解説しましょう。まず、非同期通信を行うには**fetch関数**を使用します。

▼書式

```
fetch(URL, オプション)
```

最初の引数では、**取得するデータのURL**を指定します。＜体験＞のサンプルでは、プログラムを記述したHTMLファイルと同じ階層にあるテキストファイルを取得するので、単に「data1.txt」と相対指定しています。２番目の引数では、**HTTPプロトコルのメソッド**などを指定しますが、デフォルトはデータを取得する「**GET**」なので、＜体験＞のサンプルでは省略しています。
fetch関数の戻り値は、前節で解説した**Promiseオブジェクト**です。データが正しく取得されれば、fetchの内部でresolveメソッドが呼ばれるので、**thenメソッド**で処理します。
＜体験＞の手順２のデータ取得部分を見てみましょう。

```
fetch("data1.txt") ―❶
    .then(response => { ―❷
        return response.text();
    }).then(data => { ―❸
        document.getElementById("myArea").innerHTML = data; ―❹
    });
```

❶でfetch関数を実行して「data1.txt」を取得します。データが取得されたら、❷のthenメソッドのコールバック関数が実行されます。引数のresponseは、Webサーバーからの**レスポンスとして返されたデータ**のオブジェクトです。そのデータからテキストデータを取り出すには、**textメソッド**を実行します。textメソッドの戻り値もPromiseオブジェクトです。❸で、さらにthenメソッドを接続します。コールバック関数の引数dataには取得したテキストデータが代入されているので、❹で、id属性がmyAreaのdivエレメントに、**innerHTMLプロパティ**を

使用して表示しています。

Promiseオブジェクトを効率よく処理するasync/await

Promiseオブジェクトによる非同期処理の取り扱いを簡潔に記述する方法に、ES2017で採用された「**async/await**」があります。async/awaitを使用するには、まず**asyncキーワード**を指定して関数を定義します。すると、その関数は非同期処理を行う「**非同期関数**」になります。たとえば、アロー関数を非同期関数にするには次のように記述します。

▼書式

```
async () => {
    処理
}
```

非同期関数は、Promiseオブジェクトを戻り値とする関数ですが、thenメソッドで処理を行う必要はありません。非同期関数の内部でPromiseオブジェクトを返す関数の前に、**await**という演算子を記述します。

▼書式

```
const 変数 = await 関数()
```

awaitは日本語では「待つ」といった意味で、文字どおり**非同期関数の結果が返されるまで処理を待ちます**。＜体験＞の手順5のonclickイベントハンドラーのプログラムを見てみましょう。

```
btn2.onclick = async () => { ――❶
    const aRes = await fetch("data2.txt"); ――❷
    const data = await aRes.text(); ――❸
    document.getElementById("myArea").innerHTML = data;
};
```

❶でasyncを指定していることから、onclickイベントハンドラーに代入している関数は非同期関数になります。

❷でawait演算子を指定しているため、fetchメソッドで**レスポンスが返されるまで待ち**、レス

ポンスを取得したら結果を変数aResに代入します。❸もawait演算子を指定してtextメソッドを実行することで、テキストデータを取得して変数dataに代入しています。
処理の内容は手順3と同じですが、こちらの方がシンプルに記述できることがわかります。

JSONファイルを取得するには

fetch関数では、テキストファイルだけでなく**JSONファイル**を取得することもできます。そのためには、textメソッドの代わりに**jsonメソッド**を指定します。次のように記述すると、sample.jsonから読み込んだJSONデータがJavaScriptのオブジェクトに変換され、変数objに代入されます。

```
const aRes = await fetch("sample.json");
const obj = await aRes.json();
```

COLUMN JavaScriptの情報源「MDN」

Web上には、JavaScriptのプログラム開発に関するさまざまな情報が溢れています。それらの中で、多くの開発者がもっとも信頼を寄せているのが、HTMLやJavaScript、CSSなどのWeb技術に関するドキュメントがまとめられた「MDN Web Docsプロジェクト」(略称はMDN) のWebサイトです。MDNは「Mozilla Developer Network」の略で、その名が示すとおりオープンソースのWebブラウザー「Mozilla Firefox」の開発で有名なMozillaプロジェクトが運営するサイトです。
コミュニティの基本的なドキュメントは日本語に翻訳されているので、英語が苦手な方でも安心して学習が進められるでしょう。

mdn MDNのJavaScriptのページ
https://developer.mozilla.org/ja/docs/Web/JavaScript

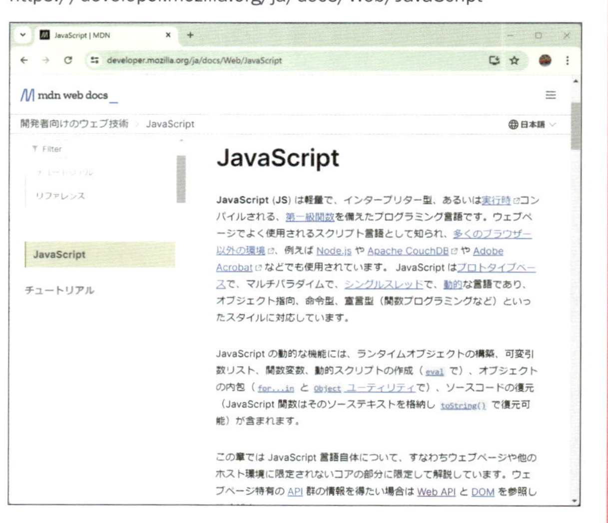

COLUMN トップレベルawait

Promiseオブジェクトが結果を返すのを待つ**await演算子**は、asyncを指定した関数内で指定する必要がありましたが、ES2022以降では次のように、awaitが**トップレベル**、つまりすべての関数の外部に限り使用できるようになりました。注意点として、現時点ではトップレベルawaitを利用するにはscriptタグで「type="module"」を指定して、**ES Modulesに対応させる**必要があります。

```
<script type="module">
    const aRes = await fetch("data2.txt");   ← トップレベルでawaitを指定
    const data = await aRes.text();          ← トップレベルでawaitを指定
    ～
</script>
```

ただし、あくまでトップレベルでの利用に限られるので、この節のサンプルのようにイベントハンドラー内でfetch関数を実行するといった場合には使用できません。使い道は限られるでしょう。

まとめ

- ▶Webブラウザーと非同期通信を行うFetch API
- ▶fetch関数はPromiseオブジェクトを返す
- ▶Promiseオブジェクトをシンプルに扱えるasync/await

第11章 練習問題

◉問題1

次のプログラムが実行されると、コンソールにどのように表示されるか答えなさい。

```
const promise = new Promise((resolve, reject) => {
    const t1 = setTimeout(() => {
        console.log("処理2");
        resolve();
    }, 100);
});
promise.then(() => {
    console.log("処理3");
});
console.log("処理1");
```

ヒント 11-1

◉問題2

次のプログラムは、id属性がloadBtn3のボタンをクリックすると、HTMLファイルと同じフォルダー内のJSONファイル「sample.json」を読み込んでJavaScriptのオブジェクトに変換し、コンソールに表示するものである。穴を埋めて完成させなさい。

```
const btn3 = document.getElementById("loadBtn3");
btn3.onclick = [  ①  ] () => {
    const aRes = [  ②  ] fetch("sample.json");
    const data = await aRes.[  ③  ];
    console.log(data)
};
```

ヒント 11-2

練習問題解答

第1章 練習問題解答

●問題1

①マシン語　②人間　③インタプリタ　④コンパイラ　⑤インタプリタ

●問題2

①×　②×　③○　④○

第2章 練習問題解答

●問題1

①ステートメント　② script　③セミコロン「;」　④上から

●問題2

3

解説

コンソールに文字列を表示するには、consoleオブジェクトのlogメソッドを使用します。引数に文字列を指定する場合は、前後をダブルクォーテーション「"」で囲みます。

●問題3

4

解説

プロパティを設定する書式には、次の2種類があります。

```
オブジェクト名.プロパティ名 = 値;
```

```
インスタンス名["プロパティ名"] = 値;
```

documentオブジェクトのtitleプロパティは、HTMLドキュメントのタイトルを管理するプロパティです。

第3章 練習問題解答

◉問題1

①×　②○　③○

◉問題2

順に14、9、27が表示されます。

解説

かけ算「*」と割り算は「/」は、足し算「+」と引き算「-」より優先されます。優先順位を変更するには、括弧「( )」で囲みます。括弧「( )」を入れ子にした場合は、内側の括弧が優先されます。

◉問題3

2

解説

メソッドの戻り値を変数に格納するには、「=」の左辺に変数を、右辺にメソッドを記述します。入力ダイアログボックスを表示するpromptメソッドは、最初の引数にメッセージを、2番目の引数にデフォルトの値を記述します。

第4章 練習問題解答

◉問題1

①×　②○　③×

解説

「=」は代入に使用する演算子です。等しいかどうかの判定には「==」を使います。

◉問題2

「ひとつだけ正解です」と表示されます。

解説

if〜else文を組み合わせると条件を細かく設定できます。「&&」は2つの条件がどちらも正しいときにtrueを戻す演算子、「||」はどちらか一方が正しければtrueを戻す演算子です。変数num1とnum2の値はともに5なので、「(num1 == 4) || (num2 == 5)」がtrueになります。

```
(num1 == 4) || (num2 == 5)
          ↓
   false || true
          ↓
        true
```

◉問題3

① 100　② i++　③ i % 3

解説

3の倍数かどうかは、「3で割った余りが0であるか」で判定できます。割り算の余りを求めるには、「%」演算子を使用します。

第5章 練習問題解答

◉問題1

① function　② return　③ result

◉問題2

3、5の順に表示される

解説

test関数の内部では変数num1と変数num2に値を代入していますが、変数num1はローカル変数として宣言されています。したがって、関数内で変数num1に値を代入しても、グローバル変数num1には影響を与えません。

第6章 練習問題解答

◉問題1

① new　②コンストラクター　③インスタンス　④インスタンスメソッド　⑤スタティックメソッド

◉問題2

① Date()　② 0　③ 24 * 60 * 60 * 1000

解説

「0602」→「sample2.html」では、来年の元旦と今日の時間差を計算していましたが、このプログラムでは今年の元旦と今日の時間差を計算しています。Dateコンストラクターの第2引数の月は、月数より1少ない値で設定する点に注意してください。

◉問題3

① new　② 0　③ i--

解説

このプログラムのfor文では、文字列の最後「str.lenght-1」から1ずつ減らして0になるまでの間処理を繰り返すように設定します。

初期値を最後の文字に　iが0以上の間繰り返す　iの値から1を引く

```
for (let i =( str.length - 1 ); i >= 0 ; i-- ) {
    document.write(str.charAt(i));
}
```

実行結果

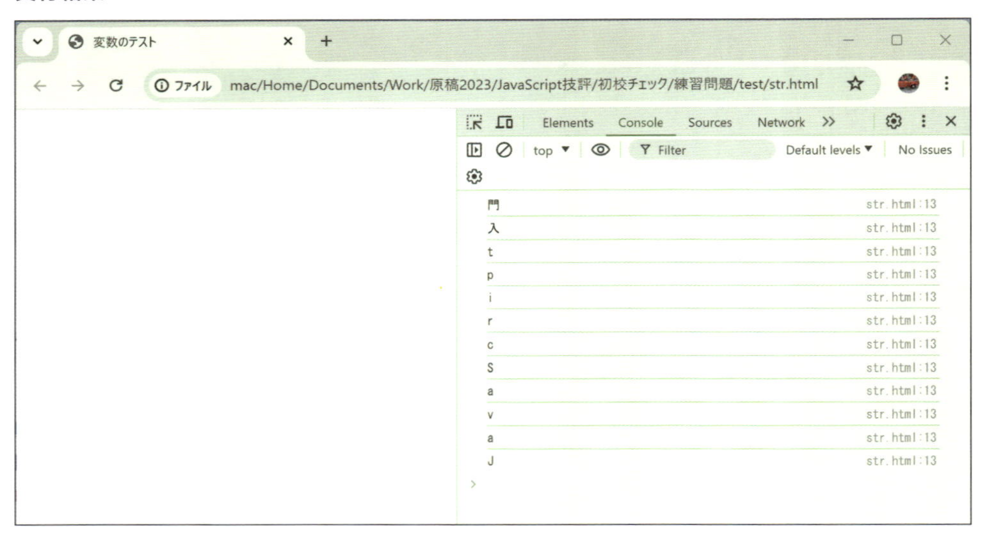

第7章 練習問題解答

◉問題1

①○　②×　③○　④×

◉問題2

3

解説

配列をリテラルとして記述する場合、要素をカンマで区切り、「[]」で囲みます。

◉問題3

① for　② in　③ key

解説

連想配列のキーを順に取り出すには、for〜in文を使用します。for〜in文の内部では、変数keyに代入されたキーに対応する要素を取り出し、並べて表示しています。

第8章 練習問題解答

◉問題1

①○　②×　③○　④○

解説

4番目のaddEventListerメソッドでは、引数に「onclick」のようなイベントハンドラー名ではなく、「click」のようなイベント名を指定します。

◉問題2

① getElementById　② "myArea"　③ innerHTML

解説

ノードにテキストを設定するにはinnerTextプロパティを、HTMLを設定するにはinnerHTMLプロパティを使用します。

◉問題3

① addEventListener　② click　③ open

解説

windowオブジェクトのopenメソッドを使うと、新規のウィンドウを開けます。

第9章 練習問題解答

◉問題1

①×　②○　③×　④×

◉問題2

① Array　② getElementById　③ Math.floor　④ backgroundColor

解説

色の名前を配列colorsに格納しておき、その要素をランダムに取り出して「style.background」プロパティに代入することで、背景色を設定しています。このとき、0以上で「配列の添字-1」以下のランダムな数値を生成するには、Math.randomメソッドの値（0以上1未満）とcolor.length（要素数）を掛け、その結果をMath.floorメソッドの引数とすることで、小数点以下を切り捨てます。

```
const num = Math.floor(colors.length * Math.random());
```

第10章 練習問題解答

問題1

① class　② constructor　③ this.color　④ new

解説

クラスは「class」キーワードで、またクラスを生成するコンストラクターは「constructor」で定義します。クラスからインスタンスを生成するには、new演算子を使用します。

問題2

① extends　② sayGoodbye

解説

既存のクラスを継承するクラスを作成するには、「extends」キーワードを使用して「extends 既存クラス名」とします。

第11章 練習問題解答

◉問題1

```
処理1
処理2
処理3
```

解説

```
const promise = new Promise((resolve, reject) => {
    const t1 = setTimeout(() => {
        console.log("処理2"); ――❶
        resolve(); ――❷
    }, 100);
});
promise.then(() => { ――❸
    console.log("処理3"); ――❹
});
console.log("処理1"); ――❺
```

最初に実行されるPromiseオブジェクトのコンストラクターのコールバック関数では、setTimeoutメソッドで100msec後に、❶のconsole.logメソッドが実行されます。❷のresolveメソッドにより、❸のthenメソッドのconsole.logメソッド❹が実行されます。❺のconsole.logメソッドは、Promiseオブジェクトによる非同期処理の終了を待たずに実行されるため、最初に「処理1」が表示され、その後で「処理2」「処理3」が表示されます。

◉問題2

① async　② await　③ json()

解説

関数を非同期関数にするにはasyncキーワードを使用し、Promiseオブジェクトの実行を待つにはawait演算子を使用します。また、fetch関数のレスポンスからJSONデータを取り出してJavaScriptのオブジェクトに変換するには、jsonメソッドを使用します。

サンプルファイルについて

本書で利用しているサンプルファイルは、以下のページからダウンロードできます。サンプルの動作を確認したい場合、長いコードの入力を簡略化したい場合にご利用ください。

https://gihyo.jp/book/2024/978-4-297-14427-2/support

ダウンロードサンプルは、以下のようなフォルダー構造になっています。

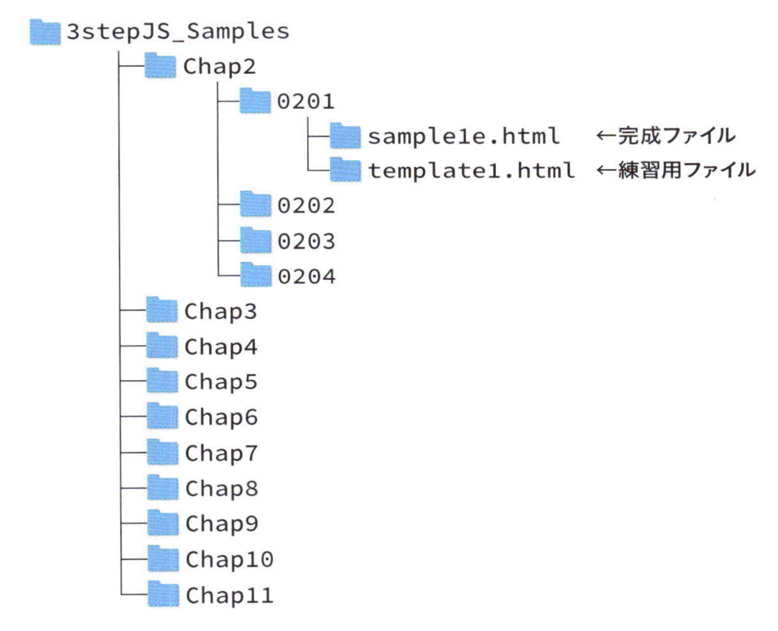

節番号のフォルダー内には、「template○○.html」といった名前の練習用ファイルと、「sample○○e.html」といった名前の完成ファイルが入っています。紙面解説通りに動作しない場合は、完成ファイルを開いて確認してください。
サンプルファイルは、Windows 11上のGoogle Chromeで動作を確認しています。それ以外の環境では動作しないこともありますので、あらかじめご了承ください。

COLUMN サンプルファイルを確認する

サンプルファイルの動作を確認するには、Google ChromeなどのWebブラウザーにファイルをドラッグ&ドロップします。[F12] キーを押してデベロッパーツールを表示すると、コンソール画面を確認できます。プログラムのコードを確認するには、ファイルを右クリックして [プログラムから開く] → [Visual Studio Code] などの方法で、エディターを起動して表示します。

索引

■記号・数字

■A

■B

■C

■D

■O

■P

■R

■S

■T

■U

■V

■W・X

ア行

カ行

サ行

■タ行

■ナ行

■ハ行

■マ行

■ヤ行

■ラ行

■ワ行

略歴

［著　者］**大津　真**（おおつ　まこと）
1959年、東京都生まれ。早稲田大学理工学部電気工学科卒。外資系コンピュータメーカーに8年間SEとして勤務。その後は、フリーランスのプログラマ、テクニカルライターとして現在に至る。

主な著書
初心者からちゃんとしたプロになるPython基礎入門（MdN）
エンジニアなら知っておきたいmacOS環境のキホン（インプレス）
エンジニアが最初に読むべきLinuxサーバの教科書（日経BP）
SwiftUIではじめるiPhoneアプリプログラミング入門（ラトルズ）　他多数

●ブックデザイン：小川 純（オガワデザイン）
●カバーイラスト：日暮 真理絵
●DTP：マップス
●編集：青木 宏治

3ステップでしっかり学ぶ JavaScript入門［改訂第3版］

2010年　7月　1日　初版　第1刷発行
2017年10月　5日　第2版　第1刷発行
2024年10月10日　第3版　第1刷発行

著　者　大津 真
発行者　片岡　巌
発行所　株式会社技術評論社
東京都新宿区市谷左内町21-13
電話　03-3513-6150　販売促進部
03-3513-6160　書籍編集部
印刷／製本 株式会社シナノ

定価はカバーに表示してあります。

ISBN978-4-297-14427-2 C3055
Printed in Japan

●**お問い合わせについて**
本書の内容に関するご質問は、下記の宛先までFAXまたは書面にてお送りください。なお電話によるご質問、および本書に記載されている内容以外の事柄に関するご質問にはお答えできかねます。あらかじめご了承ください。

〒162-0846
東京都新宿区市谷左内町21-13
株式会社技術評論社　書籍編集部
3ステップでしっかり学ぶ
JavaScript入門［改訂第3版］質問係
FAX番号　03-3513-6167

なお、ご質問の際に記載いただいた個人情報は、ご質問の返答以外の目的には使用いたしません。また、ご質問の返答後は速やかに削除させていただきます。

URL●https://book.gihyo.jp/116